“十四五”普通高等教育本科规划教材

KONGZHI GONGCHENG JICHU

控制工程基础

主　编　何玉灵
副主编　袁兴华
编　写　徐明星　张　文　张志杰
主　审　安利强

中国电力出版社
CHINA ELECTRIC POWER PRESS

内 容 提 要

本书为“十四五”普通高等教育本科规划教材。本书将 MATLAB 编程与知识点学习相结合，在课堂练习中设置了各类编程验证环节，在四个核心知识点——传递函数、控制系统时域分析、控制系统频域分析和控制系统稳定性分析中均设置了针对性的研究性课题，读者可通过求解研究性课题进行自主学习。同时本书配套了丰富的电子资源，包括授课视频、习题详解等，手机扫码即可随时学习。本书设计讲授学时为 32 学时，各选用单位可根据实际情况进行调整和增设相应实验学时。

本书可作为高等院校机械类专业控制工程基础的教材，也可供高职高专院校和函授学生参考使用。

图书在版编目（CIP）数据

控制工程基础/何玉灵主编．—北京：中国电力出版社，2020．12

“十四五”普通高等教育本科规划教材

ISBN 978-7-5198-5031-9

Ⅰ.①控… Ⅱ.①何… Ⅲ.①自动控制理论—高等学校—教材 Ⅳ.①TP13

中国版本图书馆 CIP 数据核字（2020）第 187062 号

出版发行：中国电力出版社

地　　址：北京市东城区北京站西街 19 号（邮政编码 100005）

网　　址：http：//www.cepp.sgcc.com.cn

责任编辑：周巧玲（010—63412539）

责任校对：黄　蓓　马　宁

装帧设计：郝晓燕

责任印制：吴　迪

印　　刷：北京天宇星印刷厂

版　　次：2020 年 12 月第一版

印　　次：2020 年 12 月北京第一次印刷

开　　本：787 毫米×1092 毫米　16 开本

印　　张：11.25

字　　数：270 千字

定　　价：36.00 元

前　言

本书总码

随着教学改革的不断深入和计算机技术的发展，大学教学方法也当与时俱进，教材也应在编写过程中参考借鉴新媒体优势进行循环改进。

编者所在教学团队自 2012 年开始探索控制工程基础课程的研究性教学改革，并在华北电力大学的大力支持下取得了良好的效果，多次获评研究性教学示范课程和优秀青年教师教学观摩课程。本书是编者在研究性教学开展过程中的经验总结，书中章节编排和叙述角度更有利于读者理解和掌握。

本书将 MATLAB 编程与知识点学习相结合，除了课堂练习中设置了各类编程验证环节外，在四个核心知识点——传递函数、控制系统时域分析、控制系统频域分析和控制系统稳定性分析中均设置了针对性的研究性课题，读者可通过求解研究性课题进行自主学习。待读者凭借自己的努力将研究性课题求解出来之后，基本上也就实现了对相应章节内容知识点的掌握和理解。本书在附录中给出了各章研究性课题的参考解答，读者在学习过程中应尽量自行求解，在实在求解无门的情况下再查阅参考答案寻找思路。这种基于启发性质的课题导向式教学模式正是研究性教学的内涵所在。

本书设计讲授学时为 32 学时，各选用单位可根据实际情况进行调整和增设相应实验学时。

本书配套了丰富的电子资源，包括授课视频、习题详解等，手机扫码即可随时学习。同时，为了方便读者掌握控制工程领域的关键术语，为后续专业英文文献阅读和更高层次的学习打下基础，编者对每一章节的标题均给出了相应的英文翻译（扫码阅读），并在书中也给出了一些参量的原始英文，以助于读者理解和记忆。

本书由华北电力大学何玉灵任主编，袁兴华任副主编。其中，何玉灵编写了第 1、3、5 章；徐明星、张文和张志杰共同编写了第 2、4 章，附录 A、B，习题答案和各章节对应的英文表述；袁兴华编写了第 6 章。

本书由华北电力大学安利强教授主审。主审老师提出了许多宝贵的意见和建议，在此表示感谢。

限于时间和精力，书中内容难免有所疏漏，恳请广大读者批评指正。

编　者

2020.8

目　录

1 概 述

授课视频

1.1 对控制工程的初步认识

当今世界，科学技术日新月异，一些高精尖设备被不断开发和应用。中国在综合国力、科技创新、国防军事等方面都取得了举世瞩目的成就。这其中，控制工程与技术的应用与发展功不可没。

控制工程是一门与信息科学、系统科学密切相关的技术科学。它主要研究如何用控制理论的基本原理来解决工程中的实际技术问题，从局部和整体上分析与认识一个系统，进而去改造它，以满足工程实际需要。

1.1.1 应用场合

控制工程广泛应用于国防科工、航空航天、电力生产、机械制造、石油化工等各个领域。例如时下热门的无人机、机器人、无人驾驶汽车、航天卫星等，其关键功能的实现都与控制工程密不可分。可以毫不夸张地说，但凡涉及自动化操作的领域，都有控制工程的身影。

下面以无人机为例加以介绍。

无人机是无人驾驶飞机的简称，它依赖于智能控制程序来自动实现预定功能。如今的无人机早已超出了“遥控飞机”的概念。由于没有飞行员，无人机可以执行超越飞行员生理极限的或者危险的任务，例如长航时、大机动飞行或者在恶劣气象条件、战场等危险区域执行任务。无人机在执行军事任务方面所具有的无可比拟的优势，也让很多国家对它寄予厚望。

例如，美国的RQ-4A全球鹰无人机是目前世界上飞行时间最长、距离最远、高度最高的无人机，该机曾经创造且目前仍然保持着世界无人机领域的多项最高纪录；美国研发的X-47无人机，于2011年首飞，并在2013年成功完成了一系列的地面及舰载测试，是第一款实现航母起降的无人机，也是在30多年时间里首款在航母上飞行的全新型飞机；美国“捕食者”无人机，巡航速度为126km/h，续航时间达40h，除侦察设备外，还可携带“地狱火”反坦克导弹等精确制导武器，该无人机在伊拉克战争中曾与米-25交战，是第一款直接进行空空战斗的无人机；美国RQ-7影子无人机，被誉为“陆军的眼睛”，可以让陆军指挥官在作战中“第一发现，第一了解，第一行动”；美国RQ-8火力侦察兵无人机，具有高超的侦察能力，机上装备的地面活动目标指示器的Lynx合成孔径雷达、光-电/激光传感器和激光指示器/测距仪具有极其精确的情报侦察和监视功能。

此外，英国的“雷电之神”无人机，是2010年7月12日英国BAE系统公司研发的首架高科技隐形无人机样机，该款无人机不仅拥有酷似电影《星球大战》中“未来派”飞行器的外观，还具备洲际远程打击能力；法国“神经元”无人隐身攻击机，是除英国“雷神”、美国X-45及X-47外的又一款无人隐身攻击机；以色列航空工业公司（IAI）在20世纪90年代研制的哈比（IAI Harpy）无人机，可以从卡车上发射，是一款可对雷达系统进行自主攻击的无人机；以色列“苍鹭”无人机，是一款可以远距离飞行的无人机，拥有同“捕食者”无人机一样的“眼睛”，其有效负荷为1t。

近年来，国内无人机技术的发展同样迅速。例如，BZK-005无人机，具有强大的侦查能力，并且具有隐身性能，续航时间可达40h，最高起飞高度达8000m；翼龙Ⅰ无人机，由中航工业成都飞机设计研究所研制，是我国第一款察打一体的无人机，最大飞行高度达5300m；翼龙Ⅱ无人机，是翼龙Ⅰ无人机的升级版本，于2017年首飞，是我国新一代察打一体的无人机，飞行高度可达9000m；WJ-600无人机，该无人机由中国航空工业集团研制，具备反应速度快、突防能力强的特点，能够全天时全天候执行任务，也可实施对地攻击、电子战、信息中继等军事任务，既可在8000m高空对地面进行侦查，又可携带小型导弹在瞬间击毁地面轻装甲车辆、指挥车等目标，同翼龙系列一样，具备察打一体化的作战能力，相较于国外的无人机机型，WJ-600在飞行速度、任务载重等方面有明显优势；彩虹5无人机，不仅可用于航空电法测量和海上巡逻搜救等民用领域，还能搭载电子战综合系统，执行通信侦察干扰、雷达侦察干扰等任务，对敌防空雷达、防空导弹等进行干扰压制，以支援、掩护我方飞机突防和实施对地攻击，该无人机具有续航时间长、航程远的特点，可携带多种导弹，具有强大的攻击力；新型彩虹太阳能无人机是一款“环保”型无人机，采用太阳能作为动力源，最大特征是续航时间长和巡航高度高，其翼展达45m，升限超过20000m，留空时间大于24h，载荷能力20kg，可在指定地域高空持久飞行，支撑通信中继、侦察监视、移动通信、导航或视频广播服务等任务应用。新型彩虹太阳能无人机的诞生，意味着我国成为继美国和英国之后，第三个能够自主研制临近空间（指20～100km的空域）太阳能无人机的国家。

控制工程在机器人领域的应用实例同样不胜枚举，例如应用于国产长城汽车哈弗H6制造的工业机器人；日本本田公司开发的ASIMO仿生机器人；美国华盛顿大学团队研发的Robofly微型机器人等。

控制工程应用的另一个重要领域是数控机床和加工中心。在机械制造过程中，通过综合应用控制理论、机械工程、计算机技术及微电子学技术等，能够明显地提高生产效能及质量，并不断研发出新型机电一体化产品。我国目前正处于由中国制造向中国智造和中国创造转变的进程中，机械控制工程技术在大型国防军工设备、高铁、飞机等交通运输装备，以及物联网电力系统等诸多领域的研究越来越深入，应用越来越广泛。例如德国德玛吉多轴联动加工中心，可实现一次工件装夹、自动更换刀具、自动变换装夹端、多道工序自动加工完成。

1.1.2 基本原理

控制工程的基本原理是建立输入量与输出量的映射关系，并通过这种映射关系使受控对象的物理量按照预设的变化规律变化。

控制系统的控制有人工控制与自动控制。人工控制是指控制过程需要人工参与完成的控制方式，例如遥控玩具电动汽车、人们常规驾驶的汽车等，都需要操作者对相应的控制元器件进行操作，以实现汽车前进、后退、转弯、加速等不同功能。

自动控制就是在没有人直接参与的情况下，利用控制器（如机械装置、电气装置或电子计算机）使生产过程或控制对象（如机械或电气设备）的某一物理量（如温度、压力、液面高度、流量、速度、位移等）准确地按预期的规律运行。例如，汽车自动泊车入库系统，可以通过中控计算机、距离及影像传感系统等部件的配合实现对汽车的自动入库。

本质上而言，控制的核心思想是测差和纠差。测差是指测量被控对象输出量实际值与预定值之间的差值；纠差则是指通过相应的调整来减小这种差值，尽量使其差值趋于零。在实际的调整过程中，这种纠差操作往往是具有一定的滞后性，需要经过反复迭代操作来进行。为更好地进行理解，下面通过一个恒温水箱的例子来对控制工程测差和纠差的过程进行说明。恒温水箱在生活中很常见，例如电热水器设定温度后，便相当于是一个恒温水箱；家用小厨宝，可储备热水用于厨房洗碗、洗菜等用途，所需的热水温度可调整设定，也是一个恒温水箱；医院、高铁等公共场所的电热饮水机也是一个恒温水箱。

图 1-1（a）所示为由人工控制的恒温水箱。当箱中的温度受环境或电源电压波动等外来的干扰而变化时，为满足箱中温度的恒温要求，可由人工来移动调压器的活动触头，改变加热电阻丝的电流，以控制箱内的温度。箱内温度由温度计来测量。这里，被控制对象是恒温水箱，被控量（参数）是温度，控制器是调压器。

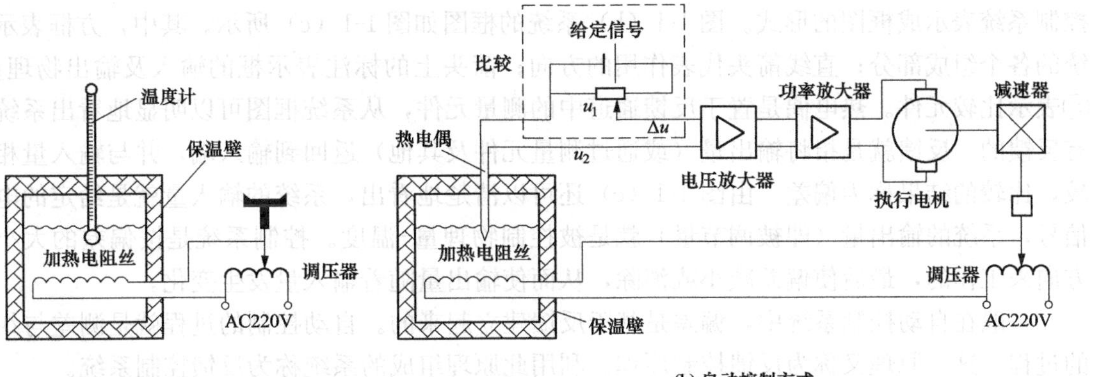

(a) 人工控制方式　　(b) 自动控制方式

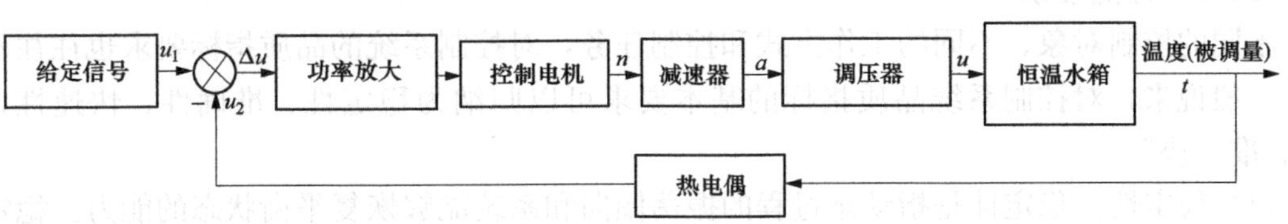

(c) 恒温水箱自动控制系统框图

图 1-1　恒温水箱恒温控制实现示意

下面介绍恒温水箱的人工控制过程。人工采用测量元件（温度计）观察出恒温箱的温度，与所要求的温度值（给定值）进行比较，两者之差称为偏差。得到了温度偏差的大小与方向，据此人工调节调压器，进行箱温的控制。例如，当箱温低于所要求的温度值时，可人工移动调压器的触头向右，增加加热电阻丝的电流，使箱温上升到给定值；反之，当箱温高于所要求的温度值时，可人工移动调压器的触头向左，以减小加热电阻丝的电流，使箱温下降到给定值。这种控制称为人工定值控制。人在这种控制中的作用是观测、求偏差及进行纠正偏差的控制，即测差与纠差的过程。如果将以上人工的作用以自动控制器来代替，那么人工调节系统就变成为自动控制系统。

图 1-1（b）所示为恒温水箱的自动控制系统。在这个自动控制系统中，将图 1-1（a）中的温度计用热电偶代替，并增加了电气、电机、减速器等装置。其中，热电偶测量出的电压信号 u_2 是与箱内温度成比例的。设定电压 u_1 为给定的温度，并使 u_2 能够反馈回去与 u_1

进行比较，当外界干扰引起箱内温度变化时，比较的结果产生了温度的偏差信号 $\Delta u = u_1 - u_2$，经电压及功率放大后，控制电动机的旋转速度及方向，再经传动结构使减速器的触头移动，实现加热电阻丝的电流增加或减小，直至箱内温度达到给定值。这时偏差信号 $\Delta u = 0$，电动机停止转动完成控制任务。就是这样，箱内温度经自动调节，经常保持在给定温度上，这个给定温度由设定电压 u_1 来得到。

通过上述人工控制系统与自动控制系统的对比，可以看出以下几点：

（1）测量：前者靠操纵者的眼睛，后者由热电偶输出 u_2 来测量。

（2）比较：前者靠操纵者的头脑，后者靠自动控制器完成比较过程。

（3）执行：前者靠操纵者的手，而后者由电动机等完成执行过程。

为了便于对一个自动控制系统进行分析，以及了解其各个组成部分的作用，经常把自动控制系统表示成框图的形式。图 1-1（b）系统的框图如图 1-1（c）所示。其中，方框表示系统的各个组成部分；直线箭头代表作用的方向；箭头上的标注表示框的输入及输出物理量；⊗表示比较元件。热电偶是置于反馈通道中的测量元件，从系统框图可以明显地看出系统是有反馈的。反馈就是指将输出量（或通过测量元件及其他）返回到输入端，并与输入量相比较，比较的结果称为偏差。由图 1-1（c）还可以清楚地看出，系统的输入量就是给定的电压信号，系统的输出量（即被调节量）就是被控制物理量-温度。控制系统是按偏差的大小与方向来工作的，最后使偏差减小或消除，从而使输出量随着输入量发生变化。

一般在自动控制系统中，偏差是基于反馈建立起来的。自动控制的过程就是测差与纠差的过程，这一原理又称为反馈控制原理。利用此原理组成的系统称为反馈控制系统。

1.1.3 性能要求

不同的控制对象、不同的工作方式和控制任务，对控制系统的品质指标要求也往往不相同，一般说来，对控制系统品质指标的基本要求可以归纳为稳定性、准确性、快速性，即“稳、准、快”。

（1）稳定性。稳定性是指动态过程的振荡倾向和系统能够恢复平衡状态的能力。稳定性是控制系统正常工作的首要条件。

（2）准确性。准确性是对控制系统稳态（静态）性能的要求。对于一个稳定的系统而言，过渡过程结束后，系统输出量的实际值与期望值之差称为稳态误差，它是衡量系统控制精度的重要指标。稳态误差越小，表示控制系统的准确性越好，精度越高。

（3）快速性。快速性是对控制系统动态性能（过渡过程性能）的要求。快速性指控制系统运动到新的平衡状态所需要的时间。

由于被控对象的具体情况不同，各种系统对三项性能指标的要求各有侧重，例如恒值系统一般对稳态性能限制比较严格，随动系统一般对动态性能要求较高。

对于同一个系统，上述三项性能指标之间往往是相互制约的。提高过程的快速性，可能会引起系统的强烈振荡；改善控制系统的稳定性，控制过程又可能很迟缓，甚至精度也可能变差。分析和解决这些矛盾，将是本课程讨论的重要内容。

1.1.4 系统分类

自动控制系统的应用范围很广，按其结构及功能的分类方法也很多，下面仅介绍自动控制系统的几种主要分类方法。

1. 按有无反馈分类

控制系统按照有无反馈可分为开环控制系统和闭环控制系统。

控制系统的输出量不影响系统的控制作用，即系统中输出端与输入端之间无反馈通道时，称为开环控制系统。例如，士兵用坦克发射炮弹就属于开环控制。系统的输入是士兵调整的炮管角度和通过按动发射按钮所带给执行系统的触发信号；系统的输出是炮弹位移。系统输出与输入间是没有反馈通道的。又如，工人采用普通车床进行车削加工也属于开环控制。系统的输入是工人转动手轮的转角；系统的输出是刀架位移，以得到切槽进给，如图 1-2（a）所示。

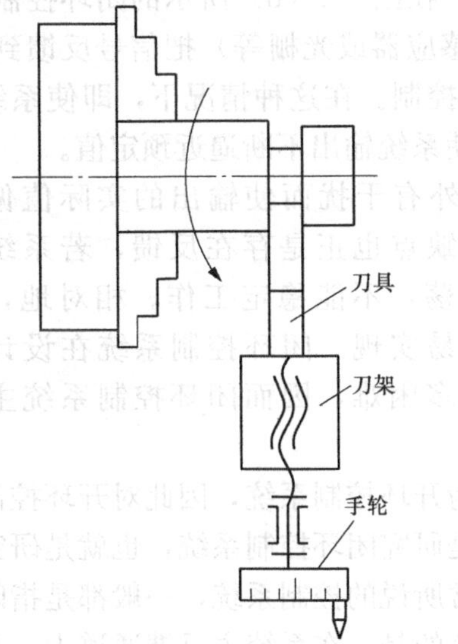

(a) 在普通车床上加工轴类零件

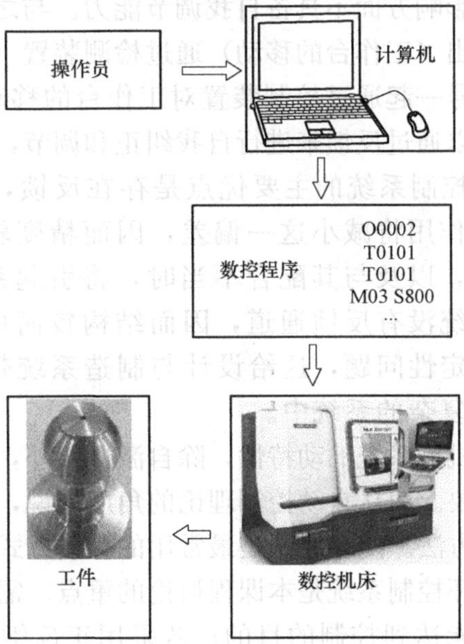

(b) 数控机床加工的原理框图

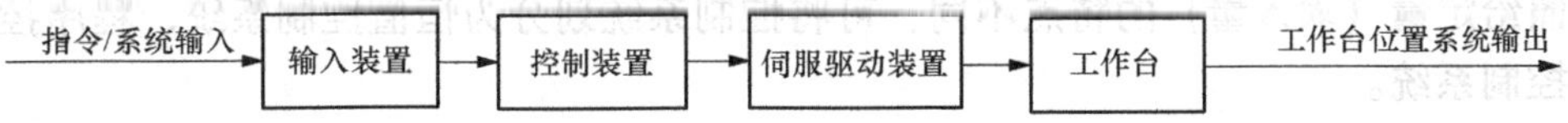

(c) 开环控制的数控机床进给系统

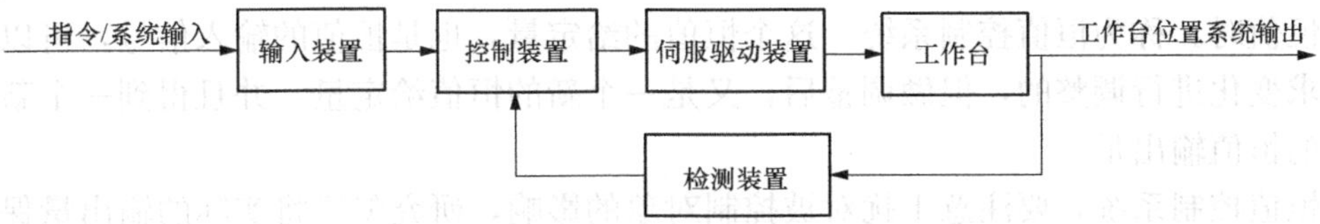

(d) 闭环控制的数控机床进给系统

图 1-2 普通机床与数控机床控制系统

数控机床的发明和应用，在降低工人工作强度的同时提高了工作效率，已逐步替代了传统机床。数控机床的加工原理框图如图 1-2（b）所示。值得说明的是，数控机床有开环控制（不存在反馈）和闭环控制（存在反馈通道）两种。

控制系统的输出与输入存在着反馈通道，即系统的输出对控制作用有直接影响的系统，称为闭环控制系统。因此，反馈控制系统也就是闭环控制系统。

开环控制的数控机床进给系统框图见图 1-2（c），闭环控制的数控机床进给系统框图见图 1-2（d）。加工中心属于数控机床，也是闭环控制系统，它是一种高级的、多功能的数控机床，可以自动更换切削刀具，同时具备车床、铣床、磨床等多个机床的功能。

在图 1-2（c）中，由于没有反馈通道，系统的输出对控制作用没有任何影响，输出量只受输入量的控制。而图中四个方框中任意一个发生性能变化（即系统内部存在扰动），都将使输出量与输入量不一致，也就是说扰动将影响输出的精度，而开环控制系统对于扰动对输出精度的影响方面不具备自我调节能力。与之相反，在图 1-2（d）所示的闭环控制系统中，系统的输出（工作台的移动）通过检测装置（同步感应器或光栅等）把信号反馈到输入端，与输入信号一起通过控制装置对工作台的移动进行控制。在这种情况下，即使系统存在扰动，也可以通过反馈来进行自我纠正和调节，从而使系统输出不断逼近预定值。

闭环控制系统的主要优点是存在反馈，若内外有干扰而使输出的实际值偏离给定值，控制作用将减小这一偏差，因而精度较高；缺点也正是存在反馈，若系统中的元件有惯性，以及与其配合不当时，将引起系统振荡，不能稳定工作。相对地，由于开环控制系统没有反馈通道，因而结构较简单，容易实现。闭环控制系统在设计时要着重考虑稳定性问题，这给设计与制造系统带来许多困难，因而闭环控制系统主要用于要求高而复杂的系统中。

对于机械系统的动特性，除自激振荡外，大多为开环控制系统，因此对开环控制系统的研究很重要。而从自动控制理论的角度来说，主要是研究闭环控制系统，也就是研究反馈控制理论与方法。闭环控制是最常用的控制方式，通常所说的控制系统，一般都是指闭环控制系统。闭环控制系统是本课程讨论的重点。需要注意的是，在系统主反馈通道中，只有采用负反馈才能达到控制的目的；若采用正反馈，将使偏差越来越大，导致系统发散而无法工作。

2. 按控制作用特点分类

按照给定量（输入量）的特点不同，可将控制系统划分为恒值控制系统、程序控制系统和随动控制系统。

（1）恒值控制系统（fixed set-point control system）。前面介绍的恒温箱控制系统。它的特点是箱内的温度要求保持在某一定值，这就是恒温控制系统。即当给定量（即输入量）是一个恒值时，称为恒值控制系统。这个恒值的给定量，也是恒值的输入信号，可以随着工作的要求变化进行调整的，但做调整后，又是一个新的恒值给定量，并且得到一个新的、与之对应的恒值输出量。

对恒值控制系统，要注意干扰对被控制对象的影响，研究怎样将实际的输出量保持在希望的给定值上。

（2）程序控制系统（program control system）。对系统的给定量（即输入量）按预定程序变化的系统，称为程序控制系统。例如，数控机床工作台移动系统就是程序控制系统。程序控制系统可以是开环的，也可以是闭环的。

（3）随动控制系统（servocontrol system）。输出量能够迅速而准确地跟随输入量变化的系统，称为随动控制系统。具有机械量输出的随动控制系统，又可称为伺服控制系统。随动控制系统的应用很广。例如，液压仿形刀架，输入是工件的靠模形状，输出是刀具的仿形运动。又如，各种电信号笔式记录仪，输入是事先未知的电信号，输出是记录笔的位移。还有雷达自动跟踪系统及火炮自动瞄准系统都是随动控制系统。上述随动控制系统，由于输出均是机械量，故也都是伺服控制系统。

1.1.5 常用术语

本课程重点介绍带反馈的闭环控制系统。由于反馈控制系统是完整而典型的自动控制系统，欲对其进行深入剖析需首先理解其构成和相应的名词术语。图 1-3 所示为典型反馈控制系统的组成图。一个系统的主反馈回路（或通道）只有一个，而局部反馈可能有几个（图中仅画出了一个）。各种功能不同的元件，从整体构成一个系统来完成一定的任务。

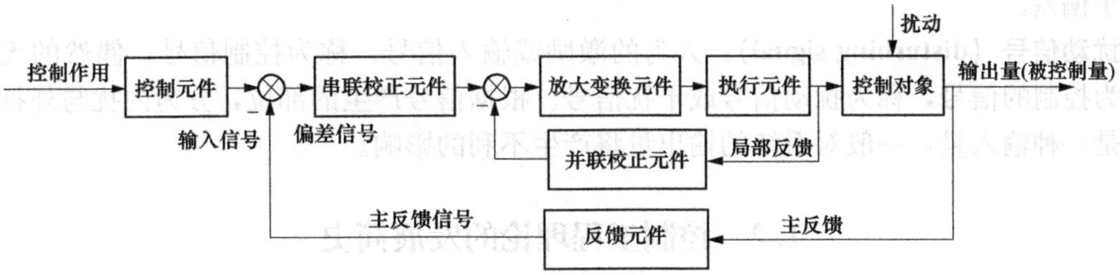

图 1-3 典型反馈控制系统组成

下面介绍系统基本组成及有关名词的特定术语。

控制元件（control element）：用于产生输入信号（或称控制信号）。调压器就是控制元件，移动调压器滑臂即可实现控制作用。

反馈元件（feedback element）：主要指置于主反馈通道中的元件。反馈元件一般用检测元件。若在主反馈通道中不设反馈元件，即输出为主反馈信号时，称为单位反馈。

比较元件（comparing element）：用来比较输入及反馈信号，并得出两者差值的偏差信号。

放大元件（amplifying element）：把较弱的信号放大以推动执行元件动作。放大元件有电气的、机械的、液压的及气动的。

执行元件（actuating element）：根据输入信号的要求直接对控制对象进行操作，例如用液压缸、液压马达及电动机等。

控制对象（controlled object）：就是控制系统所要操纵的对象，它的输出量即为系统的被控制量，例如数控机床的工作台等。从动力学的角度来理解，也可认为控制对象是负载，或是工作台上的负载。

校正元件（correcting element）：它不是反馈控制系统所必须具有的。校正元件的作用是改善系统的控制性能。

输入信号（输入量、控制量、给定量）/input signal（input variable，controlling variable，given /reference variable）：从广义上指输入到系统中的各种信号，包括扰动信号这种对输出控制有害的信号在内。一般来说，输入信号是指控制输出量变化规律的信号。各种典型的输入信号将在以后的章节中介绍。

输出信号（输出量、被控制量、被调节量）/output signal（output variable，controlled variable，regulated variable）：输出是输入的结果。它的变化规律通过控制应与输入信号之间保持有确定的关系。

反馈信号（feedback signal）：输出信号经反馈元件变换后加到输入端的信号称反馈信号。若它的符号与输入信号相同，称为正反馈；反之，称为负反馈。主反馈一般是负反馈，否则偏差越来越大，系统将会失控。系统中的局部反馈，主要用来对系统进行校正等，以满足控制某些性能要求。

偏差信号（deviation signal）：为输入信号与主反馈信号之差。

误差信号（error signal）：指输出量实际值与希望值之差。通常，希望值是系统的输入量。

误差和偏差不是相同的概念。只有当系统的输出量不是部分的而是全部的反馈时，误差才等于偏差。

扰动信号（disturbing signal）：人为的激励或输入信号，称为控制信号；偶然的无法加以人为控制的信号，称为扰动信号或干扰信号。根据信号产生的部位，分为内扰与外扰。扰动也是一种输入量，一般对系统的输出量将产生不利的影响。

1.2 控制工程理论的发展简史

控制理论是在人类征服自然的生产实践活动中随着社会生产和科学技术的进步而不断发展、完善起来的。根据控制理论的内容和发展的不同阶段，控制理论可分为经典控制理论和现代控制理论两大部分。

1.2.1 经典控制理论阶段

本课程所学习的内容主要是经典控制理论，其内容是以传递函数为基础，以频率法和根轨迹法作为分析综合系统的基本方法，主要研究单输入、单输出这类控制系统的分析和设计问题。

1. 萌芽阶段

纵观自动控制技术的发展历史，最早可追溯至公元前1400年。公元前1400—1100年，中国、埃及和巴比伦相继出现自动计时漏壶，其工作原理如图1-4所示，可见人类产生了最早期的控制思想。

公元100年，亚历山大的希罗发明了开闭庙门和分发圣水的自动计时装置。其中，开闭庙门装置的原理是在神庙门口点火，火烧水产生蒸汽，蒸汽带动其他机械结构打开神庙门；自动分发圣水装置的原理是人们在机器顶端投币，投入的币落入杠杆一端使杠杆倾斜，打开出水口，随着水位下降杠杆两端恢复平衡，出水口关闭。

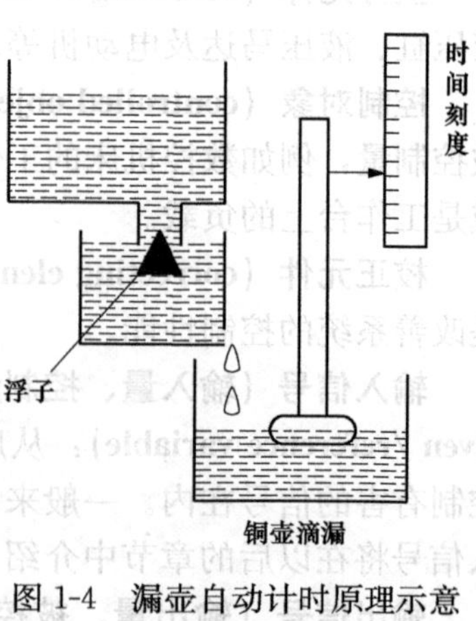

图1-4 漏壶自动计时原理示意

两千多年前，我国发明的指南车属于一种开环自动调节系统；而北宋时代（公元1086—1092年）苏颂和韩公廉利用天衡装置制造的水运仪象台，则是一个按负反馈原理构成的闭环非线性自动控制系统。水运仪象台是集观测天象的浑仪、演示天象的浑象、计量时间的漏刻和报告时刻的机械装置于一体的综合性观测仪器，是一座小型天文台，其制造水平堪称一绝。

2. 起步阶段

随着科学技术与工业生产的发展，自动控制技术逐渐应用到现代工业中。

1681 年，法国物理学家 Dennis Papin 发明了用作安全调节装置的锅炉压力调节器；1765 年，俄国人普尔左诺夫（I. Polzunov）发明了蒸汽锅炉的水位调节器等；1788 年，英国人瓦特（James Watt）发明了蒸汽机离心调速器，解决了蒸汽机的速度控制问题，由此产生了第一次工业革命。

在此之后又不断出现各种自动装置。最具代表性的还应属蒸汽机离心调速器的发明，如图 1-5 所示。其工作原理如下：转盘 1 的转速与蒸汽汽门 7 的开度大小成正比，汽门 7 开得越大，则转盘 1 转速越高，离心球 2 受到的离心力越大，从而往外移动使得两个离心球之间的距离相距越远；离心球 2 向外移动的过程中会带动离心连杆 3 一起绕回转轴运动，并带动推拉连杆 4 向下运动，从而进一步使杠杆 5 产生逆时针转动，带动汽门连杆 6 向上运动，最终拉动汽门 7 使其关小，蒸汽出汽量减少，达到使转速下降的目的。若转速较低，则以上过程相反，离心球向内移动，带动各连杆使得汽门开大，从而实现增速的目的。

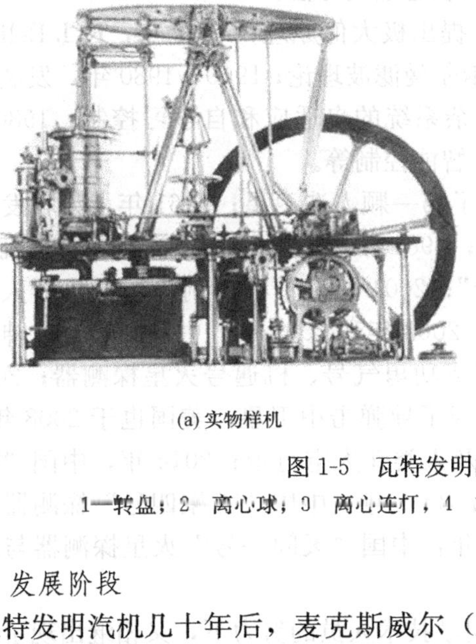

(a) 实物样机

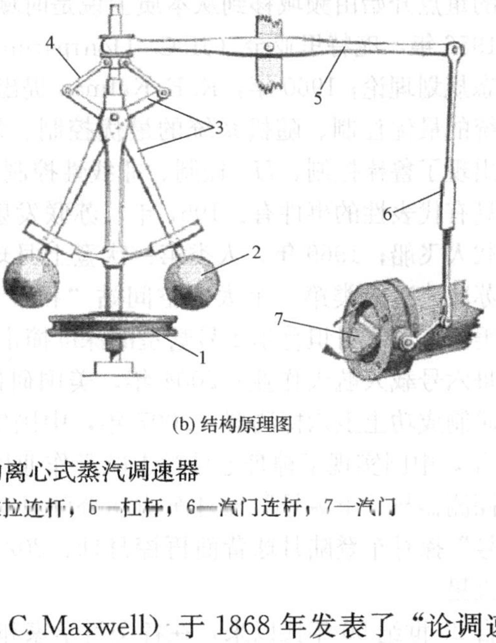

(b) 结构原理图

图 1-5 瓦特发明的离心式蒸汽调速器

1—转盘；2—离心球；3—离心连杆；4—推拉连杆；5—杠杆；6—汽门连杆；7—汽门

3. 发展阶段

瓦特发明汽机几十年后，麦克斯威尔（J. C. Maxwell）于 1868 年发表了“论调速器”的文章，对控制系统从理论上加以提高，首先提出了“反馈控制”的概念，解决了蒸汽机调速系统中出现的剧烈振荡的不稳定问题，提出了简单的稳定性代数判据。1895 年，英国的劳斯（E. J. Routh）及赫尔维茨把麦克斯威尔的思想扩展到高阶微分方程描述的更复杂的系统中，各自提出了两个著名的稳定性判据——劳斯判据和赫尔维茨判据，这两个判据提出了有关线性系统稳定性的判定方法，奠定了经典控制理论中时域分析法的基础，从面推动了自动控制的发展。

20 世纪 30 年代以来，美国物理学家奈奎斯特（H. Nyquist）研究了长距离电话线信号传输中出现的失真问题，运用复变函数理论建立了以频率特性为基础的稳定性判据，奠定了频率响应法的基础。随后，美国著名科学家的波德（H. W. Bode）和美国 Taylor 仪器公司工程师尼科尔斯（N. B. Nichols）在 20 世纪 30 年代末和 40 年代初进一步将频率响应法加以发展，形成了经典控制理论的频域分析法。

4. 标志阶段

二次世界大战期间，由于军事工业的飞速发展及带动，相继出现了各种自动控制系统，不断改善飞机、火炮及雷达等军事装备的性能，工业生产自动化程度也得到提高。1948 年，美国数学家维纳（N. Wiener）发表了著名的《控制论》，基本形成了经典控制理论。1954 年，钱学森英文版《工程控制论》的发表，奠定了工程控制论这一技术科学的基础，使控制论又向前迈进了一大步。

1.2.2 现代控制理论阶段

现代控制理论始于 20 世纪 50 年代末 60 年代初。这是由于空间技术的发展及军事工业的需要，如航空、航天、导弹等对自动控制系统提出了很高的要求。加之新技术的发展，计算机技术也日趋成熟，使得现代控制理论发展很快，逐渐形成体系并出现新的分支。

现代控制理论以状态空间法为基础，主要分析和研究多输入-多输出（MIMO）、时变、非线性等系统的最优控制、最优滤波、系统辨识、自适应控制、智能控制等问题；控制理论研究的重点开始由频域移到从本质上说是时域的状态空间方法。

1956 年，庞特里亚金（Л. С. Понтрягин）提出极大值原理；1957 年，R. I. Bellman 提出动态规划理论；1960 年，R. E. Kalman 提出卡尔曼滤波理论；1960～1980 年，发展了确定性系统的最优控制、随机系统的最优控制、复杂系统的自适应和自学习控制；1980 至今，逐渐出现了鲁棒控制、H_∞ 控制、非线性控制、智能控制等。

具有代表性的事件有：1957 年，苏联发射了第一颗人造卫星；1961 年，苏联发射了第一艘载人飞船；1969 年，人类第一次登上月球；1981 年，美国研制出首架航天飞机；1986 年，苏联建造人类第一个太空空间站“和平号”；2001 年，日本研制出仿人机器人；2005 年，美国实现了对坦普尔 1 号彗星的深度撞击；2003 年和 2005 年，中国圆满完成神舟五号和神舟六号载人航天作业；2004 年，美国研制成功勇气号、机遇号火星探测器；2005 年，欧盟研制成功土卫六探测器；2007 年，中国实现了导弹击中卫星，美国也于 2008 年实现；2008 年，中国实现了神舟七号载人航天作业以及人类在太空行走；2014 年，中国“嫦娥三号”探测器与“玉兔号”探月车成功登陆月球；2018 年，中国“嫦娥四号”探测器与“玉兔二号”探月车登陆月球背面再探月球；2020 年，中国“天问一号”火星探测器与火星车奔向火星。

自 20 世纪 50 年代以来，在各国科学家和科学技术人员的努力下，又相继出现了生物控制论、经济控制论和社会控制论等，控制理论已经渗透到各个领域，并伴随着其他科学技术的发展，极大地改变了整个世界。控制理论自身也在创造人类文明中不断向前发展。

1.3 新时代下本课程的学习方法

在国际竞争日益激烈、互联网日益普及的情况下，本课程的学习不仅要求读者掌握相应的系统理念知识，还要求大家能够真正地理解和应用这些知识，举一反三，达到培养与提升解决工程实际问题能力的目的。

在学习本课程时，需注意以下几点：

1.3.1 本课程的授课方式

本课程采用“研究性教学模式”进行授课，重点讲解核心知识体系，注重培养学生分析求解问题的能力，强调问题导向和学生的全程参与，着重学生课程学习的获得感和满足感。上课前建议读者先针对每章提出的问题有针对性地快速浏览章节内容，课堂上先学习基础知识，然后针对具体课题进行上机调试，做到“入门知识课堂讲，扩展知识课下查，疑难问题共同议”。

此外，掌握利用计算机求解工程实际问题的能力是新时代大学生所需培养的必备素质，本课程引入了 MATLAB 程序求解问题，并将其与课程内容相结合，建议大家携带安装有 MATLAB 程序的笔记本电脑进行上课。

1.3.2 本课程的能力目标体系

（1）学会 MATLAB 语言基本编程技巧。本课程以研究性课题求解为主线开展教学工作，全书共设置了共同参与课题 2 个、分组参与课题 4 个，需要读者在掌握基本 MATLAB 语言的基础上对这些课题进行编程求解。

（2）掌握科技论文写作基本规范。本课程强调学生全过程参与，加重平常成绩考核比例。要求读者将研究性课题的求解过程按照科技论文规范进行整理，最后写成小论文/研究报告的形式。这有利于培养大家分析总结问题的能力，也可以为读者将来进一步进行研究生阶段的学习打下基础。

（3）掌握查阅中英文专业文献的能力。课题的实际求解过程和每章的课后作业均涉及文献查阅内容，本书在编写过程中也附上了关键术语和重要内容（各级标题、图表等）的英文表达，旨在提升读者查阅中英文专业文献的能力。

（4）初步掌握课题研究的基本步骤和方法。本课程采用抛出问题、分析问题、求解问题、总结问题的模式进行学习，目的是锻炼读者在有限时间内利用周边资源快速、合理地解决问题的能力。在这其中，问题的求解过程和能力的锻炼过程其实也就是大家在进行科学研究的实际缩影。通过系统化的问题分析求解培训和锻炼，真正意义上教会大家掌握课题研究的基本步骤和方法。

1.3.3 本课程的知识目标体系

（1）传递函数的建立求解。学会建立物理系统数学模型的方法，掌握传递函数的定义与求法，掌握典型环节的传递函数，能够熟练进行方框图的建立和化简。

（2）控制系统的时域响应分析与误差计算。掌握一阶系统的数学模型，理解其阶跃响应、脉冲响应，以及响应之间的关系；掌握二阶系统的数学模型及其在不同阻尼比时的单位阶跃响应；掌握瞬态响应性能指标、系统动态性能与性能指标的关系；熟练掌握稳态误差的定义及计算。

（3）控制系统的频率特性分析，掌握典型环节的幅相频特性表达式；掌握系统对数频率特性曲线（伯德图）和幅相频特性曲线（奈氏图）的绘制方法，能够根据对数频率特性曲线确定传递函数。

（4）控制系统的稳定性分析。熟练掌握系统稳定性的概念和条件；掌握劳斯判据及奈奎斯特稳定判据的使用方法。

1.3.4 本课程的学习方法

（1）重视预习，重视上课，重视作业。预习是一种很有效的学习方法，看不懂没关系，关键是要对学习内容有个初步印象，带着问题上课；课堂时间的充分利用可以事半功倍，相同量的内容课下自行学习所花费的时间精力是课堂上学习的 3～5 倍；作业是对自身学习成果的检验，是查缺补漏、加强巩固的最有效手段。

(2) 充分参与，充分思考，充分讨论。本课程全程穿插有知识点学习、资料检索、编程求解等各个环节，需要大家在课程学习的全过程中都积极参与。由于课程内容的串联性，前面知识点和技能的缺失将会直接影响后续内容的学习。此外，本课程涉及数学、物理等多个学科知识点，一些知识点较为抽象，在理解上可能会有一定困难，需要大家充分思考，同时加强与老师及同学的切磋交流和讨论促进。

(3) 抓住主线，化繁为简，举一反三。本书对关键概念进行了加粗标注，并针对关键知识点设计了针对性的研究性课题，建议大家在学习过程中抓住主线，将复杂问题先进行简化理解，然后逐步深入，归纳总结，举一反三。

(4) 强调独立，强调动手，强调合作。本课程在每一章均设置了相应的研究性求解课题，在课题求解中，建议大家带着问题去学习，充分发挥主观能动性，能够独立完成的环节尽量独立完成，对每一道习题和课题编程算例都亲自动手求解；对于在求解上有困难的部分，可以组成合作团队对任务进行分解，得到各自求解答案后再联合分析讨论，发挥集体优势，最大限度地实现合作共赢。

本章小结

本章介绍了控制系统的基本概念和有关的名词、术语，控制系统的组成和工作原理，以及控制理论的两个发展阶段。

控制系统按其是否存在反馈可分为开环控制系统和闭环控制系统（又称反馈控制系统）。闭环控制系统的主要特点是将系统输出量经测量后反馈到系统输入端，与输入信号进行比较得到偏差，由偏差产生控制作用，控制的结果是使被控量朝着减小偏差或消除偏差的方向运动。

对控制系统的基本要求是：稳定性——控制系统正常工作的首要条件；准确性——系统的稳定性控制精度要高（即稳态误差要小）；快速性——控制系统的响应过程要平稳快速。这些要求可归纳成“稳、准、快”三个字。

控制工程理论经历了经典控制理论和现代控制理论两个阶段，本课程主要学习经典控制的相关内容。

习　题

1-1　登录中国知网和谷歌学术网站，自行拟订关键词，分别用中英文检索控制工程理论在机械制造领域的应用和发展情况。

1-2　上网查找观看全球先进加工中心的加工视频，包括文中提及的德玛吉加工中心视频。

1-3　准备笔记本电脑，自行安装 MATLAB 2012a 版本程序，预习第 2 章内容。

2　拉氏变换与 MATLAB 基础

授课视频

2.1　数学模型的概念

数学模型是人们求解工程实际问题的重要工具和手段。通过建立合理的数学模型，可以大幅简化复杂的工程问题，方便人们快速抓住问题的主要矛盾，得到理想的求解结果。

数学模型是运用数理逻辑方法和数学语言建构的科学或工程模型。具体来说，数学模型就是为了某种目的，用字母、数字及其他数学符号建立起来的等式或不等式以及图表、图像、框图等，描述客观事物的特征及其内在联系的数学结构表达式。简而言之，**数学模型就是一切可以表达输入与输出函数/映射关系的载体。**一个数学公式、一个微分方程、一个三维模型、一段程序代码、一个传递函数都可以是数学模型。

本课程对控制系统的描述（即数学模型）通常是基于线性定常微分方程来进行的。在数学模型的求解中，为了把复杂的计算转化为较简单的计算，往往采用变换的方法。拉普拉斯变换（简称拉式变换）就是其中的一种，可以很方便地求解微分方程。控制系统引入拉氏变换的一个主要优点是可采用传递函数作为数学模型来代替微分方程对系统的特性进行描述。

2.2　拉氏变换及特性

拉氏变换可理解为广义单边傅里叶变换。傅氏变换建立了时域和频域间的联系，而拉氏变换建立了时域和复数域间的联系。拉氏变换是一种线性变换。

2.2.1　拉氏变换的定义

若 $f(t)$ 为实变数 t 的函数，且 $t<0$ 时，$f(t)=0$，则函数 $f(t)$ 的拉氏变换定义为

$$L[f(t)]=F(s)=\int_0^{\infty} f(t)\mathrm{e}^{-st}\mathrm{d}t \tag{2-1}$$

式中：L 为拉氏变换符号；s 为复变数，$s=\sigma+\mathrm{j}\omega$，$\sigma$、$\omega$ 均为实数；$F(s)$为 $f(t)$的拉氏变换函数，即像函数；$f(t)$为原函数，它是 $F(s)$的拉氏反变换。

$$f(t)=L^{-1}[F(s)]=\frac{1}{2\pi \mathrm{j}}\int_{\sigma-\mathrm{j}\infty}^{\sigma+\mathrm{j}\infty} F(s)\mathrm{e}^{st}\mathrm{d}s \quad t>0$$

其中，L^{-1}为拉氏反变换的符号。

拉氏变换存在的条件是原函数 $f(t)$ 必须满足狄利克雷条件。

特别地，若令复变数 $s=\sigma+\mathrm{j}\omega$ 中的实部为零，即 $s=\mathrm{j}\omega$，则拉氏变换变为傅里叶变换。换句话说，傅里叶变换是特殊的拉氏变换。关于傅里叶变换的定义和求取方法请读者自行查阅。

在 MATLAB 中进行拉氏变换的函数是“laplace（）”，拉氏反变换是“ilaplace（）”括号中为详细的符号表达式。例如，输入以下语句进行正弦函数的拉氏变换求取：

```
syms w t %定义符号变量 w 与 t
laplace(sin(w*t)) %对正弦函数进拉氏变换
```

按 Enter 键确认后出现结果：

```
ans=
w/(s^2+w^2)
```

后文将会专门针对正弦函数进行拉氏变换讲解，读者可以将 MATLAB 得到的这一结果与后续分析的结果进行对比。

2.2.2 典型时间函数的拉氏变换

1. 单位阶跃函数（unit step function）

单位阶跃函数 $x(t)=1(t)=1$ 的拉氏变换为

$$L[1(t)]=\int_0^{\infty}1\mathrm{e}^{-st}\mathrm{d}t=-\frac{1}{s}(\mathrm{e}^{-st})\Big|_0^{\infty}=\frac{1}{s} \tag{2-2}$$

推广到常数 K 的拉氏变换

$$L(K)=KL(1)=\frac{K}{s} \tag{2-3}$$

这说明拉氏变换是一种线性变换。

2. 指数函数（exponential function）

指数函数 $A\mathrm{e}^{-at}$ 的拉氏变换为

$$L(A\mathrm{e}^{-at})=\int_0^{\infty}A\mathrm{e}^{-at}\mathrm{e}^{-st}\mathrm{d}t=\int_0^{\infty}A\mathrm{e}^{-(a+s)t}\mathrm{d}t=\frac{A}{s+a} \tag{2-4}$$

式中：A、a 为常数。

3. 斜坡函数（速度函数）（ramp function，velocity function）

斜坡函数 $f(t)=At$ 的拉氏变换为

$$L(At)=\int_0^{\infty}At\mathrm{e}^{-st}\mathrm{d}t=At\left(\frac{\mathrm{e}^{-st}}{-s}\right)\Big|_0^{\infty}-\int_0^{\infty}\frac{A\mathrm{e}^{-st}}{-s}\mathrm{d}t=\frac{A}{s}\int_0^{\infty}\mathrm{e}^{-st}\mathrm{d}t=\frac{A}{s^2} \tag{2-5}$$

4. 正弦函数（sine function）

正弦函数 $A\sin\omega t$，先由欧拉公式变成指数函数。其中，A、ω 为常数。

因 $\begin{cases}\mathrm{e}^{\mathrm{j}\omega t}=\cos\omega t+\mathrm{j}\sin\omega t\\ \mathrm{e}^{-\mathrm{j}\omega t}=\cos\omega t-\mathrm{j}\sin\omega t\end{cases}$，故 $\sin\omega t=\frac{1}{2\mathrm{j}}(\mathrm{e}^{\mathrm{j}\omega t}-\mathrm{e}^{-\mathrm{j}\omega t})$，进一步有

$$L(A\sin\omega t)=\frac{A}{2\mathrm{j}}\int_0^{\infty}(\mathrm{e}^{\mathrm{j}\omega t}-\mathrm{e}^{-\mathrm{j}\omega t})\mathrm{e}^{-st}\mathrm{d}t=\frac{A}{2\mathrm{j}}\frac{1}{s-\mathrm{j}\omega}-\frac{A}{2\mathrm{j}}\frac{1}{s+\mathrm{j}\omega}=\frac{A\omega}{s^2+\omega^2} \tag{2-6}$$

5. 单位脉冲函数（unit pulse function）

在许多实际问题中，常常会遇到一种集中在极短时间内作用的量，例如脉冲冲击、力锤锤击等，这种瞬间作用的量用单位脉冲函数表示，简称 δ 函数，其函数写为

$$\begin{cases}\delta(t)=\lim\limits_{\tau\to 0}\delta_{\tau}(t)\\ \delta_{\tau}(t)=\begin{cases}\dfrac{1}{\tau} & 0\leqslant t<\tau\\ 0 & 其他\end{cases}\end{cases} \tag{2-7}$$

$\delta_{\tau}(t)$ 的图形如图 2-1 所示。

对$\delta(t)$进行拉氏变换：

$$L[\delta(t)]=\lim_{\tau\to 0}L[\delta_\tau(t)]=\lim_{\tau\to 0}\int_0^{+\infty}\delta_\tau(t)e^{-st}dt=\lim_{\tau\to 0}\int_0^{\tau}\frac{1}{\tau}e^{-st}dt$$

$$=\lim_{\tau\to 0}\left(\frac{1}{-s}\frac{1}{\tau}e^{-st}\Big|_0^{\tau}\right)=\lim_{\tau\to 0}\left(\frac{1}{s\tau}e^{-s\tau}-\frac{1}{s\tau}\right)=\lim_{\tau\to 0}\frac{1-e^{-s\tau}}{s\tau} \tag{2-8}$$

根据洛必达法则，对式（2-8）分子、分母求导求其极限，得

$$L[\delta(t)]=\lim_{\tau\to 0}\frac{1-e^{-s\tau}}{s\tau}=\lim_{\tau\to 0}\frac{(1-e^{-s\tau})'}{(s\tau)'}=\lim_{\tau\to 0}\frac{se^{-\tau s}}{s}=1 \tag{2-9}$$

2.2.3 拉氏变换性质（定理）

在掌握常用函数拉氏变换的基础上，结合拉氏变换性质，即可快速获取诸多复杂函数的拉氏变换结果。

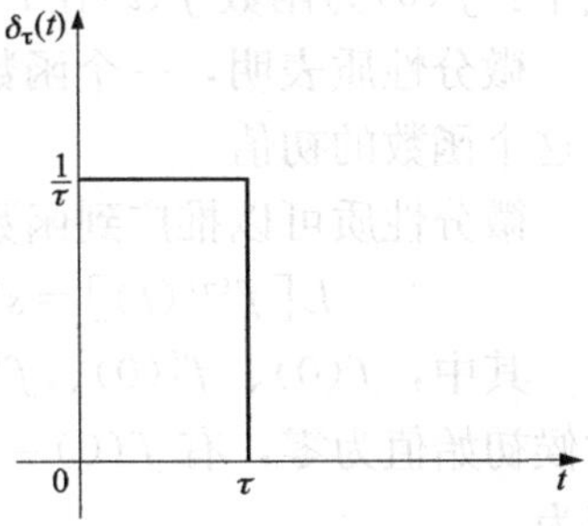

图 2-1 $\delta_\tau(t)$函数图形

1. 线性性质（叠加定理）(linear property，superposition theorem)

若α、β是任意两个复常数，且$L[f(t)]=F(s)$，即$f(t)$的拉氏变换存在，则

$$L[\alpha f_1(t)+\beta f_2(t)]=\alpha F_1(s)+\beta F_2(s) \tag{2-10}$$

线性性质表明，时间函数之和的拉氏变换等于每个时间函数的拉氏变换之和，若有常数乘以时间函数，则经拉氏变换后，常数可以提到拉氏变换符号外面。

【例 2-1】 已知$f(t)=1-2\cos\omega t$，求$F(s)$。

解

$$F(s)=L[f(t)]=L(1-2\cos\omega t)=L(1)-L(2\cos\omega t)=\frac{1}{s}-\frac{2s}{s^2+\omega^2}=\frac{-s^2+\omega^2}{s(s^2+\omega^2)}$$

2. 平移性质（平移定理）(shifting property，shifting theorem)

若$L[f(t)]=F(s)$，则有

$$L[e^{-at}f(t)]=F(s+a) \tag{2-11}$$

式（2-11）说明，在时域中$f(t)$乘以e^{-at}，即为在复变量域中把s平移为$s+a$，称为复域平移定理，在计算有指数时间函数项的复合时间函数的拉氏变换时比较方便。

前面提到，傅里叶变换其实是拉氏变换的特殊情况，拉氏变换的这一性质在傅里叶变换中也同样适用。通常在傅里叶变换中称此性质为频移特性。

【例 2-2】 求$L(e^{-at}\cos\omega t)$。

解 $L(e^{-at}\cos\omega t)=\dfrac{s+a}{(s+a)^2+\omega^2}$

3. 延时性质（delay property）

若$L[f(t)]=F(s)$，则有

$$L[f(t-a)]=e^{-as}F(s) \tag{2-12}$$

延时性质表明，时间延迟了a个单位，相当于象函数乘以指数因子e^{-as}。在傅里叶变换中这一性质也成立，但在傅里叶变换中通常称这一性质为时移特性。

【例 2-3】 求$L[1(t-a)]$。

解 由 $L[1(t)]=\frac{1}{s}$ 及延时性质可得

$$L[1(t-a)]=\frac{1}{s}\mathrm{e}^{-as}$$

4. 微分性质（微分定理）(differentiation property，differentiation theorem)

若 $L[f(t)]=F(s)$，则有

$$L\left[\frac{\mathrm{d}f(t)}{\mathrm{d}t}\right]=sF(s)-f(0) \tag{2-13}$$

式中：$f(0)$ 为函数 $f(t)$ 在 $t=0$ 时刻的值，即为 $f(t)$ 的初始值。

微分性质表明，一个函数求导后取拉氏变换，等于这个函数的拉氏变换乘以参数 s 再减去这个函数的初值。

微分性质可以推广到函数的 n 阶导数的情形：

$$L[f^{(n)}(t)]=s^nF(s)-[s^{n-1}f(0)+s^{n-2}f'(0)+\cdots+f^{(n-1)}(0)] \tag{2-14}$$

其中，$f(0)$、$f'(0)$、$f^{(2)}(0)$、…、$f^{(n-1)}(0)$ 分别为各阶导数在 $t=0$ 时的值。在许多时候初始值为零，有 $f(0)=f'(0)=f^{(2)}(0)=\cdots=f^{(n-1)}(0)=0$，这种情况下，式 (2-14) 变为

$$L[f^{(n)}(t)]=s^nF(s)\quad(n=1,2,\cdots) \tag{2-15}$$

微分性质使我们有可能将 $f(t)$ 的微分方程化作 $F(s)$ 的代数方程。因此，微分性质在解微分方程中有重要作用。在傅里叶变换中，微分性质同样适用。

【例 2-4】 求以下微分方程式的拉氏变换，已知其各阶导数的初始值为零。

$$\frac{\mathrm{d}^3x_o(t)}{\mathrm{d}t^3}+2\frac{\mathrm{d}^2x_o(t)}{\mathrm{d}t^2}+3\frac{\mathrm{d}x_o(t)}{\mathrm{d}t}+x_o(t)=2\frac{\mathrm{d}x_i(t)}{\mathrm{d}t}+x_i(t)$$

解 应用微分性质，由式 (2-15)，对上式两端取拉氏变换，得

$$s^3X_o(s)+2s^2X_o(s)+3sX_o(s)+X_o(s)=2sX_i(s)+X_i(s)$$

进一步整理化得

$$(s^3+2s^2+3s+1)X_o(s)=(2s+1)X_i(s)$$

思考

如何应用微分定理通过正弦函数的拉氏变换求取余弦函数的拉氏变换？

5. 积分性质（积分定理）(integration property，integration theorem)

若 $L[f(t)]=F(s)$，则有

$$L\left[\int_0^t f(x)\mathrm{d}x\right]=\frac{F(s)}{s} \tag{2-16}$$

积分性质表明，一个函数积分后取拉氏变换，等于这个函数的拉氏变换除以参数 s。同样地，积分性质也可以推广到 n 次积分的情形：

$$L\left[\overbrace{\int_0^t \mathrm{d}t\int_0^t \mathrm{d}t\cdots\int_0^t f(x)\mathrm{d}t}^{n次}\right]=\frac{F(s)}{s^n}\quad n=1,2,\cdots \tag{2-17}$$

积分性质在傅里叶变换中同样成立。

【例 2-5】 求幂函数 t^n 的拉氏变换。

解 由于$\int_0^t 1(t)\mathrm{d}t=t$，则由式（2-16），有

$$L(t)=L\left[\int_0^t 1(t)\mathrm{d}t\right]=\frac{1}{s}L[1(t)]=\frac{1}{s^2}$$

类似地，$\int_0^t\left[\int_0^t 1(t)\mathrm{d}t\right]\mathrm{d}t=\int_0^t t\mathrm{d}t=\frac{1}{2}t^2$，推广至 n 次积分情况有

$$\int_0^t\int_0^t\cdots\left[\int_0^t 1(t)\mathrm{d}t\right]\mathrm{d}t^{(n-1)}=\frac{1}{n!}t^n \quad (n\ 为正整数)$$

对其两边取拉氏变换，并利用积分定理，则有

$$L(t^n)=n!\ L\left[\int_0^t\int_0^t\cdots\int_0^t 1(t)\mathrm{d}t^{(n)}\right]=\frac{n!}{s^n}L[1(t)]=\frac{n!}{s^{n+1}} \tag{2-18}$$

6. 初值定理（initial value theorem）

$$\lim_{t\to 0}f(t)=\lim_{s\to\infty}sF(s) \tag{2-19}$$

初值定理表明，原函数在 $t=0$ 时的数值，即原函数的初值，等于 s 乘以象函数的终值。这一定理对于求瞬态响应的初始值很有用。

7. 终值定理（final value theorem）

若 $L[f(t)]=F(s)$，且$\lim\limits_{t\to\infty}f(t)$存在，则有

$$\lim_{t\to\infty}f(t)=f(\infty)=\lim_{s\to 0}sF(s) \tag{2-20}$$

终值定理表明，原函数在 $t=\infty$时的数值，即原函数的终值，等于 s 乘以象函数的初值。这一定理对于求瞬态响应的稳定值很有用。

8. 卷积定理（convolution theorem）

卷积是一种数学运算，其定义如下：若函数 $f_1(t)$和 $f_2(t)$在 $t<0$ 时均为零，则积分$\int_0^t f_1(\tau)f_2(t-\tau)\mathrm{d}t$ 称为函数 $f_1(t)$与 $f_2(t)$的卷积，记作 $f_1(t)*f_2(t)$，即

$$f_1(t)*f_2(t)=\int_0^t f_1(\tau)f_2(t-\tau)\mathrm{d}t \tag{2-21}$$

卷积同时满足交换律、结合律和分配律，这可以由卷积的定义出发进行证明，即有

$$\begin{cases} f_1(t)*f_2(t)=f_2(t)*f_1(t) & (交换律)\\ f_1(t)*[f_2(t)*f_3(t)]=[f_1(t)*f_2(t)]*f_3(t) & (结合律)\\ f_1(t)*[f_2(t)+f_3(t)]=f_1(t)*f_2(t)+f_1(t)*f_3(t) & (分配律)\end{cases} \tag{2-22}$$

卷积定理：若 $L[f_1(t)]=F_1(s)$，$L[f_2(t)]=F_2(s)$，则有

$$\begin{cases} L[f_1(t)*f_2(t)]=F_1(s)F_2(s)\\ L^{-1}[F_1(s)*F_2(s)]=f_1(t)f_2(t)\end{cases} \tag{2-23}$$

卷积定理表明，两个函数卷积的拉氏变换等于它们各自拉氏变换的乘积。这一定理也可推广到 n 个函数卷积的情形：

若 $L[f_k(t)]=F_k(s) \quad k=1,2,\cdots,n$

则有 $L[f_1(t)*f_2(t)*\cdots*f_n(t)]=F_1(s)F_2(s)\cdots F_n(s)$ (2-24)

在傅里叶变换中，卷积特性仍然成立。

9. 尺度特性（scale property）

若 $L[f(t)]=F(s)$，则有

$$L\left[f\left(\frac{t}{a}\right)\right]=aF(as) \qquad a=\text{常数}>0 \tag{2-25}$$

在傅里叶变换中，尺度特性仍然成立。

2.2.4 常用时间函数的拉氏变换

为便于后续查询和求解拉氏反变换，将较高频出现的时间函数拉氏变换进行整理，结果见表 2-1。

请读者重点记忆带“★”部分对应的拉氏变换结果，其余函数均可通过常用函数的象函数结合拉氏变换性质得到。

表 2-1 常用时间函数的拉氏变换

原函数 $f(t)$	象函数 $F(s)$	原函数 $f(t)$	象函数 $F(s)$
★$\delta(t)$（单位脉冲函数）	1	★1（t）（单位阶跃函数）	$\frac{1}{s}$
★K（常数）	$\frac{K}{s}$	★t（单位斜坡函数）	$\frac{1}{s^2}$
★t^n（n=1，2，…）	$\frac{n!}{s^{n+1}}$	★e^{-at}	$\frac{1}{s+a}$
★$t^n e^{-at}$（n=1，2，…）	$\frac{n!}{(s+a)^{n+1}}$	★$\frac{1}{T}e^{-\frac{t}{T}}$	$\frac{1}{Ts+1}$
★$\sin\omega t$	$\frac{\omega}{s^2+\omega^2}$	★$\cos\omega t$	$\frac{\omega}{s^2+\omega^2}$
$e^{-at}\sin\omega t$	$\frac{\omega}{(s+a)^2+\omega^2}$	$e^{-at}\cos\omega t$	$\frac{s+a}{(s+a)^2+\omega^2}$
$\frac{1}{a}(1-e^{-at})$	$\frac{1}{s(s+a)}$	$\sin(\omega t+\varphi)$	$\frac{\omega\cos\varphi+s\sin\varphi}{s^2+\omega^2}$
$\frac{1}{b-a}(e^{-at}-e^{-bt})$	$\frac{1}{(s+a)(s+b)}$	$\frac{1}{b-a}(be^{-bt}-ae^{-at})$	$\frac{s}{(s+a)(s+b)}$
$\frac{\omega_n}{\sqrt{1-\zeta^2}}e^{-\zeta\omega_n t}\sin\omega_n\sqrt{1-\zeta^2}t$	$\frac{\omega_n^2}{s^2+2\zeta\omega_n s+\omega_n^2}$	$\frac{1}{\omega_n\sqrt{1-\zeta^2}}e^{-\zeta\omega_n t}\sin\omega_n\sqrt{1-\zeta^2}t$	$\frac{1}{s^2+2\zeta\omega_n s+\omega_n^2}$
$\frac{1}{\sqrt{1-\zeta^2}}e^{-\zeta\omega_n t}\sin(\omega_n\sqrt{1-\zeta^2}t-\varphi)$ 其中，$\varphi=\arctan\frac{\sqrt{1-\zeta^2}}{\zeta}$	$\frac{s}{s^2+2\zeta\omega_n s+\omega_n^2}$	$1-\cos\omega t$	$\frac{\omega^2}{s(s^2+\omega^2)}$
$\omega t-\sin\omega t$	$\frac{\omega^3}{s(s^2+\omega^2)}$	$t\sin\omega t$	$\frac{2\omega s}{(s^2+\omega^2)^2}$

2.3 MATLAB 基础

2.3.1 初识 MATLAB

MATLAB 是 Matrix Laboratory 的缩写，原意为矩阵实验室。进行矩阵运算是 MATLAB 的一大优势。

20 世纪 70 年代中期，Cleve Moler 和他的同事开发了 LINPACK 和 EISPACK 的 Fortran 子程序库；70 年代末期，Cleve Moler 在新墨西哥大学给学生讲解线性代数时为学生编写了接口程序，这程序取名为 MATLAB，即 Matrix Laboratory；1983 年，工程师 John Little 与 Moler、Steve Bangert 一起开发了第二代专业版 MATLAB；1984 年，MathWorks 公司成立，MATLAB 正式推向市场。

本书以 MATLAB 2012 a 版本为例来进行 MATLAB 语言基础的讲解，重点学习 MATLAB 的数值运算和符号运算基础。

1. MATLAB 界面

MATLAB 软件打开后主界面会出现 4 个窗口，从左到右分别为运行路径窗口、命令窗口、工作空间窗口、命令运行记录窗口，如图 2-2 所示。

简单的 MALAB 命令可直接在命令窗口输入运行，复杂的程序需要建立专门的脚本文件以便于存储和后续调用。新建脚本只需单击图 2-2 左上角圈出的“new script”图标即可。

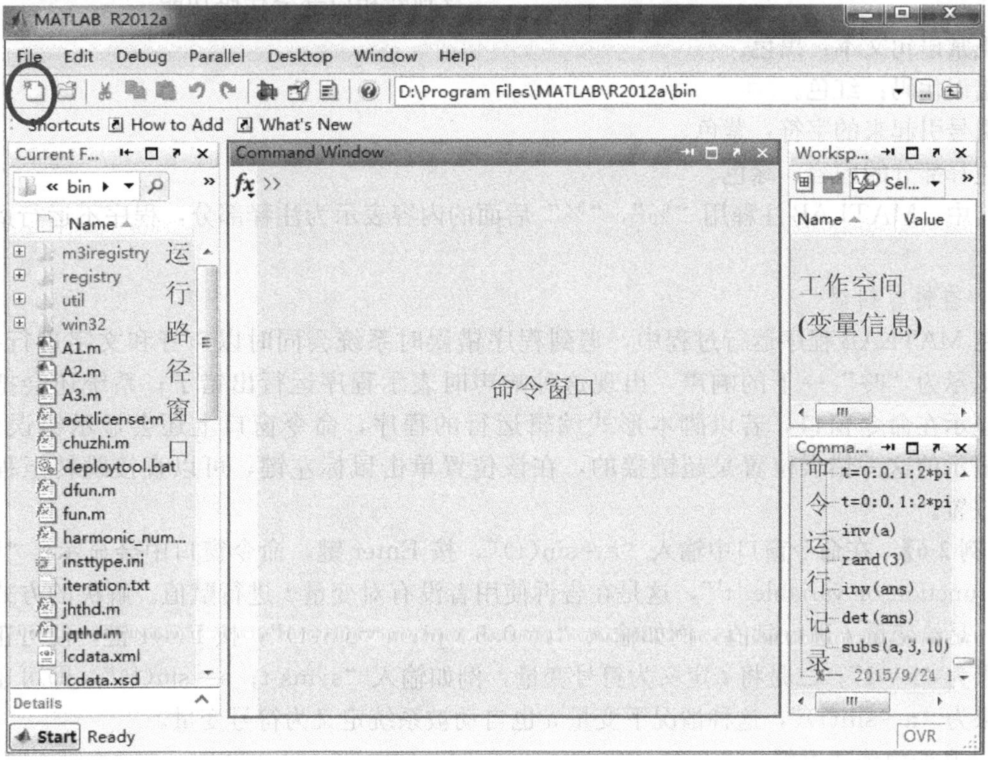

图 2-2 MATLAB 主界面

2. 帮助功能使用

在命令窗口中输入“help”＋空格＋需要帮助的内容对应的关键词，系统会自动显示相应的帮助说明内容。例如，在命令窗口中输入“help sin”，结果显示如图 2-3 所示。在 2012Ra 版本中，帮助的内容为英文解释文本，这些文本中的单词大多为比较通用的简单词汇，正常理解难度不高。在 MATLAB 2014 以上的版本中有汉化，但汉化的翻译较为生涩，建议直接读取英文原文进行理解。

3. 常用命令

clc：清屏。

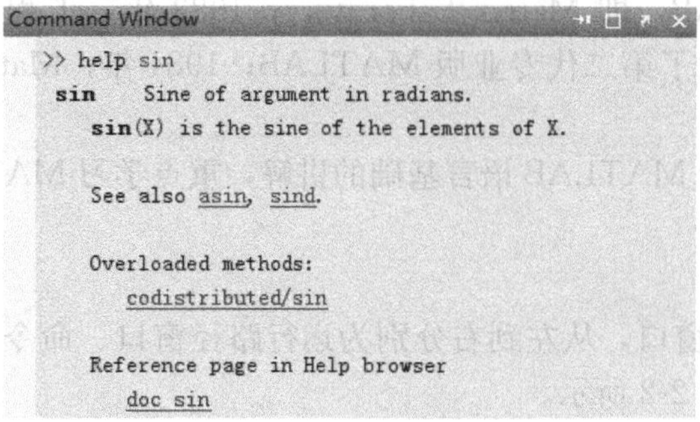

图 2-3 在命令窗口中使用帮助功能

clear+变量名：清除相应变量。

clear：清除所有变量。

who：显示当前工作空间中所有变量的一个简单列表。

whos：显示所有变量维数类型等基本信息。

4. 颜色区分

在MATLAB中，不同部分的代码会用不同的颜色加以区分，大家在使用过程中可以通过留意对应的颜色进行查错、纠错，以及判断相应部分代码功能。

正常语句文本：黑色。

错误代码：红色。

引号引起来的字符：紫色。

注释部分的内容：绿色。

其中，MATLAB注释用“%”，“%”后面的内容表示为注释部分，程序不运行此部分内容。

5. 查错与纠错

在MATLAB程序运行过程中，遇到程序错误时系统会同时以声音和文字进行提示。声音提示为“咚”一下的响声，出现这种响声时表示程序运行出错了；系统还会把错误信息显示在命令窗口，若以脚本形式编辑运行的程序，命令窗口上还会显示错误位置，且所显示的这一错误位置是超链接的，在该位置单击鼠标左键，可以直接跳转至程序的错误位置。

【例 2-6】 在命令窗口中输入“a=sin(t)”，按Enter键，命令窗口中会显示：“Undefined function or variable 't'”，这是在告诉使用者没有对变量 t 进行赋值。解决的方式有两种：一是给变量 t 进行赋值，例如输入“t=0.5*pi；a=sin(t)”，按Enter键，便可正确显示结果为“a=1”；二是将 t 定义为符号变量，例如输入“syms t；a=sin(t)”，即可正确显示结果为“a=sin(t)”，这种情况下变量a也自动被系统定义为符号变量。

6. 良好的编程习惯

良好的编程习惯有助于后续程序实现的高效性，避免一些低级错误的出现。良好的编程习惯主要包括以下几方面：

(1) 尽量以脚本形式编写程序并进行存储。

(2) 将“clear”和“clc”作为程序的起始，避免后续变量与前面发生冲突。

(3) 在语句关键处加“%”进行注释，便于自己和他人阅读程序和进行查错。例如，对变量名和长语句进行注释可以有效促进程序阅读者对程序思想的理解。

(4) 每一行只写一个语句，每个语句后面加分号。分号表示一个语句结束，不加分号系统也可以运行相应的语句。加分号与不加分号的区别在于：不加分号系统将运行相应语句并直接将结果显示在命令窗口，加分号后系统运行相应的语句但并不将结果在命令窗口进行显示。之所以要养成加分号的习惯，是因为一些具有大量数据的中间变量在没有加分号的情况下会全部显示在命令窗口，形成“刷屏”。如果使用者需要查看某一变量的结果，除了直接查看图 2-2 所示的工作空间部分外，还可以在命令窗口中输入相应的变量名再按 Enter 键，系统便会将该变量的值显示在命令窗口中。

(5) 输入括号时要成对输入，输完再写入括号内的内容。在一些括号嵌套较多的语句中，使用者往往因为漏了其中一个括号而导致程序报错无法顺利运行，而缺的这一括号往往比较具有隐蔽性，不易察觉。

(6) 模块化编程。在一个程序文件中，建议将明显具有不同功能的多个语句段进行分隔和标注。例如，可以用多个“%”作为隔断符进行隔断和注解，也可以简单地空两行将不同的程序段分开。

后期大家还可以尝试自定义函数并进行调用，事实上，函数定义和调用便是一个模块化编程的典型例子。

2.3.2 MATLAB 数值运算

1. 数值变量的定义

与 C 语言不同，在 MATLAB 中对变量的定义，尤其是对数值变量的定义无须进行特定说明，系统会根据变量的值进行自行判断。

变量的命名：变量名必须以字母开头（不超过 19 个字符），之后可以是任意字母、数字或下划线；变量名称区分字母的大小写；变量中不能包含有标点符号。

一些特殊的变量：

ans：用于结果的缺省变量名。

i、j：虚数单位。

pi：圆周率。

inf：无穷大。

realmin：最小正实数。

realmax：最大正实数。

2. 变量运算

变量的运算主要涉及＋（加）、－（减）、*（乘）、/或\（除）、^（幂）。

与 C 语言有所区别的是“除”，MATLAB 中的除有左除（/）和右除（\）之分，判断的方法是看斜线的底部往哪倾斜，往左倾斜就是左除，往右倾斜就是右除，往哪边倾斜哪边的数就是被除数。下面举例进行说明。

在命令窗口输入：

```
a= 1;%定义变量 a,并赋值为 1
b= 2;%定义变量 b,并赋值为 2
c1= a*b;%结果为 2
c2= a/b;%结果为 0.5
c3= a\b;%结果为 2
c4= a+b;%结果为 3
c5= a-b;%结果为-1
c6= b^3;%结果为 8,即 2 的 3 次方
```

3. 常用数学函数

在MATLAB中函数的形式都是以“函数名（变量）”的形式调用的，变量写在括号内，若有多个变量，则变量与变量之间用逗号隔开。括号内的变量也可以是数组。

以默认变量t为例，常用的数学函数见表2-2。

表2-2　常用的数学函数

函数功能	函数名	备注
绝对值函数	abs(t)	取绝对值
三角函数	sin(t)、cos(t)、tan(t)	
三角函数的反函数	asin(t)、acos(t)、atan(t)	
开平方函数	sqrt(t)	作用等同于“t ^0.5”
以自然数对数底数e为底的指数函数	exp(t)	e^t
均值函数	mean(t)	取变量的平均值
最大值函数	max(t)	取变量最大值
最小值函数	min(t)	取变量最小值
拉氏变换与反变换函数	laplace(t)、ilaplace(t)	变量应定义为符号变量

4. 矩阵的定义与操作

(1) 矩阵定义。

矩阵定义采用中括号进行，矩阵内元素与元素之间采用空格或逗号进行分隔，行与行之间采用分号进行换行。

【例2-7】 在命令窗口中输入“a=1；b=2；c=3；x=[5,b,c;a*b,a+c,c/b]”（不输入双引号，下同），按Enter键，结果显示为

```
x=
    5.000 2.000 3.000
    2.000 4.000 1.500
```

(2) 矩阵的四则运算与幂运算。

1) 只有维数相同的矩阵才能进行加减运算，加减运算是对两个矩阵对应元素之间的运算。

2) 只有前一个矩阵的列数和后一个矩阵的行数相同时才可以进行乘法运算，乘法运算不是对应元素之间的运算，它是矩阵层级的运算。

3) 只有方阵可求幂，幂运算实际是若干个相同的矩阵进行乘运算，也是矩阵层级的运算。

4) a\b运算等效于求a*x=b的解，而a/b等效于求x*b=a的解。

5) **点运算是两个维数相同矩阵对应元素之间的运算**，包括“.*”“.\”“./”“.^”（对于矩阵的加减运算而言，没有相应的点运算）。

【例2-8】 在命令窗口中输入：

```
a= [1 2;3 4];%定义矩阵a
b= [3 5;5 9];%定义矩阵b
c1= a*b;%矩阵a乘矩阵b,结果应为[13 23;29 51]
```

```
c2= a.*b;%矩阵a点乘矩阵b,结果应为[3 10;15 36]
c3= a/b;%矩阵a左除矩阵b,结果应为[-0.50 0.50;3.50 -1.50]
c4= a./b;%矩阵a左点除矩阵b,结果应为[0.33 0.40;0.60 0.44]
c5= a\b;%矩阵a右除矩阵b,结果应为[-1 -1;2 3]
c6= a.\b;%矩阵a右点除矩阵b,结果应为[3.00 2.50;1.67 2.25]
c7= a+b;%矩阵a加矩阵b,结果应为[4,7;8,13]
c8= a^3;%求矩阵a的三次幂,结果应为[37,54;81,118]
c9= a.^3;%求矩阵a的三次点幂,结果应为[1,8;27,64]
```

注意

矩阵的幂运算和点幂运算其幂次应为一个确定的数而不能为一个矩阵，例如a^b是无法求解的。

(3) 矩阵转置。对于实矩阵用“'”符号或“.’”求转置结果是一样的；**然而对于含复数的矩阵，则“'”将同时对复数进行共轭处理，而“.'”则只是将其排列形式进行转置。**

【例2-9】 在命令窗口中分别输入以下语句并观察结果：

```
clear;clc;
a= [1 2 3;4 5 6]'
a= [1 2 3;4 5 6].'
b= [1+2i,2-7i]'
b= [1+2i 2-7i].'
```

(4) 求逆矩阵：inv (A)。

注意

只有方阵才能求逆；inv是单词inverse（相逆的、相反的）的缩写；括号里的A代表方阵。

(5) 求行列式：det (A)。

注意

行列式是一个数（已遗忘的同学请查阅《线性代数》）；det是单词determinant（行列式）的缩写；括号里的A代表矩阵。

【例2-10】 在命令窗口中分别输入以下语句并观察结果：

```
a= [1 2 3;4 5 6;2 3 5];
b= inv(a)
det(a)
```

(6) 矩阵元素提取。

A (m, n)：提取矩阵A第m行、第n列元素。

A (:, n)：提取矩阵A第n列所有元素。

A (m,:)：提取矩阵A第m行所有元素。

A（m1：m2，n1：n2）：提取矩阵 A 第 m1 行到第 m2 行和第 n1 列到第 n2 列的所有元素（提取子块）。

（7）矩阵维数求取：size(A,x)。

返回矩阵 A 的行列数 m 与 n，当 x=1 时，则只返回行数 m；当 x=2 时，则只返回列数 n；x 缺省时，同时返回行数与列数。**变形 length（B）**，求取数组 B 的元素个数，其作用等效于 max(size(B))。

5. 一些常用特殊矩阵

（1）等间距线性空间数组。

一个是“start：step：end”，其中，start 为起始值，step 为步长，end 为终止值。生成的是从 start 值开始，每次增加 step 值直至达到 end 值结束的等差数列。当步长为 1 时可省略 step 参数，另外 step 也可以取负数。例如，在命令窗口中输入“1：0.5：3”按 Enter 键，则结果显示为

```
1.0000    1.5000    2.0000    2.5000    3.0000
```

另一个是“linspace(n1,n2,n)”，这是生成一个行矢量，从 n1 开始到 n2 结束，数据个数为 n，缺省 n 为 100。例如，在命令窗口中输入“linspace（1，3，5）”，则结果与输入“1：0.5：3”相同。

（2）线性对数空间数组：logspace（n1，n2，n）。生成从 10^{n1} 开始，到 10^{n2} 结束，数据总数为 n 个数的等比数列。例如，在命令窗口中输入“a=logspace（1，3，3）”，按 Enter 键，结果显示为

```
a=
     10   100   1000
```

（3）一矩阵：ones（m，n）/ones（m）。生成 m 行 n 列数值为 1 的矩阵；生成 m 行 m 列数值为 1 的方阵。

（4）零矩阵：zeros（m，n）/zeros（m）。生成 m 行 n 列数值为 0 的矩阵；生成 m 行 m 列数值为 0 的方阵。

思考

m 行 n 列数值为 20 的矩阵如何生成？

（5）单位矩阵：eye(m,n)/eye(m)。生成 m 行 n 列主对角线数值为 1 其余数值为 0 的矩阵；生成 m 行 m 列主对角线数值为 1 其余数值为 0 的方阵。

（6）对角矩阵：diag(v)。定义主对角线元素为向量 v 的矩阵，需要先定义 v。例如，“v=[1,2,3];diag(v)”，结果为

```
ans =

     1     0     0
     0     2     0
     0     0     3
```

（7）随机矩阵：rand(m,n)/rand(m)。产生一个 m×n 的元素数值为 0～1 的随机矩阵；产生一个 m×m 的元素数值为 0～1 的随机方阵。随机矩阵通常用于白噪声信号矩阵的生成。

思考

m 行 n 列元素数值为 0 到 1 之间的随机矩阵如何生成？

6. 多项式表达与处理

（1）多项式的表达：将多项式使用降幂系数的行向量 p 表示。

（2）求多项式的根：roots(p)。

（3）根据多项式的根反求多项式：poly（r）。

【例 2-11】 以文本形式编程求取多项式 $x^4-12x^3+0x^2+25x+116$ 的根，并根据其根反求多项式。

解 求解程序如下：

```
clear
clc
p=[1,-12,0,25,116];%注意不要漏掉第三个元素 0!
r=roots(p);
p1=poly(r);
```

运行结果如下（分别在命令窗口输入 p、r、p1，按 Enter 键）：

```
p =
    1   -12   0   25   116

r =
   11.7473
   2.7028
   -1.2251 + 1.4672i
   -1.2251 - 1.4672i

p1 =
    1.0000  -12.0000  -0.0000  25.0000  116.0000
```

（4）多项式相乘：conv（p1，p2）。

注意

p1 和 p2 是两个相乘的多项式的系数，相乘得到的结果也是最终多项式的系数；conv 是 convolution（卷积、多项式相乘）的缩写。

（5）多项式相除：[q,r]=deconv(p1,p2)。

注意

p1 和 p2 是两个相除的多项式的系数，结果会得到两个数组 q 和 r，第一个数组 q 中存储的是商值多项式的系数，第二个数组 r 中存储的是余数多项式的系数。

（6）求多项式的微分多项式：polyder(p)。

注意

p是多项式的系数，结果会得到对原多项式p的变量进行一次微分后的结果多项式的系数数组。

（7）求多项式具体数值：polyval(p,n)。

注意

p是多项式的系数，n是代入多项式p的变量的具体数值，结果会得到一个具体的数；poly是单词polynomial（多项式）的缩写，val是单词value的缩写。

【例2-12】 编程求取多项式 x^2+2x+3 的多项式 $x+2$ 相乘的结果、相除的结果；求多项式 x^2+2x+3 微分一次后的结果；求 $x=2$ 时多项式 x^2+2x+3 的结果。

解 在命令窗口中输入：

```
a= [1,2,3]
b= [1,2]
c= conv(a,b)
d= deconv(a,b)
[q,r]= deconv(a,b)
f= polyder(a)
g= polyval(a,2)
```

（8）多项式拟合：p=polyfit(x,y,n)。

注意

x和y为样本点向量，n为所求多项式的阶数，p为求出的多项式。

例如，在命令窗口中输入：

```
x= [1,2,3];
y= [6,11,18];
p= polyfit(x,y,2)
```

得到结果为p=[1.0000,2.0000,3.0000]，即拟合的多项式方程为 $y=x^2+2x+3$。

7. 关系与逻辑运算符

在MATLAB中，运算符有三种：算术运算符、关系运算符、逻辑运算符。它们的处理顺序依次为算术运算符、关系运算符、逻辑运算符。

（1）关系运算符：<（小于）、>（大于）、<=（小于等于）、>=（大于等于）、==（等于）、~=（不等于）。

例如，命令窗口输入：

```
A= [1,2,-1,-5]
B= [0,2,3,1]
```

再输入：

```
A< B
```

则显示结果为

ans= [0 0 1 1]

(2) 逻辑运算符：& (与)、| (或)、~ (非)。处理逻辑运算时，运算元只有两个值，即 0 和 1，任何数不等于 0 则认为是 1。

例如，在命令窗口中输入：

```
A= [5,-4,0,-0.5]
B= [0,1,0,9]
```

再输入：	再输入：	再输入：
A&B	A|B	~A
结果为	结果为	结果为
ans= [0,1,0,1]	ans= [1,1,0,1]	ans= [0 0 1 0]

8. 循环与条件

(1) 循环。重点掌握以下循环句式：

for i= start:step:final %定义变量 i 为线性空间，从 start 值开始，每次循环加 step 数值直到 final 值为止

执行语句(例:a= a+1) %变量 i 每更新一个值就重新执行一次该语句

end %循环结束

(2) 条件。重点掌握以下条件句式：

```
if 逻辑表达式      %判定条件
执行语句          %判定条件为真时运行该执行语句
end              %结束
```

或者：

```
if 逻辑表达式      %判定条件
执行语句 1        %判定条件为真时运行该执行语句
else
执行语句 2        %判定条件为假时运行这一执行语句
End              %结束
```

2.3.3 MATLAB 符号运算

1. 符号运算的概念

符号运算无须事先对独立变量赋值，运算结果以标准的符号形式表达。这一点与数值运算不同，数值运算中必须先对变量赋值，然后才能参与运算。

2. 符号变量与符号表达式

符号变量的定义有两种形式，一种是用单引号引起来定义，另一种是直接定义变量为符号变量。

例如，“f ='sin(x)+5 * x';”，其中 f 为符号变量名，sin(x)+5 * x 为符号表达式，' '为符号标识。这是一种用单引号引起来定义的方式，符号表达式需要用' '单引号括起来 MATLAB 才能识别。

又如，“syms x;f =sin(x)+5 * x;”，这是先定义 x 为符号变量，对应的，f 也会自动被系统判定为符号变量。

注意

(1) ' '里的内容可以是符号表达式，也可以是符号方程。例如，f1='a * x^2+b * x+c'为二次三项式；又如，f2='a *x^2+b *x+c=0'为一个方程；而 f3='Dy+y^2=1'为一个微分方程，其中 Dy 为一次微分（即 dy/dx 或 dy/dt），D2y 为二次微分，Dny 表示 n 次微分。

(2) 符号表达式或符号方程可以赋给符号变量，以后调用方便，也可以不赋给符号变量直接参与运算。

3. 符号矩阵的创建：A=sym('[　　　　　]')。

注意

sym 是英文单词 symbol（符号）的缩写；符号矩阵用' '标识矩阵内容，引号内的矩阵内容同数值矩阵。

【例 2-13】 在命令窗口中输入：

```
A= sym('[a, 2 * b ;3 * a, 0]');
```

这就完成了一个符号矩阵的定义，其结果为

```
A=
        [      a,2 * b]
        [3 * a,      0]
```

观察结果可知，符号矩阵的每一行的两端都有方括号，这是与 MATLAB 数值矩阵的一个重要区别。

补充：也可以模仿 MATLAB 数值矩阵的创建方法，通过以下方式定义符号矩阵：

```
A= ['[  a,2 * b]';'[3 * a,   0]']
```

但这一方法在一些版本的 MATLAB 中要求保证同一列中各元素字符串有相同的长度，有时候还会存在后续运算（例如运行 subs 函数时无法实现）问题，因此建议直接使用 sym() 函数进行定义。

4. 符号矩阵的修改

(1) 用 A(m,n)='new'来修改。

(2) 用 A1=subs(A, 'new', 'old')来修改。

注意

subs 为英文单词 substitute（替换）的缩写。

【例 2-14】 在命令窗口中输入：

```
A= sym('[a,2 * b;3 * a,0]');%定义符号矩阵
A1= subs(A,'c','b');%用 c 字符替换矩阵中的 b 字符
A1(2,2)= '4 * b'        %将第 2 行第 2 列字符变为 4 * b
```

运行结果为

```
A1=
```

```
[     a, 2*c]
[ 3*a, 4*b]
```

5. 符号矩阵与数值矩阵的转换

(1) 数值矩阵转化为符号矩阵：sym(A)。

其中，A 为定义的数值矩阵。

【例 2-15】 在命令窗口中输入：

```
A= [1/3,2.5;1/0.7,2/5]          %定义数值矩阵
sym(A)                          %将数值矩阵转化为符号矩阵
```

得到结果为

```
A=
        0.3333     2.5000
        1.4286     0.4000
ans=
[ 1/3,   5/2]
[10/7,   2/5]
```

(2) 符号矩阵转化为数值矩阵：vpa(x,n) 或 digits(n);vpa(x)。

注意

vpa（x，n）中 x 为符号矩阵，n 为转化为数值矩阵以后小数点后保留的位数；digits（n）；vpa（x）方式是先定义精度（小数点后保留的位数）再进行转换。

【例 2-16】 在命令窗口中输入：

```
a= sym('[1/4,exp(1);log(3),3/7]')      %定义符号矩阵
vpa(a,10)                              %符号矩阵转化为数值矩阵，小数点后保
                                         留 10 位
```

结果为

```
a=
[  1/4,exp(1)]
[log(3),   3/7]
ans=
[             0.25, 2.718281828]
[ 1.098612289, 0.4285714286]
```

6. 符号微积分与积分变换

对缺省变量 x 或 t 求微分：diff(f)。

对指定变量 v 求微分：diff(f,v)。

对指定变量 v 求 n 阶微分：diff(f,v,n)。

对 f 表达式的缺省变量求积分：int(f)。

对 f 表达式的 v 变量求积分：int(f,v)。

对 f 表达式的 v 变量在（a，b）区间求定积分：int(f,v,a,b)。

注意

diff是英文单词differential（微分）的缩写；int是英文单词integral（积分）的缩写；一些版本的MATLAB在进行定积分时上下限书写顺序与2012Ra是相反的，在2012Ra版本中是先下限后上限（a为下限，b为上限）。

【例2-17】 在命令窗口中输入：

```
f= int('2*x','x',1,0)
```

结果为

```
f= -1
```

7. 符号代数方程求解：solve(f)或solve(f1,f2,…,fn)

前者为一个方程求解，后者为n个方程联立求解。

MATLAB符号运算能够解一般的线性方程、非线性方程及一般的代数方程、代数方程组。当方程组不存在符号解时，又无其他自由参数，则给出数值解。

【例2-18】 在命令窗口中输入：

```
f= 'a*x^2+b*x+c';      %定义符号多项式
solve(f)               %对缺省变量进行求解
```

结果为

```
ans=
[1/2/a*(-b+(b^2-4*a*c)^(1/2))]
[1/2/a*(-b-(b^2-4*a*c)^(1/2))]
```

很显然，这就是一元二次方程的根。

补充：solve（f，'b'），对指定变量b求解。

例如，以［例2-17］基础上再输入“solve(f,'b')”，则结果为

```
ans=
-(a*x^2+c)/x
```

【例2-19】 在命令窗口中输入：

```
f= solve('x+y+z= 1','x-y+z= 2','2*x-y-z= 1')
```

得结果为

```
f=
    x:[1x1 sym]
    y:[1x1 sym]
    z:[1x1 sym]
```

这是求解一个联立的方程组，但结果却只显示了求解根x、y、z均为维数为1x1的符号矩阵，那么怎么查看实际x、y、z的值呢？需要在命令窗口中输入“f. x”按Enter键、“f. y”按Enter键、“f. z”按Enter键，得到结果为

```
f.x
    ans= 2/3
f.y
    ans= -1/2
```

```
f.z
    ans= 5/6
```

能不能直接显示结果呢？可以，方法是把得到的三个解分别赋给三个变量。在命令窗口中输入：

```
[x,y,z]= solve('x+y+z= 1','x-y+z= 2','2*x-y-z= 1')
```

结果为

```
x=
2/3
y=
-1/2
z=
5/6
```

8. 符号微分方程求解：dsolve(f,g)

注意

f为微分方程，可多至12个微分方程的求解；g为初始条件；默认自变量为x，可任意指定自变量t、u等；微分方程的各阶导数项以大写字母D表示。

【例 2-20】 求 $\begin{cases}\dfrac{d^2y}{dx^2}+2\dfrac{dy}{dx}+2y=0\\ y(0)=1\\ \dfrac{dy}{dx}(0)=0\end{cases}$ 的解。

解 在命令窗口中输入：

```
y= dsolve('D2y+2*Dy+2*y= 0','y(0)= 1','Dy(0)= 0')
```

结果为

```
ans=
exp(-x)*cos(x)+exp(-x)*sin(x)
```

9. 拉氏变换与拉氏反变换：laplace(f) 及 ilaplace(f)

【例 2-21】 求符号多项式 $mx^2+2kx+1$ 的拉氏变换。

解 在命令窗口中输入：

```
syms x m k;              %定义符号变量
f= m*x^2+2*k*x+1;        %定义符号多项式
b= laplace(f)            %进行拉氏变换
c= ilaplace(b)           %进行拉氏反变换
```

结果为

```
b= (2*k)/s^2 + (2*m)/s^3 + 1/s
c= m*t^2 + 2*k*t + 1
```

本章小结

本章介绍了拉氏变换定义及性质，MATLAB 的数值运算入门基础和符号运算入门基础。

（1）拉氏变换定义：$L[f(t)]=F(s)=\int_0^{\infty}f(t)\mathrm{e}^{-st}\mathrm{d}t$。

（2）常用函数拉氏变换：单位阶跃函数 $x(t)=1(t)=1\rightarrow 1$；指数函数 $A\mathrm{e}^{-at}\rightarrow A/(s+a)$；斜坡函数 $f(t)=At\rightarrow A/s^2$；幂函数 $t^n\rightarrow \frac{n!}{s^{n+1}}$；正弦函数 $A\sin\omega t\rightarrow A\omega/(s^2+\omega^2)$；余弦函数 $A\cos\omega t\rightarrow As/(s^2+\omega^2)$；单位脉冲函数 $\delta(t)\rightarrow 1$。

（3）拉氏变换性质：线性性质 $L[\alpha f_1(t)+\beta f_2(t)]=\alpha F_1(s)+\beta F_2(s)$；平移性质 $L[\mathrm{e}^{-at}f(t)]=F(s+a)$；延时性质 $L[f(t-a)]=\mathrm{e}^{-as}F(s)$；微分性质 $L[f^{(n)}(t)]=s^nF(s)$ $(n=1,2,\cdots)$，初始值为零即 $f(0)=f'(0)=f^{(2)}(0)=\cdots=f^{(n-1)}(0)=0$；积分性质 $L\left[\overbrace{\int_0^t \mathrm{d}t\int_0^t \mathrm{d}t\cdots\int_0^t f(x)\mathrm{d}t}^{n次}\right]=\frac{F(s)}{s^n}$ $(n=1,2,\cdots)$；初值定理 $\lim\limits_{t\to 0}f(t)=\lim\limits_{s\to\infty}sF(s)$；终值定理 $\lim\limits_{t\to\infty}f(t)=f(\infty)=\lim\limits_{s\to 0}sF(s)$；卷积定理 $L[f_1(t)*f_2(t)*\cdots*f_n(t)]=F_1(s)F_2(s)\cdots F_n(s)$；尺度特性 $L\left[f\left(\frac{t}{a}\right)\right]=aF(as)$，$a=$常数$>0$。

（4）MATLAB 有独特的左除和右除；矩阵乘、除、幂运算是整个矩阵层面上的运算，加减运算和点乘、点除、点幂运算是对应元素的运算；数值运算需选定义变量数值，符号运算则无须定义变量数值；数值矩阵与符号矩阵可互相转化。

习　题

2-1　利用常用函数的象函数及拉氏变换性质推导表 2-1 各时间函数对应的拉氏变换。

2-2　数值运算程序入门练习。

（1）矩阵的输入。

1）在命令窗口输入：a=1;b=2;c=3;x=[5 b c;a*b a+c c/b]。

2）在 Editor 中输入：a=1;b=2;c=3;x=[5 b c;a*b a+c c/b]。

看看两者有什么区别。

（2）线性空间数组产生。

1）a= linspace(1,10,10)

%a= linspace(n1,n2,n)是在线性空间上，行矢量的值从 n1 到 n2，数据个数为 n，缺省 n 为 100

2）a= logspace(1,3,3)

% a= logspace(n1,n2,n)是在对数空间上，行矢量的值从 10n1 到 10n2，数据个数为 n，缺省 n 为 50。这个指令为建立对数频域轴坐标提供了方便

（3）常用特殊矩阵的产生。

1) a= eye(3,2);b= eye(3);

%单位矩阵：eye(m,n);eye(m)

2) a= zeros(3,2);b= zeros(3);

%零矩阵：zeros(m,n);zeros(m)

3) a= ones(3,2);b= ones(3);

%一矩阵：ones(m,n);ones(m)

4) v= [1,2,3,4];a= diag(v);

%对角矩阵：对角元素向量 V= [a1,a2,…,an],A= diag(V)

5) a= rand(3,2)

%随机矩阵：rand(m,n)产生一个 m×n 的均匀分别的随机矩阵

(4) 矩阵的转置。

a= [1 2 3;4 5 6]'

a= [1 2 3;4 5 6].'

b= [1+2i 2-7i]'

b= [1+2i 2-7i].'

%对于实矩阵用(')符号或(.')求转置结果是一样的;然而对于含复数的矩阵,则(')将同时对复数进行共轭处理,而(.')则只是将其排列形式进行转置

(5) 矩阵的四则运算和点运算。

分别对两个数组进行+、-、*、/、\、^、.*、./运算。

a= [1 2;3 4];b= [3 5;5 9];

%a\b 运算等效于求 a*x= b 的解;而 a/b 等效于求 x*b= a 的解

(6) 求矩阵的逆、行列式和秩。

1) a= [1 2 3;4 5 6;2 3 5];b= inv(a)

%求逆

2) c= det(a)

%求行列式

3) d= rank(a)

%求秩

(7) 矩阵元素的提取。

1) a= [1 2 3;4 5 6;2 3 5];b= a(1,2)

%提取 a 的第一行与第二列相交的元素赋给 b

2) a= [1 2 3;4 5 6;2 3 5];b= a(1,:)

%提取 a 的第一行元素赋给 b

3) a= [1 2 3;4 5 6;2 3 5];b= a(:,1)

%提取 a 的第一列元素赋给 b

4) a= [1 2 3;4 5 6;2 3 5];b= a(1:2,1:2)

%提取 a 的第一至第二行、第一至第二列相交的元素赋给 b

(8) 矩阵的维数提取。

1) A= [1 2 3;3 4 5];[m,n]= size(A)

%[m,n]= size(A)：返回矩阵的行列数 m 与 n，[m,n]= size(A,x)：当 x= 1，则只返回行数 m，当 x= 2，则只返回列数 n

2）length= max(size(A))

%返回行数或列数的最大值

(9）多项式根的求解与反求。

1）p= [1 －12 0 25 116];a= roots(p)

%多项式 $x^4-12x^3+0x^2+25x+116$ 在 MATLAB 里是按降幂方式将其系数写出赋给 p，然后直接用 roots(p)求 $x^4-12x^3+0x^2+25x+116=0$ 的根

2）r= [11.7473, 2.7028, －1.2251＋1.4672i, －1.2251－1.4672i];p= poly(r)

%这是通过根反求多项式的系数，通过对比可以发现得到的系数应该和 1）中的 p 相同

3）a= [1 2 3] ;b= [1 2];c= conv(a,b)

%c 的值是 $(1x^2+2x+3)(1x+2)$ 相乘后的系数

(10）循环语句应用。

在 editor 中输入：

```
A= zeros(9);
for i= 1:1:9
  for j= 1:1:9
  a(i,j)= i*j;
  end
end
%求乘法表,if 语句用法与 for 相似,用法如下:
if 逻辑表达式
%                                        执行语句
%                                        end
```

(11）图形绘制。

在 editor 中输入：

```
t= 0:0.01:2*pi;  %定义时间序列
y= sin(t);
y1= sin(t+0.5*pi);
y2= cos(t);
y3= cos(t+0.5*pi);
figure(1)                     %图 1
subplot(1,2,1)                %2 个子图按 1 行 2 列排列,第 1 个子图
plot(t,y)                     %绘制横坐标为时间纵坐标为正弦 y 的函数图像
xlabel('time/s')              %定义横坐标变量与单位
ylabel('amplitude/1')         %定义纵坐标变量与单位
axis([0,6.28,-1.5,1.5])       %定义横坐标范围为 0 到 6.28,纵坐标范围为-1.5
                                到 1.5
subplot(1,2,2)                %2 个子图按 1 行 2 列排列,第 2 个子图
```

```
plot(t,y1)                    %绘制横坐标为时间纵坐标为 y1 值的函数图像
xlabel('time/s')              %定义横坐标变量与单位
ylabel ('amplitude/1')        %定义纵坐标变量与单位
axis([0,6.28,－1.5,1.5])       %定义横坐标范围为 0 到 6.28,纵坐标范围为－1.5
                                到 1.5
figure(2)                     %图 2
subplot(2,1,1)                %2 个子图按 2 行 1 列排列,第 1 个子图
plot(t,y2)                    %绘制横坐标为时间纵坐标为 y2 值的函数图像
xlabel('time/s')              %定义横坐标变量与单位
ylabel ('amplitude/1')        %定义纵坐标变量与单位
axis([0,6.28,－1.5,1.5])       %定义横坐标范围为 0 到 6.28,纵坐标范围为－1.5
                                到 1.5
subplot(2,1,2)                %2 个子图按 2 行 1 列排列,第 2 个子图
plot(t,y3)                    %绘制横坐标为时间纵坐标为 y3 值的函数图像
xlabel('time/s')              %定义横坐标变量与单位
ylabel ('amplitude/1')        %定义纵坐标变量与单位
axis([0,6.28,－1.5,1.5])       %定义横坐标范围为 0 到 6.28,纵坐标范围为－1.5
                                到 1.5
```

2-3 符号运算程序入门练习。

(1) 符号矩阵的定义。

在命令窗口输入:

```
1) A= sym('[a, 2*b ;3*a, 0]')
2) A= ['[  a,2*b]';'[3*a,  0]']
%注意 2) 中 a 和 0 前面有空格
```

思考

尝试去掉空格观察运行结果，也可以对引号里内容进行修改发挥一下。

(2) 对已定义符号矩阵的修改。

再次在命令窗口输入:

```
1)A1= subs(A, 'c', 'b')   %把 A 矩阵中的 b 字母全替换成 c，如果是 2013 版本的
                           软件，需要把'c'和'b'位置互换一下
2)A1(2,2)= '4*b'
```

(3) 数值矩阵与符号矩阵的转换。

在命令窗口输入:

```
1) A= [1/3,2.5;1/0.7,2/5];a= sym(A) %数值矩阵转符号矩阵
2) B= sym('[(1/2)＋(1/3), 1/5;(1/2)*(3/4), 5/6]');b= vpa(B,15) %符号矩
阵转数值矩阵
```

(4) 计算不定积分。

在命令窗口输入:

1) F= int('x*exp(-x*y)','x')

%int('被积表达式','积分变量','积分上限','积分下限')是求解定积分函数，当积分上限和积分下限省略时则默认求解不定积分

2) f= int(F,'y')

3) m= int(int('x*exp(-x*y)','x'),'y')

思考

试着对比一下 1) + 2) 与 3) 有何区别。

(5) 拉氏变换和反拉氏变换。

在命令窗口输入：

1) n= laplace(m)

2) k= ilaplace(n)

(6) 解方程。

在命令窗口输入：

1) f= 'a*x^2+b*x+c';solve(f) %方程 f= ax^2+bx+c 求解

2) f= 'a*x^2+b*x+c';solve(f, 'b') %指定求解变量为 b

3) a= solve('tan(2*x)= 5')

4) f1= solve('cos(x)= sin(x)')

5) f2= solve('tan(2*x)= sin(x)')

6) f= solve('x+y+z= 1','x-y+z= 2','2*x-y-z= 1')

7) f= solve('x+y+z= 1','x-y+z= 2','2*x-y-z= 1')

8) y= dsolve('D2y+2*Dy+2*y= 0','y(0)= 1','Dy(0)= 0')

3 物理系统的数学模型及传递函数

授课视频

基于本章的研究性问题

如图 3-1 所示，左边圆盘代表汽轮机转子，右边圆盘代表发电机转子，阻尼力矩 T_D 只在发电机处存在。若 T_k 为主力矩，T_D 为阻力矩：

(1) 建立求取 θ_i 为输入，θ_o 为输出的系统传递函数。

(2) 若 $\theta_i(t)=a*T_i(t)$，$P(t)=b*\theta_o(t)$，$a=0.1c$，$b=0.2d$，$T_i(t)=(a+b)*\sin(at/b)$，c 为学号后两位，d 为出生日期后两位；$J=100$，$k=400$，$D=50$。试建立转矩 T_i 为输入（万 N·m），发电量 P 为输出（kW）的系统传递函数，并用 MATLAB 求解并画出输入和输出曲线。

(3) 分析求取系统的固有频率及阻尼比。

(4) 若在对应输入下系统共振，且 $k=a$，求 J 的值。

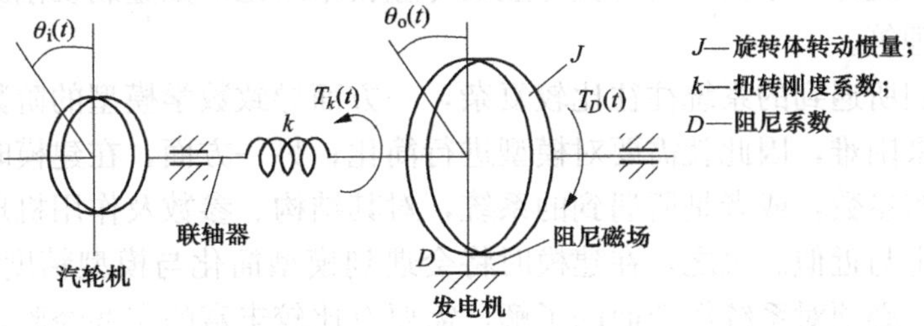

图 3-1 汽轮发电机组物理模型

核心提示

$$\begin{cases} T_k(t)=k[\theta_i(t)-\theta_o(t)] \\ T_D(t)=D\dfrac{d}{dt}\theta_o(t) \\ J\dfrac{d^2}{dt^2}\theta_o(t)=T_k(t)-T_D(t) \end{cases}$$

3.1 物理系统的数学建模

本书研究线性定常控制系统单输入-单输出情况下的控制规律，多输入-多输出情况下的相关知识读者可以参阅《现代控制理论》。由 2.1 节的学习可知，数学模型就是一切可以表达输入与输出函数/映射关系的载体。对于控制系统，时域中常用的数学模型有微分方程、差分方程和状态方程；复数域中有传递函数、结构图；频域中有频率特性等。

经典控制理论采用的数学模型主要以传递函数为基础，现代控制理论采用的数学模型主要以状态空间方程为基础。而以物理定律及实验规律为依据的微分方程又是最基本的数学模型，是列写传递函数和状态空间方程的基础。

本章只研究微分方程、传递函数和方框图这三种数学模型的建立及应用。

3.1.1 数学建模方法

将物理系统在信号传递过程中的动态特性用数学表达式描述出来，就得到了组成物理系统的数学模型。建立控制系统的数学模型，一般有解析法和实验法两种。解析法是对系统各部分的运动机理进行分析，根据所依据的物理规律或化学规律列写相应的运动方程。用微分方程来描述控制系统的方法就属于解析法，所建立的系统微分方程的解就是控制系统在外部作用（输入）下的响应（输出），该响应描述了系统输出的性质，揭示了系统结构及其参数与性能之间的关系，因此可用于分析控制系统动态性能。实验法是人为地给系统施加某种测试信号，记录其输出响应，并用适当的数学模型去逼近，这种方法又称为系统辨识。近年来，系统辨识已发展成一门独立的学科分支。本章主要采用解析法列写运动微分方程建立控制系统的数学模型。

建立机械工程系统与过程的微分方程，主要应用机械动力学、流体动力学等基础理论，对于一些机、电、液综合系统，除了运用能量守恒定律外，还必须应用电工原理、电子学等方面的基础理论。此外，还需具备有关专业的专业技术理论，如金属切削原理、液压传动及各种加工工艺原理等。

实际上，人们所遇到的系统往往比较复杂，一方面导致数学模型的阶数较高，这就给分析与设计系统带来困难，因此就需要对模型进行简化；另一方面，在建模时可能要忽略一些非线性参数及分布参数，或者是所遇到的系统，对其结构、参数及作用机理还不太清楚，建模时需要进行假定与近似。总之，在建模时将会遇到模型简化与模型精度之间的矛盾问题。要解决这个问题，必须对系统做全面的了解，需要有比较丰富的实践经验，才能分出系统中各部分结构及参数的作用及影响的主次，建立一个既简化又有一定准确度的适用模型。

怎样才算是一个适用的模型，这只能通过实验来验证。因此，对比较复杂的系统，往往通过理论与实践结合起来，以获得适用的数学模型。

3.1.2 线性控制系统及平衡方程

1. 线性控制系统特性

用线性微分方程描述的系统，称为线性控制系统。线性控制系统的重要性质是可以应用叠加原理。叠加原理有两重含义，即具有叠加性和齐次性（均匀性）。

叠加性是当系统同时有多个输入时，可以对每个输入分别考虑、单独处理以得到相应的每个响应，然后将这些响应叠加起来，就得到系统的响应：

$$f(x_1+x_2)=f(x_1)+f(x_2) \tag{3-1}$$

均匀性是指当输入量的数值成比例增加时，输出量的数值也成比例增加，即

$$f(\alpha x)=\alpha f(x) \tag{3-2}$$

若将线性系统的叠加性和齐次性综合起来用一个式子表示，结果如下：

$$f(\alpha x_1+\beta x_2)=\alpha f(x_1)+\beta f(x_2) \tag{3-3}$$

对于线性控制系统，输出量的变化规律只与系统的结构、参数及输入量的变化规律有关，与输入量数值的大小是无关的。

线性控制系统的叠加原理表明，两个外作用同时加于系统所产生的总输出，等于各个外作用单独施加时分别产生的输出之和，且外作用的数值增大若干倍时，其输出对应增大相同的倍数。因此，对控制系统进行分析和设计时，如果有几个外作用同时加于系统，可以将它们分别处理，依次求出各个外作用单独加入时系统的输出，然后将它们叠加。此外，每个外作用在数值上可只取单位值，从而大大简化了线性控制系统的研究工作。

线性控制系统又可分为以下两种：

（1）线性定常系统。线性微分方程用来描述线性控制系统，若微分方程的系数是常数，则称线性定常系统或线性时不变系统。如控制系统的微分方程表达式为

$$a\frac{\mathrm{d}^2x(t)}{\mathrm{d}t^2}+b\frac{\mathrm{d}x(t)}{\mathrm{d}t}+cx(t)=dy(t) \tag{3-4}$$

式中：a、b、c、d 均为常数，则该控制系统为线性定常系统。

（2）线性时变系统。如果描述系统的线性微分方程的系数为时间的函数，如

$$a(t)\frac{\mathrm{d}^2x(t)}{\mathrm{d}t^2}+b(t)\frac{\mathrm{d}x(t)}{\mathrm{d}t}+c(t)x(t)=d(t)y(t) \tag{3-5}$$

其中，$a(t)$、$b(t)$、$c(t)$、$d(t)$ 均为时间 t 的函数，则该控制系统被称为线性时变系统。

例如火箭的发射过程，由于燃料的消耗，火箭的质量随时间变化，重力也随时间变化。

其中，线性定常系统是经典控制论主要研究的对象，因为它可以方便地进行拉氏变换，并求得传递函数。本书重点介绍线性定常系统。

2. 线性控制系统的部件抽象

（1）机械系统。在机械系统中，有些构件具有较大的惯性（质量）和刚度，我们把它视为质量块；有些构件惯性较小、柔度较大，我们把它视为无质量的弹簧和阻尼。机械系统中以各种形式出现的物理现象，都可简化为质量、弹簧和阻尼三个要素，如图 3-2 所示，这样受控对象的机械系统可抽象为质量-弹簧-阻尼系统。

对于图 3-2（a）中的质量模型，根据牛顿第二定律有

$$f_m(t)=m\frac{\mathrm{d}}{\mathrm{d}t}v(t)=m\frac{\mathrm{d}^2}{\mathrm{d}t^2}x(t) \tag{3-6}$$

因此，对于质量，其惯性力取决于加速度。

对于图 3-2（b）中的弹簧模型，根据力学平衡定理有

$$\begin{aligned}f_k(t)&=k[x_1(t)-x_2(t)]=kx(t)\\&=k\int_{-\infty}^{t}[v_1(t)-v_2(t)]\mathrm{d}t\\&=k\int_{-\infty}^{t}v(t)\mathrm{d}t\end{aligned} \tag{3-7}$$

因此，对于弹簧，其受力取决于变形量。

对于图 3-2（c）中的阻尼模型，根据力学平衡定理有

$$\begin{aligned}f_D(t)&=D[v_1(t)-v_2(t)]=Dv(t)\\&=D\left[\frac{\mathrm{d}x_1(t)}{\mathrm{d}t}-\frac{\mathrm{d}x_2(t)}{\mathrm{d}t}\right]\\&=D\frac{\mathrm{d}x(t)}{\mathrm{d}t}\end{aligned} \tag{3-8}$$

因此，对于阻尼，受力取决于速度。对于阻尼的抽象，读者可能觉得不好理解，可以想象飞机在空中飞和鱼在水中游，飞机飞得越快、鱼游得越快，其受到的阻力会越大，这种阻力便可近似看为一种阻尼力。阻尼力是线性系统中常见的一种力。

(2)电路系统。电路系统有电阻、电容和电感三个基本元件。这三种核心部件的模型如图 3-3 所示。

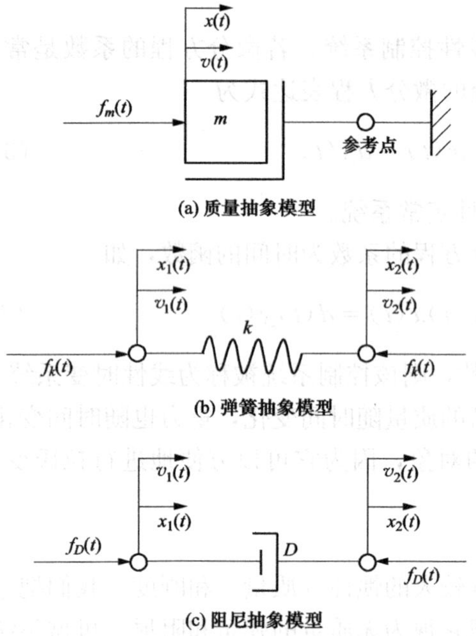

图 3-2 机械系统关键部件的抽象模型

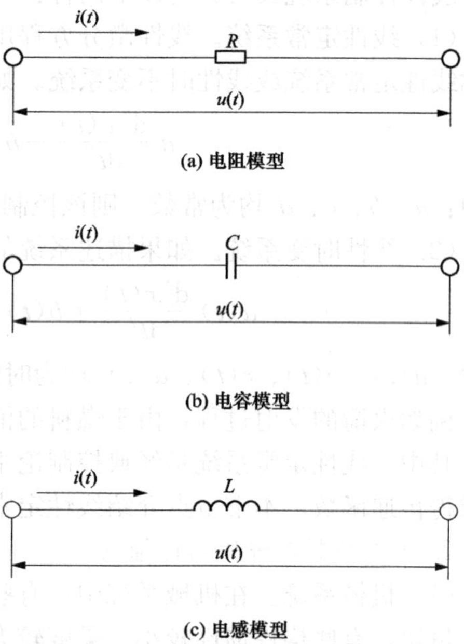

图 3-3 电路系统关键部件的抽象模型

对于图 3-3(a)中的电阻模型，根据欧姆定律有

$$u(t)=Ri(t) \tag{3-9}$$

因此，对于电阻而言，其两端的电压取决于电流。

对于图 3-3（b）中的电容模型，则有

$$u(t)=\frac{1}{C}\int i(t)\mathrm{d}t \tag{3-10}$$

因此，对于电容，其两端的电压取决于电流积分。

对于图 3-3（c）中的电感模型，有

$$u(t)=L\frac{\mathrm{d}i(t)}{\mathrm{d}t} \tag{3-11}$$

因此，电感两端的电压等于电感乘以电流的时间导数。

3. 线性系统的平衡方程

(1) 机械系统。机械系统有机械平移系统和机械旋转系统两类，两者基本类似。平移系统移动方式为直线运动，旋转系统移动方式为回转运动，可用图 3-4 和图 3-1 分别对这两种

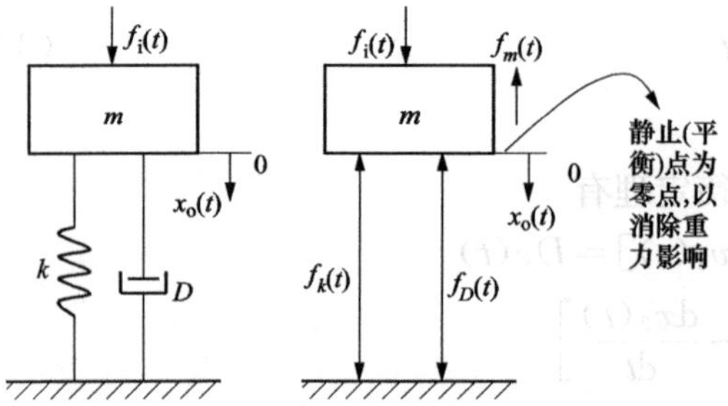

图 3-4 机械平移系统物理模型及力学模型

系统进行表示。

为便于理解和记忆，可将机械旋转系统与机械平移系统进行类比，两者元部件的对应关系见表 3-1。

表 3-1　机械旋转系统与机械平移系统类比表

类比对象	机械平移系统	机械旋转系统
惯性力元件	质量 m	转动惯量 J
弹性元件	压缩/拉伸弹簧 k	扭转弹簧 k
阻尼元件	直线阻尼 D	回转阻尼 D
力/激励	平面力 F	扭转力矩 T
位移/响应	线位移 x	圆周位移 θ
速度/响应一次求导	线速度 v	角速度 ω
加速度/响应二次求导	线加速度 a	角加速度 α

对于图 3-4（a）中的平移系统，由牛顿第二定律可以列出系统的平衡方程为

$$\begin{cases} f_{\mathrm{i}}(t)-f_D(t)-f_k(t)=m\dfrac{\mathrm{d}^2}{\mathrm{d}t^2}x_{\mathrm{o}}(t) \\ f_k(t)=kx_{\mathrm{o}}(t) \\ f_D(t)=D\dfrac{\mathrm{d}}{\mathrm{d}t}x_{\mathrm{o}}(t) \end{cases} \tag{3-12}$$

对式（3-12）进行化简，整理得

$$m\frac{\mathrm{d}^2}{\mathrm{d}t^2}x_{\mathrm{o}}(t)+D\frac{\mathrm{d}}{\mathrm{d}t}x_{\mathrm{o}}(t)+kx_{\mathrm{o}}(t)=f_{\mathrm{i}}(t) \tag{3-13}$$

注意

为便于后续的分析，统一将输出量写在等式左边并按求导阶数降阶排列，将输入量写在右边，也按降次排列。左右两边阶次推广至 n 次和 m 次（$n \geqslant m$），则式（3-13）调整为

$$\begin{aligned} &\frac{\mathrm{d}^n}{\mathrm{d}t^n}x_{\mathrm{o}}(t)+a_1\frac{\mathrm{d}^{n-1}}{\mathrm{d}t^{n-1}}x_{\mathrm{o}}(t)+\cdots+a_{n-1}\frac{\mathrm{d}}{\mathrm{d}t}x_{\mathrm{o}}(t)+a_nx_{\mathrm{o}}(t) \\ &=b_0\frac{\mathrm{d}^m}{\mathrm{d}t^m}x_{\mathrm{i}}(t)+b_1\frac{\mathrm{d}^{m-1}}{\mathrm{d}t^{m-1}}x_{\mathrm{i}}(t)+\cdots+b_{m-1}\frac{\mathrm{d}}{\mathrm{d}t}x_{\mathrm{i}}(t)+b_mx_{\mathrm{i}}(t) \end{aligned} \tag{3-14}$$

式（3-14）这种平衡方程形式称为线性系统微分方程的一般形式。

对于图 3-1（b）中的旋转系统，平衡方程调整为

$$\begin{cases} J\dfrac{\mathrm{d}^2}{\mathrm{d}t^2}\theta_{\mathrm{o}}(t)=T_k(t)-T_D(t) \\ T_k(t)=k[\theta_{\mathrm{i}}(t)-\theta_{\mathrm{o}}(t)] \\ T_D(t)=D\dfrac{\mathrm{d}}{\mathrm{d}t}\theta_{\mathrm{o}}(t) \end{cases} \tag{3-15}$$

对式（3-15）进行化简，整理得

$$J\frac{d^2}{dt^2}\theta_o(t)+D\frac{d}{dt}\theta_o(t)+k\theta_o(t)=k\theta_i(t) \tag{3-16}$$

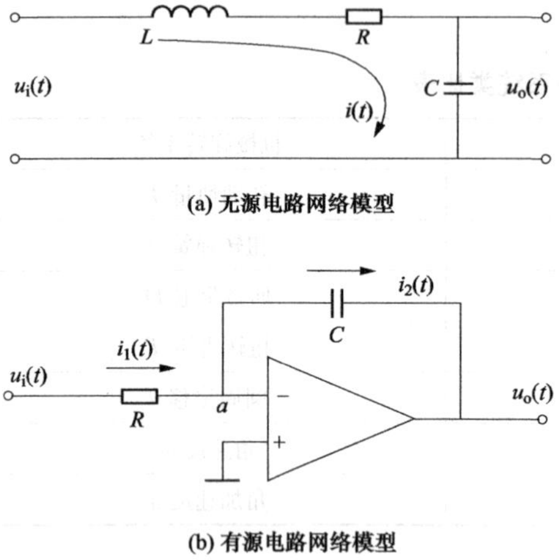

图 3-5 电路系统模型

（2）电路系统。电路系统分无源电路网络和有源电路网络两种。所谓的有源和无源，简单理解就是：凡包含有电子器件（如电子管、晶体管、集成电路等）的电路就是有源电路，而不包含这些器件只是由 RCL 等基础元件组成的电路就属于无源电路。例如，只是由 RC 组成的微分或积分电路就属于无源电路；如果是通过运算放大器组成的微分或积分电路就属于有源电路，虽然其中也包含 RC，但是这里的微分或积分变化不仅仅是由 RC 来完成了，还需要通电状态下的运算放大器参与其中。无源电路网络和有源电路网络的对应模型可如图 3-5 所示。

对于图 3-5（a）中的无源电路网络，由电路的 KVL 定理可以列出系统的平衡方程为

$$\begin{cases} u_i(t)=Ri(t)+L\dfrac{d}{dt}i(t)+\dfrac{1}{C}\int i(t)dt \\ u_o(t)=\dfrac{1}{C}\int i(t)dt \end{cases} \tag{3-17}$$

对式（3-17）进行化简整理消去电流 $i(t)$ 最终得到

$$LC\frac{d^2}{dt^2}u_o(t)+RC\frac{d}{dt}u_o(t)+u_o(t)=u_i(t) \tag{3-18}$$

对于图 3-5（b）中的有源电路网络模型，根据电子技术基础中的“虚短”“虚断”原则，有

$$\begin{cases} u_o(t)\approx 0 \\ i_1(t)\approx i_2(t) \end{cases} \tag{3-19}$$

进而，系统平衡方程变为

$$C\frac{du_o(t)}{dt}=-\frac{u_i(t)}{R} \tag{3-20}$$

对比式（3-13）、式（3-16）、式（3-18）可发现几者形式极其一致，这是因为它们都是二阶系统的平衡方程。这说明物理本质不同的系统，可以有相同的数学模型，从而可以抛开系统的物理属性，用同一方法进行具有普遍意义的分析研究（信息方法）。从动态性能看，在相同形式的输入作用下，数学模型相同而物理本质不同的系统其输出响应相似。相似系统是控制理论中进行实验模拟的基础。

通常情况下，元件或系统微分方程的阶次等于元件或系统中所包含的独立储能元件（惯性质量、弹性要素、电感、电容等）的个数；因为系统每增加一个独立储能元件，其内部就多一层能量（信息）的交换。一般而言，系统阶次也会等于最高的微分次数。很明显，图 3-4（b）和式（3-20）所描述的系统为一阶系统，由于阶次不同，其平衡方程的最终形式与二阶系统所对应的式（3-13）、式（3-16）、式（3-18）有所不同。

3.1.3　非线性控制系统及线性化

在工程中，一些系统，如机械系统中的高速阻尼器，其阻尼力与速度的平方有关；齿轮啮合系统由于间隙的存在而导致的非线性传输特性；具有铁芯的电感、电流与电压的非线性关系等。这些系统无法直接用线性微分方程进行表示，而是采用非线性微分方程进行描述，这种系统称非线性控制系统。非线性元件或系统的输出与输入之间的关系不满足叠加原理及均匀性原理，其输出量的变化规律还与输入量的数值有关，这就使得非线性问题的求解非常复杂。系统中只要含有一个非线性性质的元件，就为非线性控制系统。

为了便于分析求解，在一定条件下，可以忽略一些非线性因素将数学模型简化，使得非线性控制系统线性化。对于如图 3-6 所示的饱和非线性系统，可近似用多段折线去逼近真实特性曲线，从而将非线性系统变为一个由多段线性函数构成的线性系统。

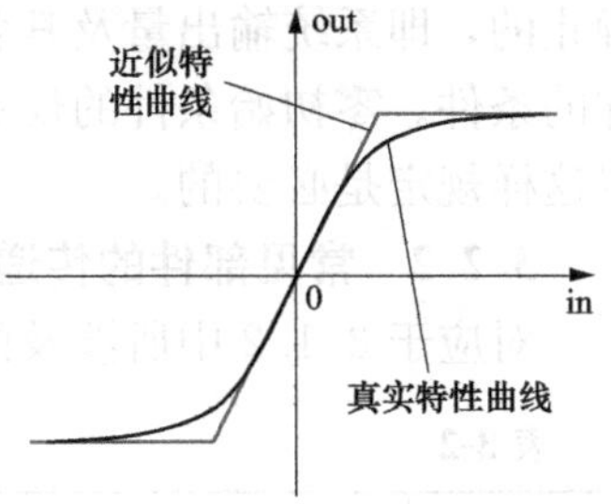

图 3-6　饱和非线性系统线性化

3.2　传递函数的定义及求取

建立元件及系统的微分方程之后，就可以对其求解，得出系统输出量的运动规律，以便对系统进行分析与研究。但是微分方程的求解过程十分烦琐，且从其本身很难分析研究系统的动态性能，尤其是对复杂的系统及高阶的微分方程。如果对微分方程进行拉氏变换，得出代数方程，将使求解计算变得简化。传递函数就是在此基础上得到的，用来描述单输入-单输出系统。传递函数的求解不但方便而且直观，便于分析研究系统的动态性能。

传递函数是对元件及系统分析、研究与综合的有力工具，后面章节中将介绍的频率特性也是建立在传递函数基础上的。传递函数及频率特性是经典控制理论的重要内容，因此，在对系统进行分析之前，首先引入传递函数的概念。

3.2.1　传递函数的定义

对于线性定常系统，当初始条件为零时，系统（或环节）的传递函数定义为输出量 $x_o(t)$ 的拉氏变换与引起该输出的输入量 $x_i(t)$ 的拉氏变换之比，即

$$G(s)=\frac{L[x_o(t)]}{L[x_i(t)]}=\frac{X_o(s)}{X_i(s)} \tag{3-21}$$

如果是线性定常系统，对式（3-14）微分方程的一般形式进行拉氏变换，得

$$(a_ns^n+a_{n-1}s^{n-1}+\cdots+a_1s+a_0)X_o(s)=(b_ms^m+b_{m-1}s^{m-1}+\cdots+b_1s+b_0)X_i(s) \tag{3-22}$$

整理式（3-22），可得到系统以 $x_o(t)$ 为输出量、$x_i(t)$ 为输入量的传递函数为

$$G(s)=\frac{X_o(s)}{X_i(s)}=\frac{b_ms^m+b_{m-1}s^{m-1}+\cdots+b_1s+b_0}{a_ns^n+a_{n-1}s^{n-1}+\cdots+a_1s+a_0}\quad n\geqslant m \tag{3-23}$$

由传递函数的定义，可知传递函数是描述系统的一种数学方式，由

$$X_o(s)=X_i(s)G(s) \tag{3-24}$$

因此，输入信号经系统（或环节）传递，即输入信号象函数乘以 $G(s)$ 后，可得输出信

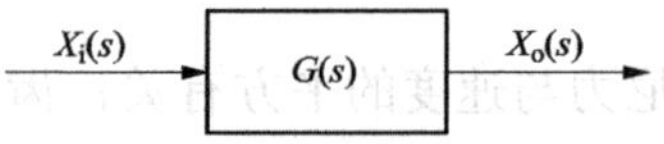

图 3-7 传递函数的意义

号的象函数，通过数学变换即可得到输出信号函数，故称 $G(s)$ 为传递函数，如图 3-7 所示。

传递函数是在零初始条件下定义的。零初始条件有两方面含义：一是指输入信号是在 $t=0$ 以后才作用于系统，因此，系统输入量及其各阶导数在 $t\leqslant 0$ 时均为零；二是指输入作用于系统之前，系统是相对静止的，即系统输出量及其各阶导数在 $t\leqslant 0$ 时的值也为零。大多数实际工程系统都满足这样的条件。零初始条件的规定不仅能简化运算，而且有利于在同等条件下比较系统性能，所以这样规定是必要的。

3.2.2 常见部件的传递函数

对应于 3.1.2 中所涉及的机械系统和电路系统的典型部件的传递函数见表 3-2。

表 3-2 常见部件的传递函数

部件	模型	时域方程	拉氏变换式	等效传递函数
弹簧	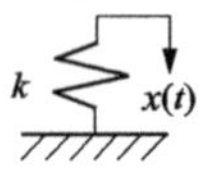	$f(t)=kx(t)$	$F(s)=kX(s)$	k
阻尼器	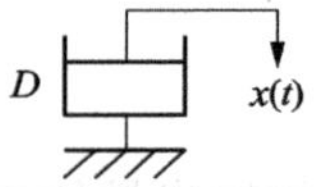	$f(t)=D\dot{x}(t)$	$F(s)=DsX(s)$	Ds
电阻负载	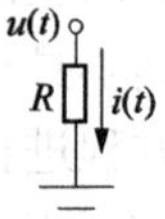	$u(t)=i(t)R$	$U(s)=I(s)R$	R
电容负载	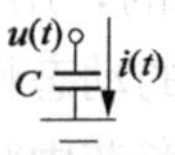	$u(t)=\frac{1}{C}\int i(t)\mathrm{d}t$	$U(s)=I(s)\frac{1}{Cs}$	$\frac{1}{Cs}$
电感负载	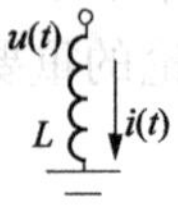	$u(t)=L\frac{\mathrm{d}i(t)}{\mathrm{d}t}$	$U(s)=I(s)LS$	Ls

3.2.3 传递函数的求取

传递函数的求取可通过以下几个步骤进行：

(1)写出输入/输出量。找出控制系统的输入量和输出量，并将其写下，便于后续明确因果关系。这一步看似简单，但初学者在涉及多个中间变量时容易产生混淆，因此这一步意义重大。

(2)列物理平衡方程。根据物理定律如牛顿第二定律、力学平衡定理、电路 KVL 定律等将系统的平衡方程列写出来。若涉及的系统较复杂，有多个中间变量，则将其写为方程组的形式，具体可参照式(3-12)、式(3-15)、式(3-17)。

(3)化简消去中间量。将式中所有的中间变量都消去，将其用输入和输出量来表示，最后得到一个只剩下输入量和输出量的物理平衡方程，并整理为一般形式，即输出量写在左边并按微分次数降次排列，输入量写在右边并按微分次数降次排列。

(4)拉氏变换求传递函数。对等式两边采用拉氏变换，并根据定义求得输出拉氏变换与输入拉氏变换之比，此即为系统的传递函数。

【例 3-1】 写出如图 3-8 所示系统的传递函数。

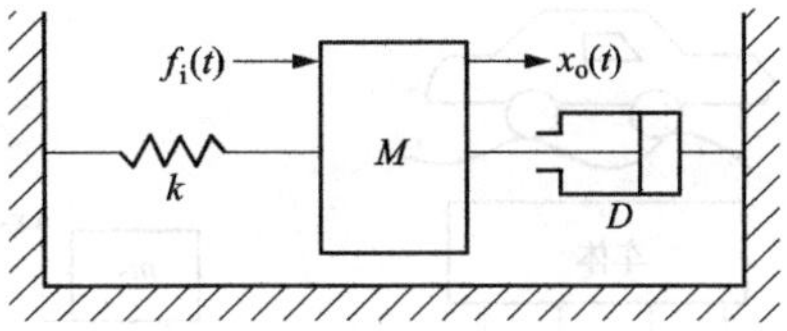

图 3-8 弹簧质量阻尼系统

解 (1)系统输入量为质量块受到的力 $f_i(t)$，输出量为质量块的位移 $x_o(t)$。

(2)根据牛顿第二定律有

$$\begin{cases} f_i(t)-f_D(t)-f_k(t)=ma \\ a=\dfrac{d^2}{dt^2}x_o(t) \\ f_k(t)=kx_o(t) \\ f_D(t)=D\dfrac{d}{dt}x_o(t) \end{cases}$$

(3) 将后三个方程式均代入第一个方程，消去中间变量得

$$f_i(t)-D\frac{d}{dt}x_o(t)-kx_o(t)=m\frac{d^2}{dt^2}x_o(t)$$

写成系统微分方程的一般形式：

$$m\frac{d^2}{dt^2}x_o(t)+D\frac{d}{dt}x_o(t)+kx_o(t)=f_i(t)$$

(4) 对上式等号两边进行拉氏变换得

$$ms^2X_o(s)+DsX_o(s)+kX_o(s)=F_i(s)$$

根据传递函数的定义，得到输出拉氏变换 $X_o(s)$ 与输入拉氏变换 $X_i(s)$ 的比值，结果为

$$G(s)=\frac{X_o(s)}{F_i(s)}=\frac{1}{ms^2+Ds+k}$$

【例 3-2】 如图 3-1 所示的汽轮发电机组旋转系统，左边的圆盘代表汽轮机转子，右边的圆盘代表发电机转子，D 为仅在发电机侧存在的阻尼系数，k 为扭转弹性系数，若 T_k 为主力矩，T_D为阻力矩，建立 θ_i 为输入、θ_o 为输出的系统传递函数。

解 (1) 系统输入量为代表汽轮机的圆盘转角 $\theta_i(t)$，输出量为代表发电机的圆盘转角 $\theta_o(t)$。

(2) 在旋转方向上应用牛顿第二定律有

$$\begin{cases} T_k(t)-T_D(t)=J\dfrac{d^2}{dt^2}\theta_o(t) \\ T_k(t)=k[\theta_i(t)-\theta_o(t)] \\ T_D(t)=D\dfrac{d}{dt}\theta_o(t) \end{cases}$$

(3) 将后两个方程式均代入第一个方程，消去中间变量得

$$k[\theta_i(t)-\theta_o(t)]-D\frac{d}{dt}\theta_o(t)=J\frac{d^2}{dt^2}\theta_o(t)$$

写成系统微分方程的一般形式：

$$J\frac{d^2}{dt^2}\theta_o(t)+D\frac{d}{dt}\theta_o(t)+k\theta_o(t)=k\theta_i(t)$$

(4) 对上式等号两边进行拉氏变换得

$$Js^2\Theta_o(s)+Ds\Theta_o(s)+k\Theta_o(s)=k\Theta_i(s)$$

根据传递函数的定义，得到输出拉氏变换 $X_o(s)$ 与输入拉氏变换 $X_i(s)$ 的比值，结果为

$$G(s)=\frac{\Theta_o(s)}{\Theta_i(s)}=\frac{k}{Js^2+Ds+k}$$

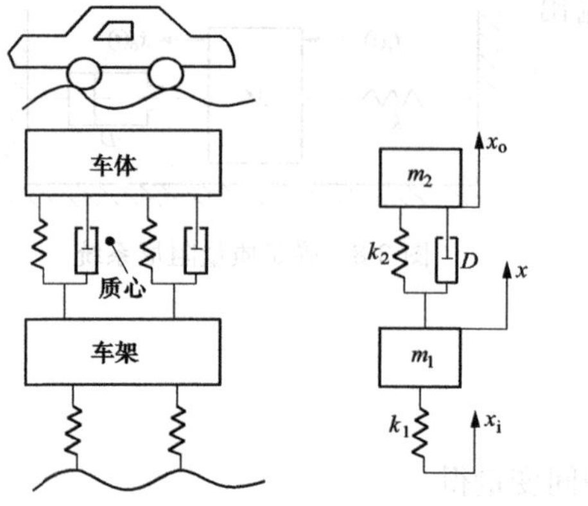

(a) 汽车悬挂系统原理　(b) 简化的汽车悬挂系统

图 3-9　汽车悬挂系统模型

【例 3-3】 如图 3-9（a）所示的汽车悬挂系统模型，当汽车在道路上行驶时，轮胎的垂直位移是一个运动激励，作用在汽车的悬挂系统上。该系统的运动，由质心的平移运动和围绕质心的旋转运动组成，其在垂直方向上的简化模型如图 3-9（b）所示，建立以轮胎垂直运动 x_i 为输入，车体的垂直运动 x_o 为输出的系统传递函数。

解　（1）系统输入量为汽车轮胎的垂直运动量 $x_i(t)$，系统输出量为车体的垂直运动量 $x_o(t)$。

（2）则根据牛顿第二定律，得到系统的运动微分方程为

$$\begin{cases}m_1\ddot{x}(t)=K_1[x(t)-x_i(t)]-D[\dot{x}(t)-\dot{x}_o(t)]-K_2[x(t)-x_o(t)]\\ m_2\ddot{x}_o(t)=D[\dot{x}(t)-\dot{x}_o(t)]+K_2[x(t)-x_o(t)]\end{cases}$$

（3）对上面两式进行拉氏变换，得到

$$\begin{cases}m_1s^2X(s)=K_1[X(s)-X_i(s)]-D[sX(s)-sX_o(s)]-K_2[X(s)-X_o(s)]\\ m_2s^2X_o(s)=D[sX(s)-sX_o(s)]+K_2[X(s)-X_o(s)]\end{cases}$$

注意

常规步骤为先消去中间变量再进行拉氏变换，本例系统为复杂系统，直接消去中间变量困难较大，本步先进行拉氏变换再消去中间变量。

（4）整理化简，消去中间变量 $X(s)$，得到简化的汽车悬挂系统的传递函数为

$$G(s)=\frac{X_o(s)}{X_i(s)}=\frac{K_1(Bs+K_2)}{m_1m_2s^4-(m_1+m_2)Bs^3+[K_1m_2+(m_1+m_2)K_2]s^2+K_1Bs+K_1K_2}$$

该简化的汽车悬挂系统为四阶系统。

3.2.4　传递函数的性质

（1）传递函数只取决于系统的结构参数，与外作用无关。传递函数的分母反映了由系统的结构参数所决定的系统的固有特性，其分子反映了系统与外界之间的联系。

（2）当系统初始状态为零时，对于给定的输入量，系统输出量的拉氏变换完全取决于其传递函数。一旦系统的初始状态不为零，则传递函数不能完全反映系统动态历程。

（3）传递函数是复变量 s 的有理分式，它具有复变函数的所有性质。因为实际物理系统中总是存在惯性，并且能源功率有限，所以实际系统传递函数的分母阶次 n 总是大于等于分子阶次 m，即 $n\geqslant m$。

（4）传递函数不说明被描述系统的物理结构。只要动态性能相似，不同的系统可以用同

一类型的传递函数来描述。

(5) 传递函数可以是无量纲的，也可以是有量纲的，主要取决于输入量和输出量的量纲及其比值。

(6) 传递函数用于对单输入-单输出线性定常系统的动态特性描述。对于多输入-多输出系统，需要对不同的输入量和输出量分别列写传递函数。

(7) 传递函数的拉氏反变换即为系统的单位脉冲响应，单位脉冲响应是系统在单位脉冲输入时的输出响应，因此传递函数能反映系统动态特性。

因为单位脉冲函数的拉氏变换式为 1，即 $X_i(s)=L[\delta(t)]=1$，因此有

$$L^{-1}[G(s)]=L^{-1}\left[\frac{X_o(s)}{X_i(s)}\right]=L^{-1}[X_o(s)]=g(t) \tag{3-25}$$

应当注意传递函数的局限性及适用范围。传递函数是从拉氏变换导出的，拉氏变换是一种线性变换，因此传递函数只适用于描述线性定常系统。传递函数是在零初始条件下定义的，所以它不能反映非零初始条件下系统的自由响应运动规律。

3.2.5 传递函数的标准形式

传递函数通常表示成式 (3-23) 形式的有理分式，根据系统分析的需要，也常表示成首 1 标准型或尾 1 标准型。

1. 首 1 标准型（零、极点形式）

将传递函数式 (3-23) 的分子，分母最高次项（首项）系数均化为 1，因式分解后变为式 (3-26) 所示的形式，称之为首 1 标准型，也称为传递函数的零、极点形式。

$$G(s)=\frac{X_o(s)}{X_i(s)}=\frac{b_m s^m+b_{m-1}s^{m-1}+\cdots+b_1 s+b_0}{a_n s^n+a_{n-1}s^{n-1}+\cdots+a_1 s+a_0}$$

$$=\frac{K^*(s-z_1)(s-z_2)\cdots(s-z_m)}{(s-p_1)(s-p_2)\cdots(s-p_n)}=\frac{K^*\prod_{j=1}^{m}(s-z_j)}{\prod_{i=1}^{n}(s-p_i)} \tag{3-26}$$

(1) 传递函数的零点、极点。传递函数是一个复变函数，根据复变函数知识，凡能使复变函数为 0 的点均称为零点；能使复变函数趋于∞的点均称为极点。式 (3-26) 中，$z_j(j=1,2,\cdots,m)$是分子多项式的根，称为传递函数的零点，在 [s] 平面上一般用“○”表示；p_i $(i=1,2,\cdots,n)$是分母多项式的根，称为传递函数的极点，在 [s] 平面上一般用“×”表示；K^* 称为系统的放大系数。

传递函数零点和极点的分布影响系统的动态性能。一般，极点影响系统的稳定性，零点影响系统瞬态响应曲线的形状。系统的放大系数决定了系统的稳态输出值。因此，对系统的研究可变成对系统传递函数的零点、极点和放大系数的研究。

(2) 传递函数的主导极点。在高阶系统的所有极点中，距离虚轴最近且周围没有零点的极点，而所有其他极点都远离虚轴，这样的极点称为主导极点。主导极点对系统的性能分析起主导作用，相对主导作用取决于极点实部的比值（即极点到虚轴的距离比）。分析式 (3-26) 可知，一对靠得很近的极点和零点，彼此将会相互抵消；如果其他极点在 [s] 平面左半部，离虚轴的距离是该极点距虚轴距离的五倍以上，且该极点附近没有零点，称该极点为主导极点。

2. 尾 1 标准型（即典型环节形式）

将传递函数式（3-23）的分子、分母最低次项（尾项）系数均化为 1，表示为式（3-27）所示的形式，称之为尾 1 标准型（简称尾 1 型）。

$$G(s)=K\frac{\prod_{k=1}^{m_1}(\tau_k s+1)\prod_{l=1}^{m_2}(\tau_l^2 s^2+2\zeta\tau_l s+1)}{s^v\prod_{i=1}^{n_1}(T_i s+1)\prod_{j=1}^{n_2}(T_j^2 s^2+2\zeta T_j s+1)} \tag{3-27}$$

式（3-27）也称为传递函数的典型环节形式，其中每个因子都对应一个典型环节。这里，K 称为系统增益。K 与 K^* 的关系如下：

$$K=\frac{K^*\prod_{j=1}^{m}|z_j|}{\prod_{i=1}^{n}|p_i|} \tag{3-28}$$

【例 3-4】 已知某传递函数为 $G(s)=\dfrac{30(s+2)}{s(s+3)(s^2+2s+2)}$。

（1）求系统的增益；

（2）求系统的微分方程；

（3）画出系统的零极点分布图。

解 （1）$K=\dfrac{30\times 2}{3\times 2}=10$。

（2）由系统的传递函数：

$$G(s)=\frac{30(s+2)}{s(s+3)(s^2+2s+2)}=\frac{30(s+2)}{s^4+5s^3+8s^2+6s}=\frac{X_o(s)}{X_i(s)}$$

得到 $s^4X_o(s)+5s^3X_o(s)+8s^2X_o(s)+6sX_o(s)=30sX_i(s)+60X_i(s)$

零初始条件下，进行拉氏反变换可得系统的微分方程：

$$\frac{d^4x_o(t)}{dt^4}+5\frac{d^3x_o(t)}{dt^3}+8\frac{d^2x_o(t)}{dt^2}+6\frac{dx_o(t)}{dt}=30\frac{dx_i(t)}{dt}+60x_i(t)$$

（3）由系统的传递函数可知：系统有 1 个零点，$z_1=-2$；有 4 个极点，$s_1=0$，$s_2=-3$，$s_3=-1+\mathrm{j}$，$s_4=-1-\mathrm{j}$；系统零极点分布图如图 3-10 所示。在画零极点图时，零点用“○”表示，极点用“×”表示。

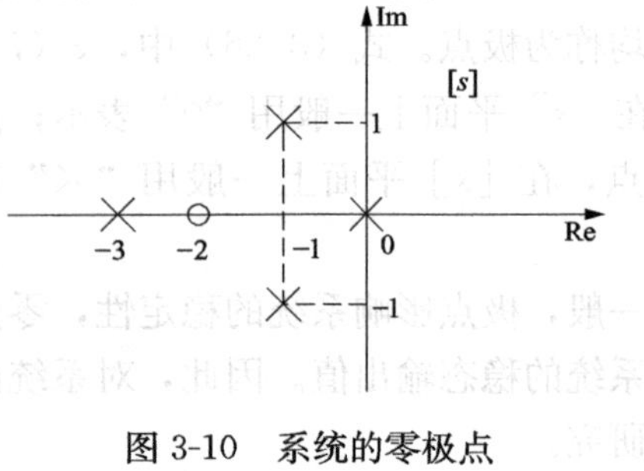

图 3-10 系统的零极点

3.2.6 传递函数的 MATLAB 表达与求取

1. 传递函数的 MATLAB 表达

传递函数在 MATLAB 中的表达主要基于式（3-23），可以方便地由分子和分母系数构成的两个向量唯一地确定出来，这两个向量分别用 num 和 den 表示。其中，num 是分子对应的英文单词 numerator 的简写，den 是分母对应的英文单词 denominator 的简写。

定义了分子和分母系数向量后，调用函数 tf（num，den）即可实现对传递函数的表达。tf 是传递函数对应的英文表达 transfer function 的首字母简写。

需要注意：

(1) 式 (3-23) 分子分母都是按 s 的降幂进行排列的。

(2) 如果其中某些项的系数为零，则这个为零的系数不能省略；若最高次数为 n，则定义的向量中应有 $n+1$ 个元素。

(3) 一些传递函数的表达形式不是式 (3-23) 这种标准形式，可将其先整理化成式 (3-23) 的形式，整理过程也可通过代码实现。

(4) 一些版本的 MATLAB 有可能不识别传递函数 tf，MATLAB 2012 Ra 经测试可顺利调用。

【例 3-5】 已知某传递函数为 $G(s)=\dfrac{12s^3+24s^2+20}{2s^4+4s^3+6s^2+2s+2}$，在 MATLAB 中表达出该传递函数。

解 对应的 MATLAB 程序代码如下：

```
num= [12,24,0,20];%定义分子系数,其中 s 的 1 次系数 0 不能省略,最高次 3 次,有 4 个元素
den= [2 4 6 2 2];%定义分母系数,元素之间用逗号或者空格分开
sys= tf(num,den) %调用传递数进行表达
```

对应运行结果如图 3-11 所示。

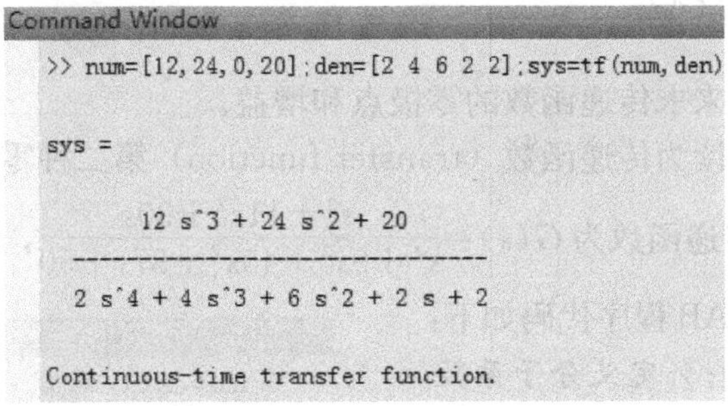

图 3-11 ［例 3-5］运行结果

【例 3-6】 已知某传递函数为 $G(s)=\dfrac{4(s+2)(s^2+6s+6)^2}{s(s+1)^3(s^3+3s^2+2s+5)}$，在 MATLAB 中表达出该传递函数。

解 对应的 MATLAB 程序代码如下：

```
num= 4*conv([1,2],conv([1,6,6],[1,6,6]));%借助多项式乘法函数 conv 定义分子系数
den= conv([1,0],conv([1,1],conv([1,1],conv([1,1],[1,3,2,5]))));%借助多项式乘法函数 conv 定义分母系数
sys= tf(num,den) %调用传递数进行表达
```

运行结果如图 3-12 所示。

2. 传递函数的零极点增益模型

零极点模型实际上是传递函数模型的另一种表现形式，其原理是分别对原系统传递函数的分子、分母进行分解因式处理，以获得系统的零点和极点的表示形式，其对应传递函数的标准形式为

$$G(s)=K\frac{(s-z_1)(s-z_2)\cdots(s-z_m)}{(s-p_1)(s-p_2)\cdots(s-p_n)} \tag{3-29}$$

```
Command Window
>> num=4*conv([1,2],conv([1,6,6],[1,6,6])); %借助多项式乘法函数conv定义分子系数
den=conv([1,0],conv([1,1],conv([1,1],conv([1,1],[1,3,2,5])))); %借助多项式乘法函数conv定义分母系数
sys=tf(num,den) %调用传递数进行表达

sys =

    4 s^5 + 56 s^4 + 288 s^3 + 672 s^2 + 720 s + 288
  ---------------------------------------------------
  s^7 + 6 s^6 + 14 s^5 + 21 s^4 + 24 s^3 + 17 s^2 + 5 s
```

图 3-12 ［例 3-6］运行结果

其中，K 为系统增益；z_i 为零点（z 为零点对应单词 zero 的首字母）；p_j 为极点（p 为极点对应单词 pole 的首字母）。

在 MATLAB 中零极点增益模型用［z，p，K］矢量组表示，即

$z=[z_1, z_2, \cdots, z_m]$

$p=[p_1, p_2, \cdots, p_n]$

$K=[k]$

函数 tf2zp()可以用来求传递函数的零极点和增益。

对 tf2zp()函数的解读为传递函数（transfer function）第二种零极（zp）点表达形式。

【例 3-7】 已知某传递函数为 $G(s)=\dfrac{s^3+11s^2+30s}{s^4+9s^3+45s^2+87s+50}$，求其零、极点和增益。

解 对应的 MATLAB 程序代码如下：

```
num=[1,11,30,0];%定义分子系数
den=[1,9,45,87,50];%定义分母系数
[z,p,k]=tf2zp(num,den) %调用传递数进行表达
```

运行结果如图 3-13 所示。由图 3-13 可看出，系统有两个实数零点，两个实数极点和两个复数极点。对应的结果表达式为

$$G(s)=\frac{s(s+6)(s+5)}{(s+1)(s+2)(s+3+4j)(s+3-4j)}$$

3. 传递函数的 Simulink 表示

Simulink 的打开方式如下：①单击工具栏中的 Simulink 图标，如图 3-14 所示；②在命令窗口中输入“simulink”按 Enter 键。

Simulink 库浏览器界面如图 3-15 所示。打开后可从左边 Simulink 下边对应的模块里选择仿真元器件搭建仿真模型，整个操作过程就像搭积木一样，操作者要做的只是修改元器件参数和对建立的“simulation”系统进

```
Command Window
>> num=[1,11,30,0];%定义分子系数
den=[1,9,45,87,50]; %定义分母系数
[z,p,k]=tf2zp(num,den) %调用传递数进行表达

z =

         0
   -6.0000
   -5.0000


p =

  -3.0000 + 4.0000i
  -3.0000 - 4.0000i
  -2.0000
  -1.0000


k =

     1
```

图 3-13 ［例 3-7］运行结果

行器件的“link”（连接），完成“simulation”＋“link”，实现“simulink”后，即可单击“运行”按钮进行仿真计算。

【例 3-8】 已知某传递函数为 $G(s)=\dfrac{0.5s+1}{s^2+2s+1}$，在 Simulink 中搭建该传递函数，试求取单位阶跃输入信号作用下系统的信号输出，用示波器观察其输出波形。

图 3-14　工具栏中的 Simulink 图标

解　在 Simulink 中进行系统搭建的过程如下：

1）打开 Simulink，单击工具栏最左侧“new model”按钮，见图 3-15 中画圈的部分。

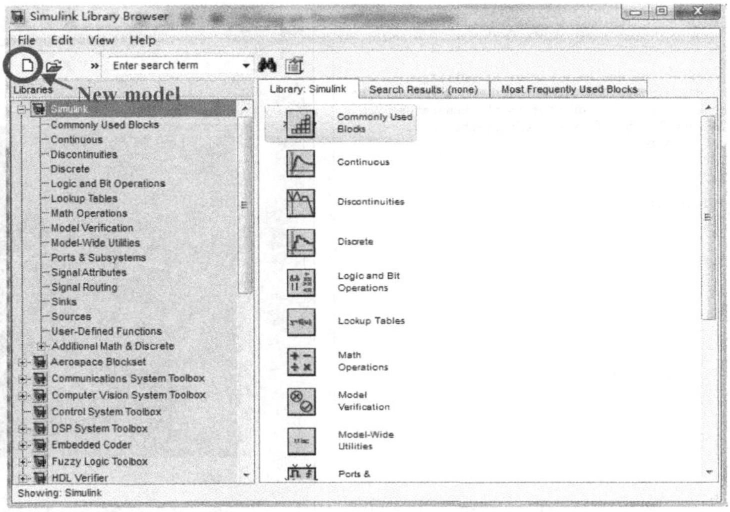

图 3-15　Simulink 库浏览界面

2）从左侧 Continuous 模块中左键单击“Transfer Fcn”并将其拖至模型窗口中，如图 3-16（a）所示。

3）双击已被拖至模型窗口中的“Transfer Fcn”图标，按照传递函数实际分子分母系数对 numerator coefficients（分子系数）和 denominator coefficients（分母系数）进行更改，系数元素之间空一个空格，如图 3-16（b）所示。

4）从左侧 Sources 模块（倒数第二个）中左键单击“Step”信号源图标，并拖至模型窗口中；再从左侧 Sink 模块（倒数第三个）中左键单击“Scope”信号源图标，并拖至模型窗口中。

5）用鼠标左键将信号源、传递函数、示波器进行连接，结果为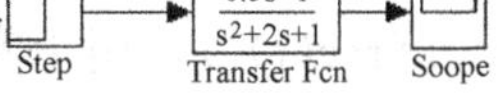

。

6）单击图 3-16（a）中的“Apply”运行仿真按钮，最后用鼠标双击示波器图标查看，结果如图 3-16（c）所示。

由图 3-16（c）可以看出，示波器显示的系统输出信号也近似为一个单位阶跃信号，说

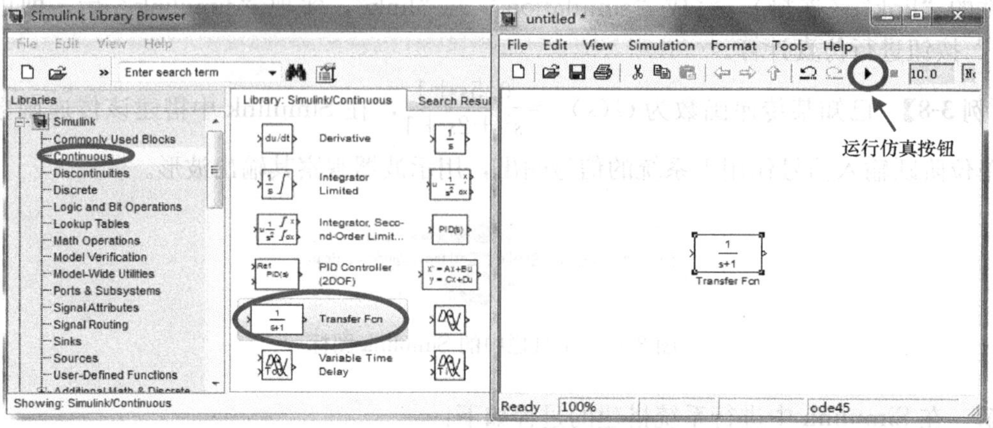

(a) 在 Simulink 模型窗口中搭建传递函数模块

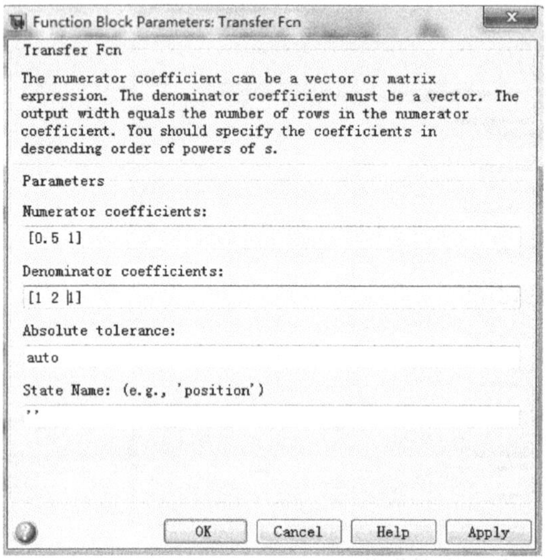

(b) 修改传递函数分子分母系数

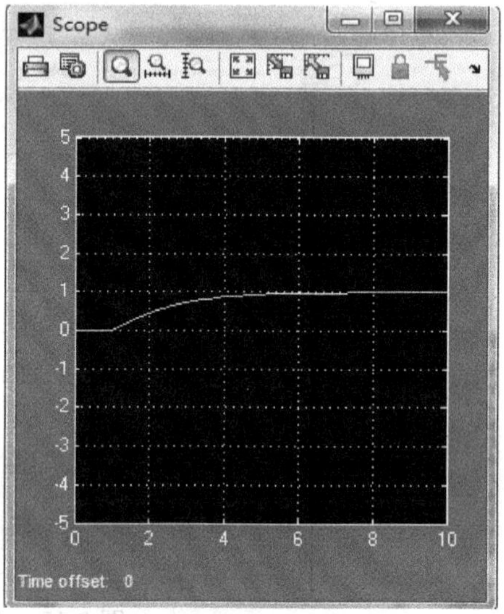

(c) 示波器显示的运行结果

图 3-16　[例 3-8] 对应的 Simulink 模型及其运行结果

明系统输出是跟随输入的。

[例 3-8] 中通过 Simulink 搭建传递函数系统的过程与本章后续将介绍的方框图在形式上是一致的，在后面的学习中，读者除了可以进行手动求解计算外，应充分利用计算机资源，既可以通过在 MATLAB 中进行编程求解，也可以在 Simulink 中通过快速搭建仿真系统的方式进行求解。

4. 传递函数的 MATLAB 求取

在 MATLAB 符号运算中，可调用单位阶跃函数 sym('heaviside(t)')和单位脉冲函数 sym('Dirac(t)')，用于实现对传递函数的编程求取。

【例 3-9】 系统在激励 $r(t)=1(t)+t*1(t)$ 的作用下，测得的系统响应为 $c(t)=(t+0.9)-0.9e^{-10t}$，已知系统的初始状态为零，$1(t)$ 代表单位阶跃函数，求系统的传递函数。

解　求解代码如下：

```
syms t s r R c C;%定义符号变量
r=1*sym('heaviside(t)')+t*sym('heaviside(t)');%定义输入信号
c=t+0.9-0.9*exp(-10*t);%定义输出信号
R=laplace(r) %对输入信号进行拉氏变换并显示结果
C=laplace(c) %对输出信号进行拉氏变换并显示结果
G0=C/R%求取系统传递函数并显示结果
```

运行结果如图 3-17 所示。

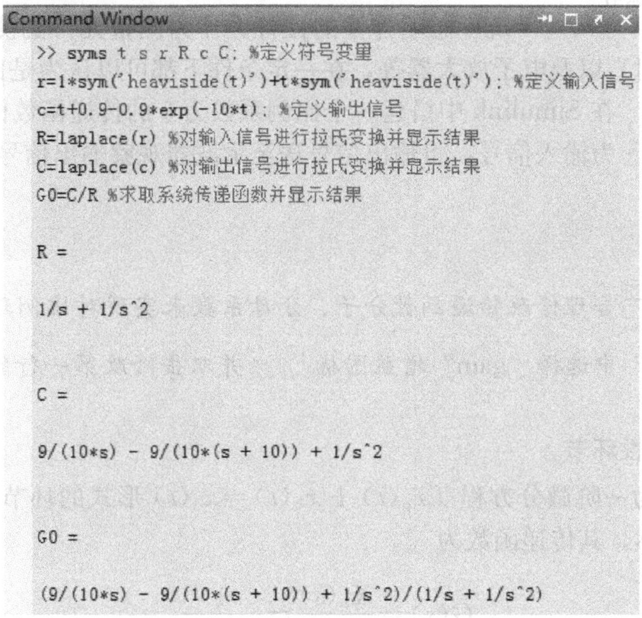

图 3-17　[例 3-9] 运行结果

3.3　典型环节的传递函数

由各个元件组成的系统，可能是电气的、机械的、液压的、气动的等。尽管这些系统的物理本质差别很大，但是描述它们动态性能的传递函数可能是相同的。如果能够从数学表达式出发，将一个复杂的系统化为有限的典型环节所组成的系统，并求出这些典型环节的传递函数，这将给分析及研究复杂系统带来很大方便。因此环节与元件不同，环节是从动态性能的角度来看的，即典型环节是以数学模型来划分的。一个典型环节可以由一个或几个不同的元件所组成。

控制系统中常用的典型环节有比例环节、惯性环节、微分环节、积分环节、振荡环节和延时环节等。以下介绍这些环节的传递函数及其推导。

3.3.1　比例环节

输出量不失真，无惯性地跟随输入量，且两者成比例关系的环节称为比例环节，又称为放大环节。其运动方程

$$x_o(t)=Kx_i(t) \tag{3-30}$$

其传递函数为

$$G(s)=\frac{X_o(s)}{X_i(s)}=K \tag{3-31}$$

式中：K 为比例环节的增益，或放大环节的放大系数。

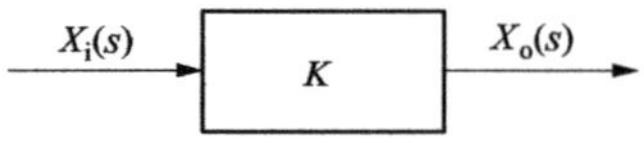

图 3-18　比例环节

图 3-18 所示为比例环节的方框图。表 3-2 中的弹簧及电阻器件的传递函数就是一个比例环节，齿轮传动中齿轮传动副传递函数也是个比例环节，这种类型的环节很多，机械系统中忽略弹性的杠杆、作为测量元件的测速发电机（输入为转速、输出为电压时）以及电子放大器等，在一定条件下都可以认为是比例环节。

【课堂练习 3-1】 在 Simulink 中搭建一个比例系数为 3 的传递函数模型，选择正弦信号“Sine Wave” 为输入信号，将输出信号送至示波器观察输出信号结果。

提示

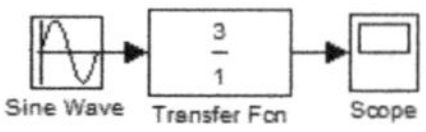

合理修改传递函数分子、分母系数来实现对比例环节的构建，或直接从“Math Operator”中选择“gain”增益图标 并双击修改第一行的增益（放大）系数为 3 来实现。

3.3.2　一阶惯性环节

凡动力学方程为一阶微分方程 $T\dot{x}_o(t)+x_o(t)=x_i(t)$ 形式的环节称为一阶惯性环节，简称惯性环节。显然。其传递函数为

$$G(s)=\frac{X_o(s)}{X_i(s)}=\frac{1}{Ts+1} \tag{3-32}$$

式中：T 为一阶惯性环节的时间常数，表征了环节的惯性，它和环节的结构参数有关。

一阶惯性环节的方框图如图 3-19 所示，在这类元件中总含有储能元件，以致对于突变形式的输入来说，输出不能立即复现，输出总落后于输入。

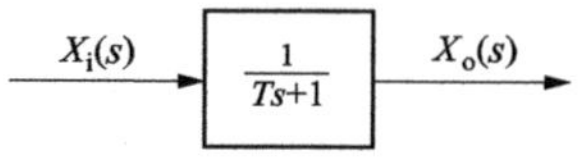

图 3-19　一阶惯性环节

【例 3-10】 求图 3-20 所示简单电阻-电容电路图的传递函数。

解　系统输入为电压 u_i，输出为电压 u_o；图中包含中间变量电流 i。电路方程为

$$\begin{cases} u_i=iR+\dfrac{1}{C}\displaystyle\int i\,\mathrm{d}t \\ u_o=\dfrac{1}{C}\displaystyle\int i\,\mathrm{d}t \end{cases}$$

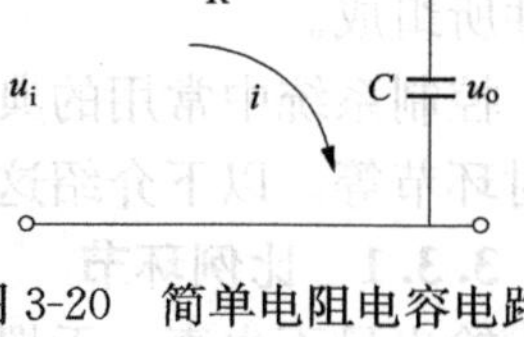

图 3-20　简单电阻电容电路

化简上面两式消去中间变量 i，整理得

$$RC\frac{\mathrm{d}u_o}{\mathrm{d}t}+u_o=u_i$$

经拉氏变换后得到

$$(RCs+1)U_o(s)=U_i(s)$$

故传递函数为

$$G(s)=\frac{U_o(s)}{U_i(s)}=\frac{1}{RCs+1}=\frac{1}{Ts+1}$$

式中：T 为电路的时间常数，$T=RC$。

这个电路系统由于含有储能元件 C 和耗能元件 R，故构成了一阶惯性环节。

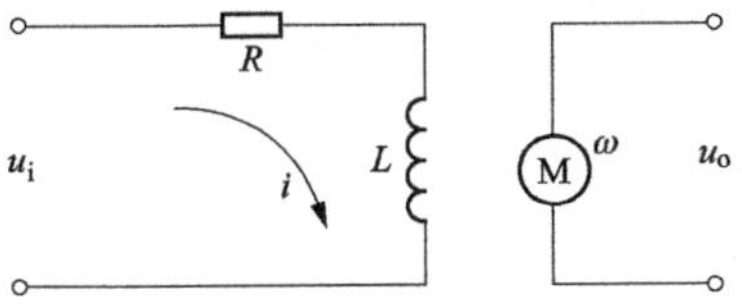

图 3-21 简化的直流发电机组

【例 3-11】 简化的直流发电机组如图 3-21 所示。转子恒速转动，R 为电阻，L 为电感，输入是励磁电压 u_i，输出是电压 u_o，试求此系统的传递函数。

解 系统输入为励磁电压 u_i，输出是电压 u_o。

在励磁电路中，电路方程为

$$u_i=iR+L\frac{di}{dt}$$

在输出电路中，因转子恒速转动，故

$$u_o=K_1 i$$

式中：K_1 为常数。

合并以上两式，并化简整理得

$$\frac{1}{K_1}\frac{du_o}{dt}+\frac{u_o}{K_1}RL=u_i$$

经拉氏变换后得到

$$U_i(s)=\frac{R}{K_1}U_o(s)+\frac{L}{K_1}sU_o(s)$$

故传递函数为

$$G(s)=\frac{U_o(s)}{U_i(s)}=\frac{K_1}{Ls+R}=\frac{K}{Ts+1}$$

其中

$$K=\frac{K_1}{R},T=\frac{L}{R}$$

由［例 3-11］可知，在一定条件下（如比例环节的放大系数 $K=1$），不同的物理系统可以具有相同类型（此处都为一阶惯性环节）的传递函数。

【课堂练习 3-2】 在 Simulink 中搭建一个 T 为 3 的惯性环节传递函数模型，选择正弦信号“Sine Wave” 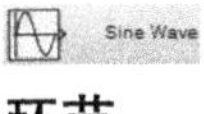 为输入信号，将输出信号送至示波器观察输出信号结果。

3.3.3 微分环节

凡是输出量正比于输入量的环节称为微分环节，其运动方程式为

$$x_o(t)=\dot{x}_i(t) \tag{3-33}$$

因而得理想微分环节的传递函数为

$$G(s)=\frac{X_o(s)}{X_i(s)}=s \tag{3-34}$$

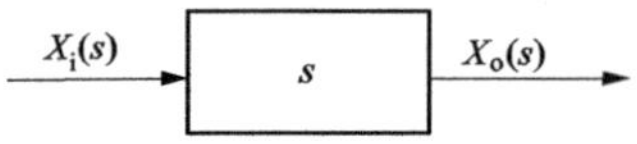

图 3-22　微分环节

微分环节的框图如图 3-22 所示。

当输入量为阶跃函数时，输出在理论上将是一个幅值为无穷大而时间宽度为零的脉冲，这在实际上是不可能的。因此，微分环节不可能单独存在，它是与其他环节同时存在的。一般而言，采用微分环节后，系统的阻尼将增加。

【例 3-12】 仍以图 3-21 所示的直流发电机组为例，当励磁电压 u_i 恒定时，取输入量为转子转角 θ，输出量为电枢电压 u_o，由于 u_i 不变，故磁通为定值，因而电枢电压与转速成正比，即

$$u_o = K\frac{\mathrm{d}\theta}{\mathrm{d}t}$$

式中：K 为常数。

经拉氏变换后得到

$$U_o(s) = Ks\Theta(s)$$

得传递函数为

$$G(s) = \frac{U_o(s)}{\Theta(s)} = Ks$$

当 $K=1$ 时，是一个标准的微分环节，即直流发电机作为测速发电机时，可以认为是一个微分环节。

注：实际工程中常会出现形如$\frac{Ks}{Ts+1}$的环节，这事实上是由一个微分环节（K 不为 1 时可视为还有一个比例环节）和一个惯性环节组成的复合环节，一些教材将其称为具有惯性的微分环节，或称其为惯性微分环节。

【课堂练习 3-3】 在 Simulink 中搭建一个比例系数为 3、K 为 1 的惯性微分环节传递函数模型，选择正弦信号“Sine Wave” 为输入信号，将输出信号送至示波器观察输出信号结果。

3.3.4 积分环节

输出量与输入量对时间的积分成正比的环节称为积分环节，即

$$x_o(t) = \frac{1}{T}\int x_i(t)\mathrm{d}t \tag{3-35}$$

传递函数为

$$G(s) = \frac{X_o(s)}{X_i(s)} = \frac{1}{Ts} \tag{3-36}$$

式中：T 为积分环节的时间常数。

积分环节的框图如图 3-23 所示。

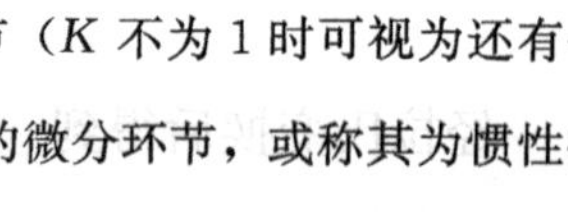

图 3-23　积分环节

积分环节的一个显著特点是输出量取决于输入量对时间的积累过程，输出量作用一段时间后，即使输入量为零，输出量仍将保持在已达到的数值，故有记忆功能；另一个特点是有明显的滞后作用。从图 3-24 可以看出，输出量为常值 A 时，由于 $x_o(t)=$

$\frac{1}{T}\int_0^t A\mathrm{d}t=\frac{1}{T}At$，$x_o(t)$ 是一条斜线，输出量需经过时间 T 的滞后，才能达到输入量 $x_i(t)$ 在 $t=0$ 时的数值，因此，积分环节常用来改善控制系统的稳态性能。

【例 3-13】　一齿轮、齿条传动机构如图 3-25 所示，齿轮的转速 n 为输入量，齿条的位移量 x 为输出量。试求该机构的传递函数。

解　系统输入量为齿轮转速 n，输出量为齿条位移 x。

由两者的转速关系有

$$\frac{\mathrm{d}x}{\mathrm{d}t}=\pi Dn$$

式中：D 为齿轮节圆直径。

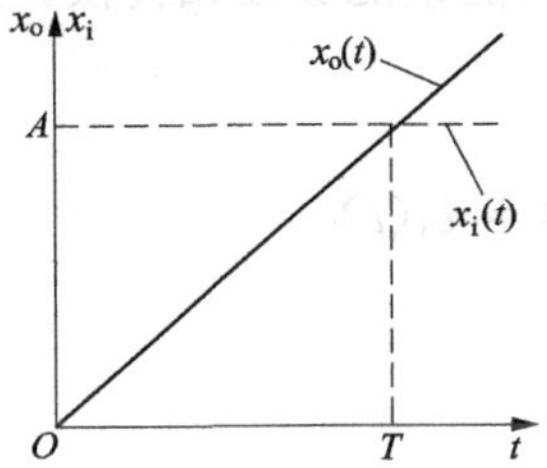

图 3-24　积分环节的性质

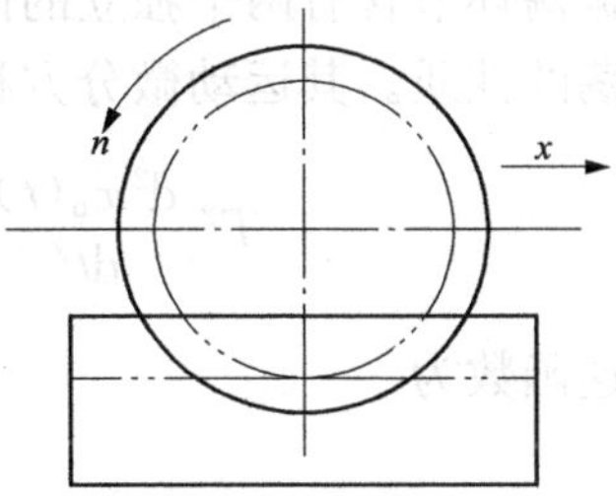

图 3-25　齿轮、齿条传动机构

对上式进行拉氏变换，得传递函数为

$$G(s)=\frac{X(s)}{N(s)}=\frac{\pi D}{s}=\frac{1}{Ts}$$

其中，$T=\frac{1}{\pi D}$。

上式的含义是当输入为 n 时，输出 x 为输入 n 的积分的 πD 倍。如果输出量由位移变为速度 $\frac{\mathrm{d}x}{\mathrm{d}t}$，则该机构的传递函数为比例环节。

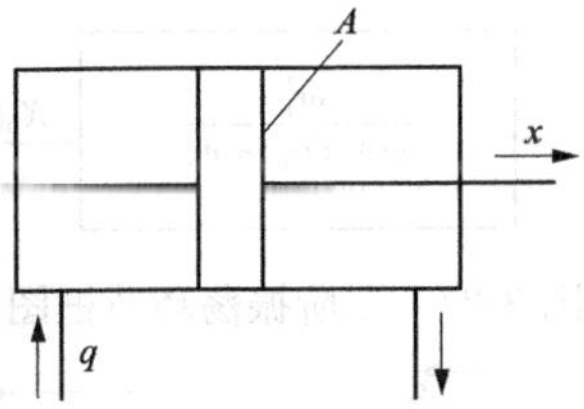

图 3-26　液压缸示意

【例 3-14】　一液压缸如图 3-26 所示，其输入为流量 q，输出为液压缸活塞的位移 x。求该缸的传递函数。

解　系统输入为流量 q，输出为活塞位移 x。

设 A 为活塞的面积，则有

$$\frac{\mathrm{d}x(t)}{\mathrm{d}t}=\frac{q(t)}{A}$$

故

$$x(t)=\int_0^t\frac{q(t)}{A}\mathrm{d}t$$

传递函数为

$$G(s)=\frac{X_o(s)}{X_i(s)}=\frac{\frac{1}{A}}{s}=\frac{1}{As}=\frac{1}{Ts}$$

其中，$T=A$。

同样的如果输入流量 q 不变，输出为液压缸活塞的速度 v，则系统的传递函数为

$$G(s)=\frac{V(s)}{Q(s)}=\frac{1}{A}=K$$

通过［例 3-14］可以看出，同一个物理系统，其输入和输出的物理量不同，传递函数也将随之改变。

【课堂练习 3-4】 在 Simulink 中搭建一个 T 为 3 的积分环节传递函数模型，选择正弦信号“Sine Wave” 

为输入信号，将输出信号送至示波器观察输出信号结果。

3.3.5　二阶振荡环节

二阶振荡环节含有两个独立的储能元件，并且所储存的能量能够互相转换，从而导致输出带有振荡的性质。其运动微分方程为

$$T^2\frac{\mathrm{d}^2x_o(t)}{\mathrm{d}t^2}+2\zeta T\frac{\mathrm{d}x_o(t)}{\mathrm{d}t}+x_o(t)=x_i(t) \tag{3-37}$$

其传递函数为

$$G(s)=\frac{X_o(s)}{X_i(s)}=\frac{1}{T^2s^2+2\zeta Ts+1} \tag{3-38}$$

也可以写成如下形式：

$$G(s)=\frac{X_o(s)}{X_i(s)}=\frac{\omega_n^2}{s^2+2\zeta\omega_n s+\omega_n^2} \tag{3-39}$$

式中：T 为二阶振荡环节的时间常数；ζ 为阻尼比；ω_n 为无阻尼固有频率，$\omega_n=\frac{1}{T}$。

式（3-38）与式（3-39）的形式是等效的。通常在控制系统中较多采用式（3-38）形式，在测试系统中较多采用式（3-39）所示形式。二阶振荡环节对应的框图如图 3-27 所示。

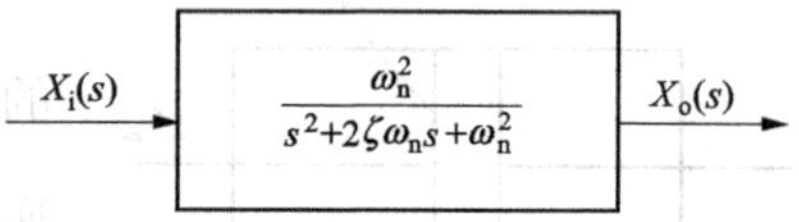

图 3-27　二阶振荡环节框图

若 $0<\zeta<1$，输入为单位阶跃函数时，输出是衰减振荡过程。

【例 3-15】 求如图 3-28 所示的质量-阻尼-弹簧系统的传递函数，图中 B 为与质量块速度成正比的阻尼力。

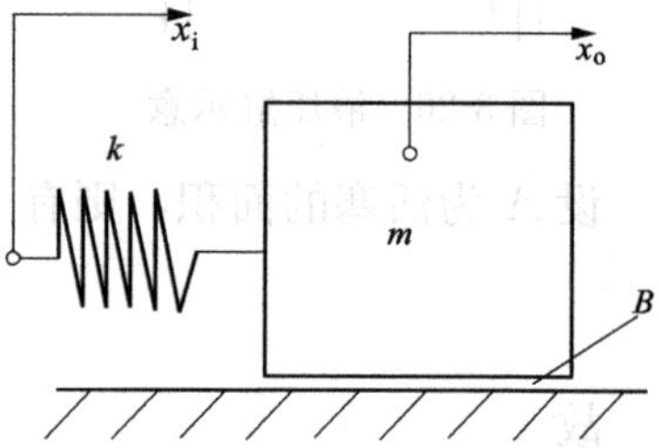

图 3-28　质量-弹簧-阻尼系统

解　系统输入为弹簧位移 x_i，输出为质量块位移 x_o。分析质量块 m 的受力情况，并列写动力学方程：

$$m\frac{\mathrm{d}^2x_o(t)}{\mathrm{d}t^2}+B\frac{\mathrm{d}x_o(t)}{\mathrm{d}t}=k[x_i(t)-x_o(t)]$$

整理移项，得

$$m\frac{\mathrm{d}^2x_o(t)}{\mathrm{d}t^2}+B\frac{\mathrm{d}x_o(t)}{\mathrm{d}t}+kx_o(t)=kx_i(t)$$

取初始条件为零，对上式进行拉氏变换，可得

$$ms^2X_o(s)+BsX_o(s)+kX_o(s)=kX_i(s)$$

整理得系统的传递函数为

$$G(s)=\frac{X_o(s)}{X_i(s)}=\frac{k}{ms^2+Bs+k}=\frac{\omega_n^2}{s^2+2\zeta\omega_n s+\omega_n^2}=\frac{1}{T^2s^2+2\zeta Ts+1}$$

其中 $$\omega_n=\sqrt{\frac{k}{m}},\zeta=\frac{B}{2\sqrt{mk}},T=\sqrt{\frac{m}{k}}$$

该质量-阻尼-弹簧系统可以看作一个二阶振荡环节。

【例 3-16】 如图 3-29 所示的无源电网络，u_i 为输入电压，u_o 为输出电压，i 为电流，R 为电阻，C 为电容，L 为电感，推导其传递函数。

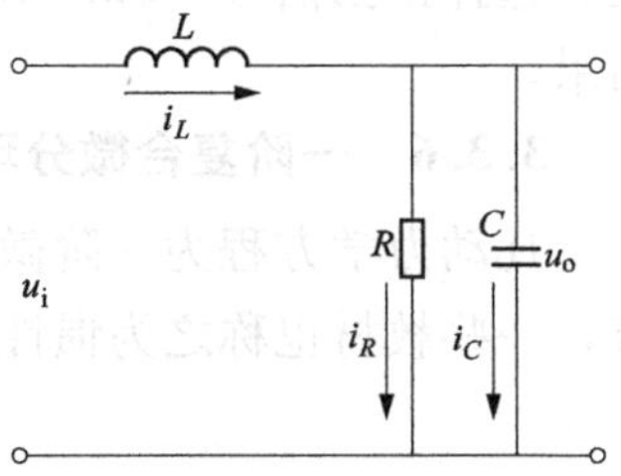

图 3-29　无源电网络

解　系统输入量为输入电压 u_i，输出量为电容两端电压 u_o。

根据基尔霍夫定律，可得

$$u_i(t)=Ri_R(t)+L\frac{di_L(t)}{dt}$$

$$u_o(t)=\frac{1}{C}\int i_C(t)dt=i_R(t)R$$

$$u_i(t)-u_o(t)=L\frac{di_L(t)}{dt}$$

$$i_L(t)=i_R(t)+i_C(t)$$

整理上面四式，消去中间变量 $i_C(t)$、$i_R(t)$、$i_L(t)$，整理得

$$LC\frac{d^2u_o(t)}{dt^2}+\frac{L}{R}\frac{du_o(t)}{dt}+u_o(t)=u_i(t)$$

取初始条件为零，对上式进行拉氏变换，得

$$LCs^2U_o(s)+\frac{L}{R}sU_o(s)+U_o(s)=U_i(s)$$

整理得传递函数为

$$G(s)=\frac{U_o(s)}{U_i(s)}=\frac{1}{LCs^2+\frac{L}{R}s+1}=\frac{1}{T^2s^2+2\zeta Ts+1}=\frac{\omega_n^2}{s^2+2\zeta\omega_n s+\omega_n^2}$$

其中 $$T=\sqrt{LC},\zeta=\frac{1}{2R}\sqrt{\frac{L}{C}},\omega_n=\frac{1}{\sqrt{LC}}$$

该无源电网络可以看作一个二阶振荡环节。

通过［例 3-15］和［例 3-16］可以看出，质量-弹簧-阻尼系统和电容-电阻-电感系统具有相同类型的传递函数（传递函数性质 4）。

注意

当 $0<\zeta<1$ 时，二阶特征方程有共轭复根，这时二阶系统才能称为二阶振荡环节；当 $\zeta>1$ 时，二阶系统特征方程有两个实数根，此时系统是两个惯性环节的串联。

【课堂练习 3-5】 在 Simulink 中搭建一个 T 为 1、ζ 为 0.7 的二阶振荡环节传递函数模型，选择正弦信号“Sine Wave”为输入信号，将输出信号送至示波器观察输出信号结果。

3.3.6 一阶复合微分环节

凡动力学方程为一阶微分方程 $T\dot{x}_i(t)+x_i(t)=x_o(t)$ 形式的环节称为一阶复合微分环节，一些教材也称之为惯性微分环节。显然，其传递函数

$$G(s)=\frac{X_o(s)}{X_i(s)}=Ts+1 \tag{3-40}$$

式中：T 为一阶复合微分环节的时间常数。

一阶复合微分环节的框图如图 3-30 所示。

【课堂练习 3-6】 在 Simulink 中搭建一个 T 为 3 的一阶复合微分环节传递函数模型，选择正弦信号“Sine Wave”为输入信号，将输出信号送至示波器观察输出信号结果。

3.3.7 二阶复合微分环节

二阶复合微分环节的输出量不仅决定于输入量本身，而且还决定于输入量的一阶和二阶导数，其运动微分方程为

$$T^2\frac{d^2x_i(t)}{dt^2}+2\zeta T\frac{dx_i(t)}{dt}+x_i(t)=x_o(t)$$

其传递函数为

$$G(s)=\frac{X_o(s)}{X_i(s)}=T^2s^2+2\zeta Ts+1 \quad 0<\zeta<1 \tag{3-41}$$

式中：T 为二阶复合微分环节的时间常数；ζ 为阻尼比。

二阶复合微分环节的框图如图 3-31 所示。

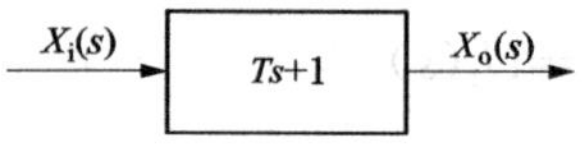

图 3-30 一阶复合微分环节框图

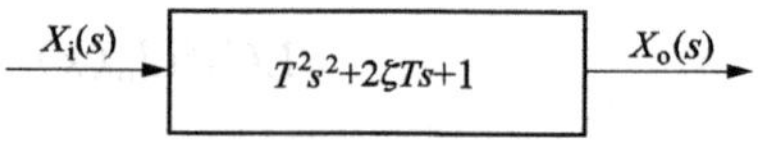

图 3-31 二阶复合微分环节框图

注意

只有当式（3-41）中具有一对共轭复根时，才能称为二阶复合微分环节，若式（3-41）有两个实根，则可以认为该环节是两个一阶微分环节的串联。

【课堂练习 3-7】 在 Simulink 中搭建一个 T 为 1、ζ 为 0.7 的二阶复合微分环节传递函数模型，选择正弦信号“Sine Wave”为输入信号，将输出信号送至示波器观察输出信号结果。

3.3.8　延时环节

该环节是一种纯时间延迟环节，其输出和输入相同，仅输出在时间上比输入延迟 τ。时域延时示意如图 3-32（a）所示，对应的复域延时环节框图如图 3-32（b）所示。

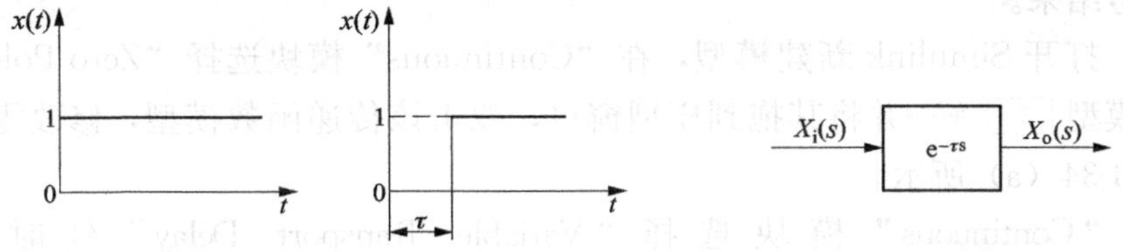

(a) 时域延时示意　　(b) 复域延时环节框图

图 3-32　延时环节

由图 3-32（a）可以看出，若输入为 $x(t)$，输出则与输入信号的形状完全相同，而仅时间延迟 τ，即输出为 $x(t-\tau)$。造成延时效应的主要原因是输入这些环节后，由于其传递信号的速度有限，输出响应要延时一段时间 τ 才能产生，因此，延时环节又称为传输滞后环节。

延时环节输出 $x_o(t)$ 与输入 $x_i(t)$ 间存在关系：

$$x_o(t)=x_i(t-\tau)$$

式中：τ 为纯延时时间。

进行拉氏变换后得到

$$X_o(s)=e^{-\tau s}X_i(s)$$

故延时环节的传递函数为

$$G(s)=\frac{X_o(s)}{X_i(s)}=e^{-\tau s}t \tag{3-42}$$

延时环节与一阶惯性环节的区别在于：一阶惯性环节从输入开始时就已有输出，仅由于惯性，输出要滞后一段时间才接近于所要求的输出值；延时环节从输入之初的 0 到 τ 的区间内，并无输出，但在 $t=\tau$ 之后，输出就完全等于输入。

延时环节常见于液压、气动系统中，施加输入后，往往由于管道长度而延迟了信号传递的时间。图 3-33 所示为纯时间延时的带钢轧制示意。图示为轧制钢板的厚度控制装置，带钢在 A 点轧出时，厚度为 $h_i(t)$，但是这一厚度在到达 B 点时才被测厚仪所检测到。测厚仪检测到的厚度 $h_o(t)$ 即为输出量，A 点处的厚度 $h_i(t)$ 为输入量。若测厚仪距 A 点的距离为 L，带钢速度为 v，则延迟时间 $\tau=L/v$。

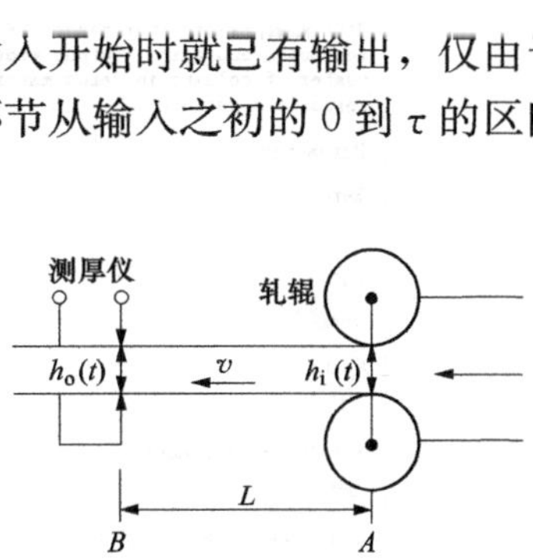

图 3-33　带钢轧制示意

输出量与输入量之间有如下关系：$h_o(t)=h_i(t-\tau)$。此式表示，当 $t=\tau$ 时，$h_o(t)=0$，即测厚仪不反映 $h_i(t)$的值；当 $t>\tau$ 时，测厚仪在延时 τ 后，立即反映 $h_i(t)$在 $t=0$ 时的值及其以后的值，所以轧辊处带钢厚度与检测点厚度之间的传递函数为 $G(s)=\dfrac{H_o(s)}{H_i(s)}=e^{-\tau s}$。

【课堂练习 3-8】 在 Simulink 中搭建 $G(s)=\dfrac{e^{-2s}(s+1)}{s(0.5s+1)(4s+1)}$ 的传递函数模型，采用幅值为 3 的正弦信号“Sine Wave”为输入信号，将输入和输出信号同时送至示波器观察输出信号结果。

解 (1) 打开 Simulink 新建模型，在“Continuous”模块选择“Zero-Pole”零极点增益传递函数模型并将其拖到模型窗口，双击该传递函数模型，修改零极点对应的系数，如图 3-34 (a) 所示。

(2) 在“Continuous”模块选择“Variable Transport Delay”延时环节图标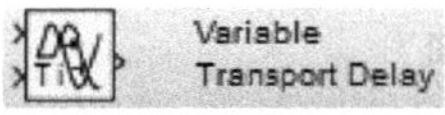并将其拖到模型窗口，双击该环节器件，修改延时系数，如图 3-34 (b) 所示。

(3) 在“Sources”模块选择“Sine Wave”并将其拖到模型窗口作为信号输入源，双击该器件，修改其幅值，如图 3-34 (c) 所示。

(4) 在“Sinks”模块选择“Scope”示波器图标并将其拖到模型窗口，双击该器件打开示波器，如图 3-34 (d) 所示；单击小齿轮与笔记本图标对应的“Parameters”按钮，修改其输出轴数量，如图 3-34 (e) 所示；单击“OK”按钮，示波器从原来的一个显示窗口变为两个。

(5) 按住键盘上的 Ctrl 键，并用鼠标左键依次单击模型中的各个元器件，将它们进行连接，也可以直接用鼠标左键将它们进行连接。

(6) 从正弦输入信号右侧引出一条信号线连接至示波器另一个输入端口，引出信号线的方法为用鼠标右键进行拖拽即可。

建立的系统模型及输出结果如图 3-34 (f) 所示。若示波器显示图形不全，则单击图 3-34 (f) 中四个箭头图标对应的自动显示比例“Autoscale”按钮。观察图 3-34 (f) 可发现，上面的输出信号较下面的输入信号有所滞后，滞后时间为 3s，等于延时环节的延迟时间 τ。

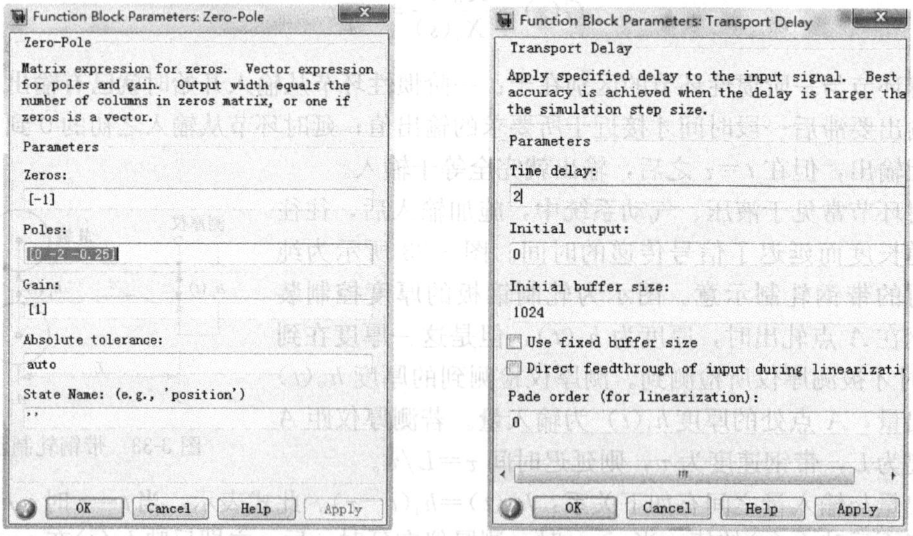

(a) 修改零极点增益系数　　(b) 修改延时系数

图 3-34 ［课堂练习 3-8］Simulink 建模求解（一）

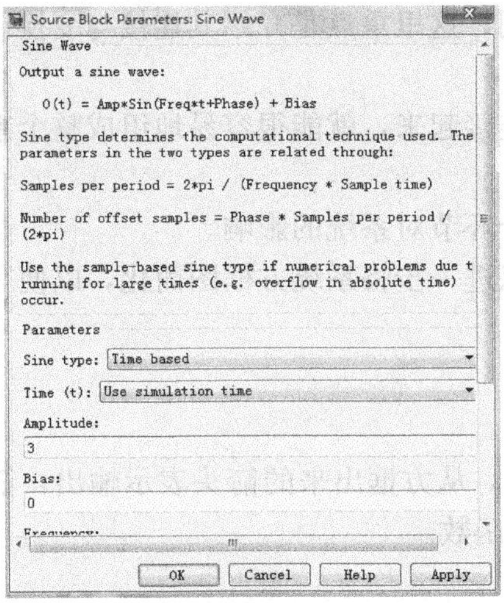

(c) 修改正弦信号幅值

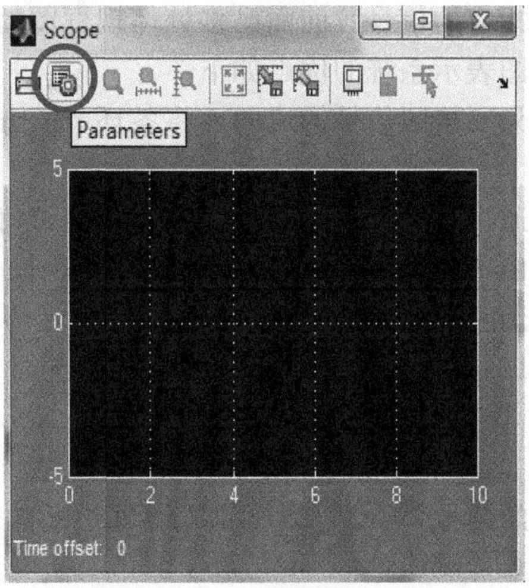

(d) 示波器参数设置

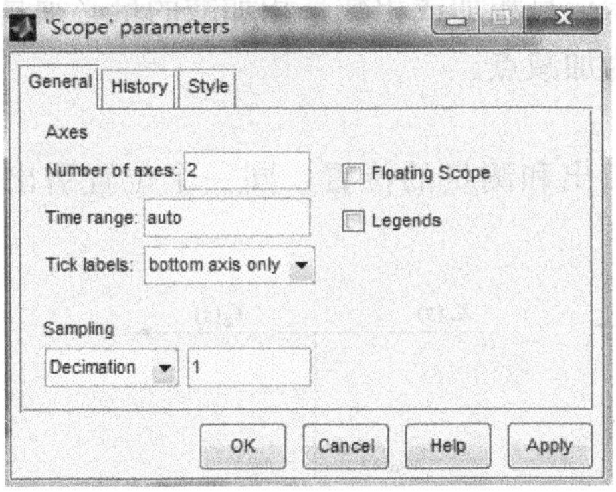

(e) 修改示波器输出窗口数

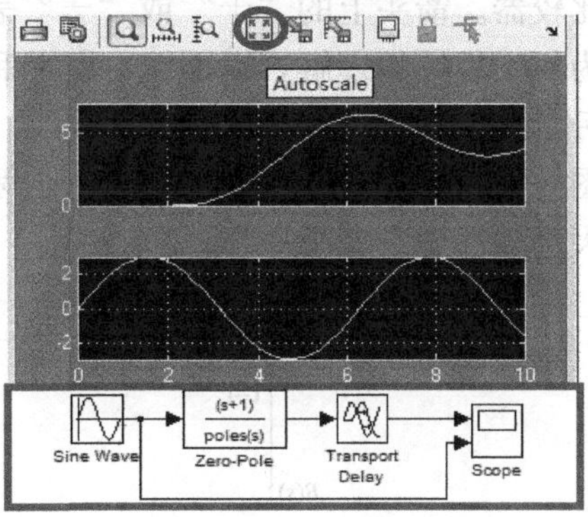

(f) 传递函数模型及输入输出信号结果

图 3-34 [课堂练习 3-8] Simulink 建模求解（二）

上面介绍了八种典型环节，这只是线性定常系统中，按数学模型区分的几个最基本典型环节，在实际系统中，极难见到二阶复合微分环节，它只是一种数学抽象。综上所述，环节是根据运动微分方程划分的，把一个系统划分成由若干典型环节所组成，对分析、研究系统带来很大方便。

注意，一个环节和一个元件往往并不是等价的。一个元件可能分为几个环节，也可能几个元件才构成一个环节。由电感、电阻及电容三个元件构成一个二阶振荡环节的例子，如图 3-29 所示。此外，同一元件在不同系统中的作用不同，输入、输出的物理量不同，可以起到不同环节的作用，如［例 3-14］中的液压缸。

3.4 系统方框图及其连接

一个系统是由若干个环节组成的。为了说明各个环节在系统中的作用及信息的流向，采用方框代表一个环节（甚至一个系统），箭头代表信息的流向，这种方框图的表示方法比较直观。如图 3-7 所示表示一个方框，其传递函数为 $G(s)$，箭头表示信息的流向，并且在箭头上标明相应的信号。前面已多处体现框图的应用，这里重点是介绍其连接与变换。

用框图表示系统的优点如下：

（1）只要按照信号的流向，将各环节的方框连接起来，就能很容易地组成整个系统的方框图。

（2）通过系统方框图，可以揭示和评价每一个环节对系统的影响。

（3）由各环节的方框组成的系统方框图，可以进一步将系统方框图简化，以便写出整个系统的传递函数。

3.4.1 方框图单元、比较点和引出点

1. 方框图单元

如图 3-7 所示，图中指向框图的箭头表示输入，从方框出来的箭头表示输出，箭头上标明了相应的信号，$G(s)$ 表示输入、输出间的传递函数。

2. 比较点/加减点

如图 3-35（a）所示，比较点代表两个或两个以上的输入信号进行相加或相减的元件，或称为比较器。箭头上的“+”或“-”表示信号相加或相减，相加减的量必须具有相同的量纲。为便于后续的理解，后面统一将其称为加减点。

3. 引出点（又称分支点）

如图 3-35（b）所示，引出点表示信号引出和测量的位置，同一个位置引出的几个信号，在大小和性质上完全一样。

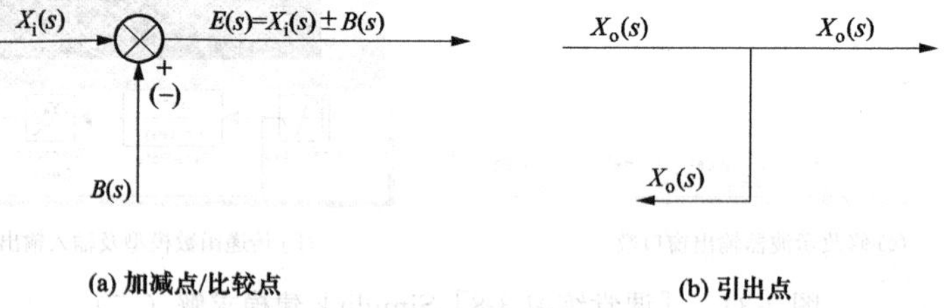

图 3-35 比较点与引出点

3.4.2 环节的基本联系方式

为了求得整个系统的传递函数，需要研究系统中各环节间的基本联系方式。下面介绍各环节间的基本联系方式，以及如何根据这些基本联系方式计算整个系统的传递函数。

1. 串联

图 3-36（a）所示为三个环节的串联。其中，$G_1(s)$、$G_2(s)$、$G_3(s)$ 分别为三个环节的传递函数。这里前一个环节的输出就是后一个环节的输入。

由图 3-36（a）可知：

$$G_1(s)=\frac{X_1(s)}{X_i(s)},G_2(s)=\frac{X_2(s)}{X_1(s)},G_3(s)=\frac{X_o(s)}{X_2(s)}$$

故串联环节的总传递函数为

$$G(s)=\frac{X_o(s)}{X_i(s)}=\frac{X_o(s)}{X_2(s)}\frac{X_2(s)}{X_1(s)}\frac{X_1(s)}{X_i(s)}=G_3(s)G_2(s)G_1(s) \tag{3-43}$$

同理，由 n 个环节串联所构成的系统，没有负载效应（若一元件的输出受到其后一元件存在的影响时，犹如负载对前一元件产生影响，这种影响称为负载效应）时，系统的传递函数等于 n 个环节传递函数的乘积，即

$$G(s)=G_1(s)G_2(s)\cdots G_i(s)=\prod_{i=1}^{n}G_i(s) \tag{3-44}$$

式中：n 为串联的环节数；$G_i(s)$ 为第 i 个串联环节的传递函数。

对式（3-44）可以理解为 n 个环节串联成为一个环节，其传递函数为 $G(s)$，也可看成一个环节分解成 n 个串联环节。

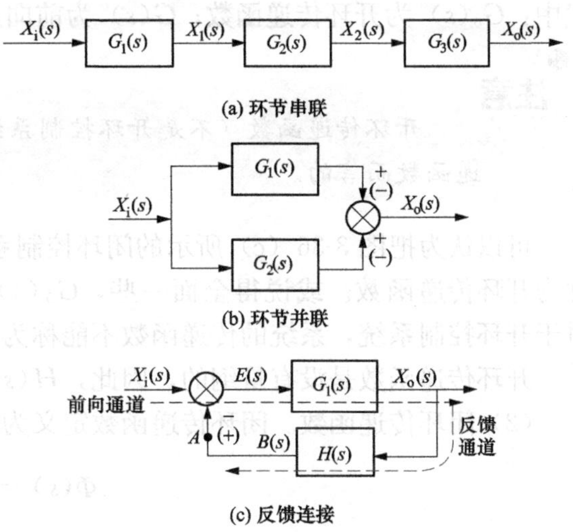

图 3-36 环节的连接

2. 并联

图 3-36（b）画出了两个环节的并联。由图 3-36（b）可知：

$$G_1(s)=\frac{X_1(s)}{X_i(s)},G_2(s)=\frac{X_2(s)}{X_i(s)}$$

又因

$$X_o(s)=\pm X_1(s)\pm X_2(s)$$

故并联环节的总传递函数为

$$G(s)=\frac{X_o(s)}{X_i(s)}=\frac{\pm X_1(s)\pm X_2(s)}{X_i(s)}=\pm G_1(s)\pm G_2(s)$$

可以推出 n 个环节并联所构成的系统，传递函数等于 n 个环节传递函数的代数和，即

$$G(s)=\pm G_1(s)\pm G_2(s)\cdots\pm G_n(s)=\sum_{i=1}^{n}\pm G_i(s) \tag{3-45}$$

式中：$G_i(s)$ 为第 i 个并联环节的传递函数。

3. 反馈连接

图 3-36（c）所示为两个环节之间的反馈连接。当对系统输入 $X_i(s)$后，产生输出 $X_o(s)$。$X_o(s)$同时由引出点输入反馈通道传递函数 $H(s)$，得到反馈信号 $B(s)$。反馈信号 $B(s)$ 与输入信号 $X_i(s)$ 经比较点进行比较（即两者相加或相减）后，得到偏差信号 $E(s)$，$E(s)$ 作为 $G(s)$ 的输入，使系统输出继续改变。只有当偏差 $E(s)=0$ 时，$G(s)$ 的输入为零，系统的输出才会停止改变。这种输入信号受到输出信号影响的系统，主要是由于输出的反馈作用造成的，故这种系统为闭环控制系统，为了求取反馈连接系统的传递函数，下面引入开环传递函数和闭环传递函数的概念。

（1）开环传递函数。开环传递函数定义为闭环控制系统的前向通道传递函数与反馈通道传递函数的乘积，前向通道与反馈通道的定义见图 3-36（c），即

$$G_0(s)=\frac{B(s)}{E(s)}=G(s)H(s) \tag{3-46}$$

式中：$G_0(s)$ 为开环传递函数；$G(s)$ 为前向通道传递函数；$H(s)$ 为反馈通道传递函数。

注意

开环传递函数（不是开环控制系统传递函数）是闭环控制系统中相对闭环传递函数而言的。

可以认为把图 3-36（c）所示的闭环控制系统从 A 点处断开，则 $B(s)$ 与 $E(s)$ 之比即称为开环传递函数。或说得全面一些，$G_0(s)$ 称为闭环控制系统的开环传递函数。显然，对于开环控制系统，系统的传递函数不能称为开环传递函数，而应称为系统传递函数。

开环传递函数是没有量纲的，因此，$H(s)$ 的量纲是 $G(s)$ 量纲的倒数。

（2）闭环传递函数。闭环传递函数定义为闭环控制系统的输出与输入之比，即

$$\Phi(s)=\frac{X_o(s)}{X_i(s)}$$

式中：$\Phi(s)$ 为闭环控制系统的闭环传递函数，一般称闭环传递函数。

$$E(s)=X_i(s)\mp B(s)\Rightarrow X_i(s)=E(s)\pm B(s)$$

反馈连接系统的闭环传递函数为

$$\Phi(s)=\frac{X_o(s)}{X_i(s)}=\frac{X_o(s)}{E(s)\pm B(s)}=\frac{G(s)}{1\pm G(s)H(s)} \tag{3-47}$$

式（3-47）即为闭环传递函数。其中，负号对应正反馈，正号对应负反馈，正反馈是反馈信号加强输入信号，使偏差信号增大；负反馈是反馈信号减弱输入信号，使偏差信号减小。在控制系统中，主要采用负反馈连接。

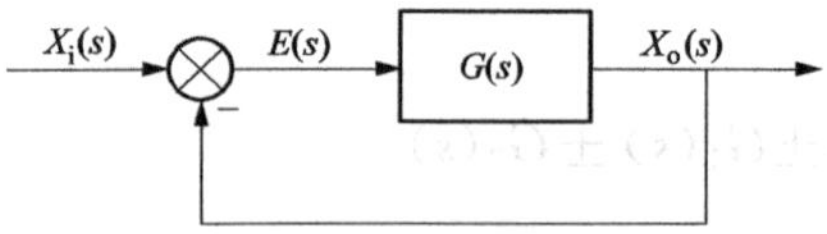

图 3-37　单位负反馈闭环控制系统

若反馈通道传递函数 $H(s)=1$，如图 3-37 所示，则称为单位负反馈控制系统。由式（3-47）得到，系统的闭环传递函数为

$$\Phi(s)=\frac{G(s)}{1+G(s)} \tag{3-48}$$

以上引入了开环传递函数 $G_0(s)$ 及闭环传递函数 $\Phi(s)$ 的概念，这都是对闭环控制系统而言的。今后，若不加特别说明，当研究整个系统时，不论是开环控制系统或者闭环控制系统，均可以用 $G(s)$ 来表示整个系统的传递函数。

（3）干扰作用下的闭环控制系统。图 3-38 所示为干扰作用下的闭环控制系统。干扰 $N(s)$ 也是一种输入。例如，系统参数的变化、系统中的电气噪声、输入量的误差等均以干扰的形式输入系统。当输入量和干扰量同时作用于线性控制系统时，可以对每个量单独进行处理，然后再将两个输出量叠加起来，得到总的输出量 $X_o(s)$。输入信号 $X_i(s)$ 单独作用时［此时令 $N(s)=0$］，对应的系统输出 $X_{oi}(s)$ 为

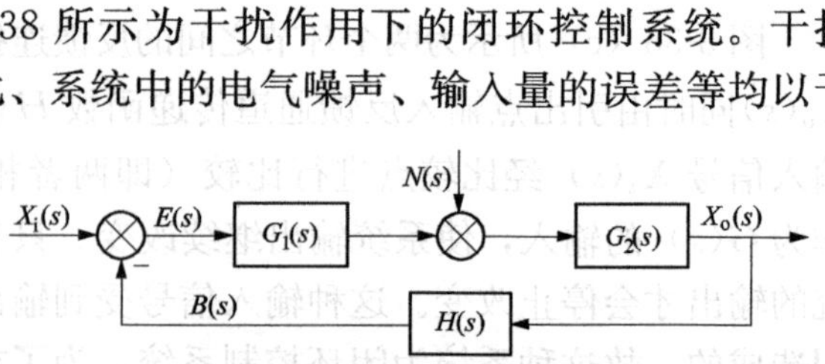

图 3-38　干扰作用下的闭环控制系统

$$X_{oi}(s)=\frac{G_1(s)G_2(s)}{1+G_1(s)G_2(s)H(s)}X_i(s)$$

干扰信号 $N(s)$ 单独作用下［此时令 $X_i(s)=0$］，对应的系统输出 $X_{oN}(s)$ 为

$$X_{oN}(s)=\frac{G_2(s)}{1+G_1(s)G_2(s)H(s)}N(s)$$

将上述两个输出叠加，得到输入信号和干扰信号同时作用下的输出 $X_o(s)$

$$\begin{aligned}X_o(s)&=X_{oi}(s)+X_{oN}(s)\\&=\frac{G_1(s)G_2(s)}{1+G_1(s)G_2(s)H(s)}X_i(s)+\frac{G_2(s)}{1+G_1(s)G_2(s)H(s)}N(s)\\&=\frac{G_2(s)}{1+G_1(s)G_2(s)H(s)}[G_1(s)X_i(s)+N(s)]\end{aligned} \tag{3-49}$$

若设计成 $|G_1(s)H(s)|\gg1$，且 $|G_1(s)G_2(s)H(s)|\gg1$，则由以上干扰作用引起的输出为

$$\begin{aligned}X_{oN}(s)&=\frac{G_2(s)}{1+G_1(s)G_2(s)H(s)}N(s)\approx\frac{G_2(s)N(s)}{G_1(s)G_2(s)H(s)}\\&=\frac{1}{G_1(s)H(s)}N(s)=\delta N(s)\end{aligned}$$

由于 $|G_1(s)H(s)|\gg1$，因此，δ 值很小。$X_{oN}(s)$ 也是很小的。可见，闭环控制系统的优点之一是能使干扰引起的输出很小，也就是使干扰引起的误差很小。

若为开环控制系统，即 $H(s)=0$ 时，这时干扰信号 $N(s)$ 作用引起的输出为

$$X_{oN}(s)=G_2(s)N(s)$$

可以看出，$X_{oN}(s)$ 不是很小，即干扰信号对开环控制系统比闭环控制系统带来大得多的输出误差。

以上说明了系统中环节的串联、并联及反馈连接（包括干扰作用下的闭环控制系统）的框图及传递函数的求取方法。采用方框代表环节所组成的系统框图，具有明显的优点。可以清楚地看出信号的流向、环节间的联系关系，以及揭示和评价每一环节对系统的影响。若要通过框图求复杂系统的传递函数，必须对复杂系统的框图从复杂交织的状况等效变换成可运算的状况，下面介绍框图的等效变换。

3.4.3 框图的变换与简化

1. 方框图的等效变换法则

框图的变换是将比较点或引出点的位置，在等效原则上做适当的移动，消除回路间的交叉连接，且移动后输入和输出不发生变化，变换前后的框图是等效的。

秘诀 “加减前除”＋式（3-47）。

秘诀解读：

- 谐音“加减乘除”，对应含义为加减点前移则等效为除，后移则为乘。
- 引出点对应规则与加减点相反，即引出点前移等效为乘，后移则对应为除。
- 记忆式（3-47），注意加减符号与加减点上反馈通道对应的标注符号相反。

（1）加减点/比较点移动。图 3-39（a）所示为比较点前移的示例。显然，比较点移动后，被移动通路中必须串联 $G(s)$ 倒数的方框。图 3-39（b）所示是将 $G(s)$ 方框前的比较

点后移到 $G(s)$ 的输出端，因仍要保持各信号不变，故在被移动的通路上必须串联 $G(s)$ 的方框。

（2）引出点（信号由某一点分开）移动。图 3-39（c）所示为引出点前移的示例，将 $G(s)$ 方框输出端的引出点移动到 $G(s)$ 的输入端，仍要保持总的信号不变，则在被移动的通路上应该串入 $G(s)$ 的方框。图 3-39（d）所示为引出点后移的示例。显然，引出点后移必须在被移动的通路上串联 $G(s)$ 倒数的方框。

★请大家结合“加减前除”的秘诀对图 3-39 进行验证和记忆。

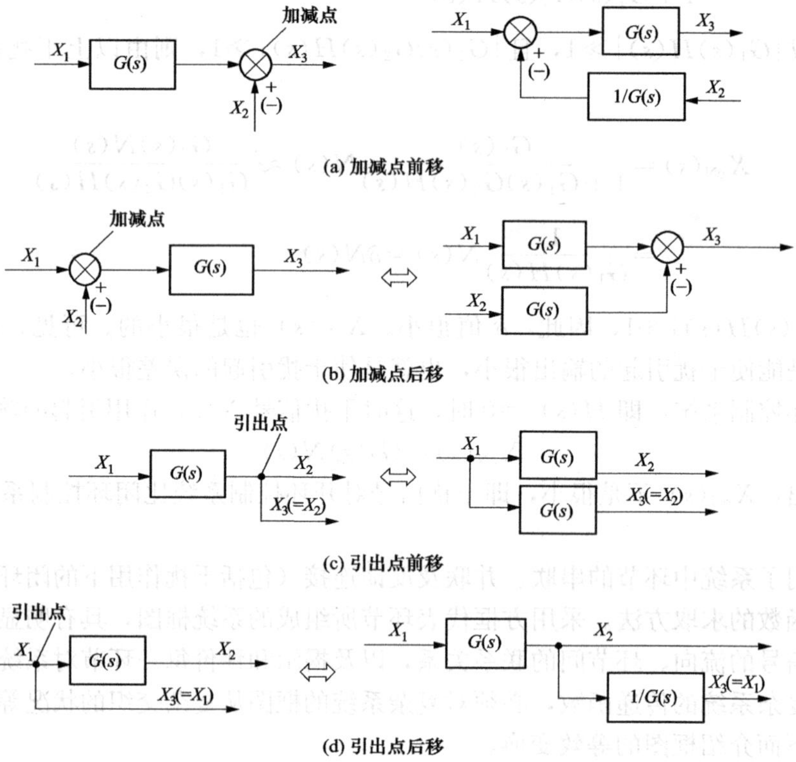

图 3-39 框图加减点与引出点的前后移变换

注意

由比较点进入和出去的信号，其量纲必须是相同的，否则就不能相加减。同样，由引出点分出的信号，其数值是相同的。

表 3-3 给出了框图等效变换的基本规则，供读者汇总查阅和进行统一的理解记忆。

表 3-3 框图等效变换汇总

变换方式	原框图	等效框图	等效运算关系
串联		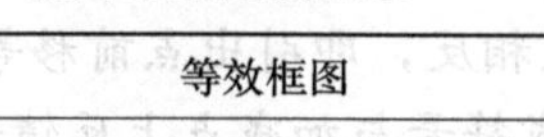	$C(s)=R(s)G_1(s)G_2(s)$

续表

变换方式	原框图	等效框图	等效运算关系
并联	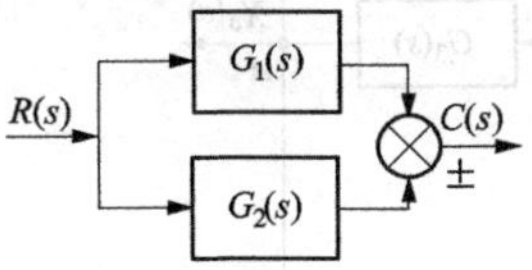	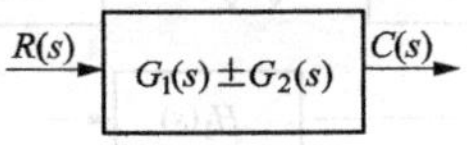	$C(s)=R(s)[G_1(s)\pm G_2(s)]$
反馈	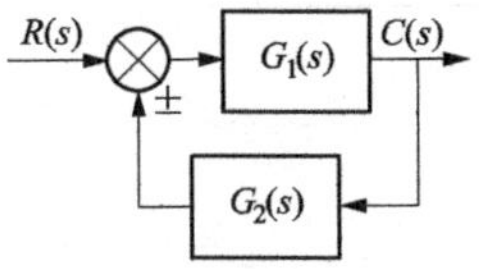	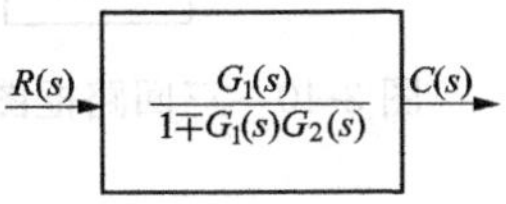	$C(s)=\dfrac{R(s)G_1(s)}{1\mp G_1(s)G_2(s)}$
加减点前移	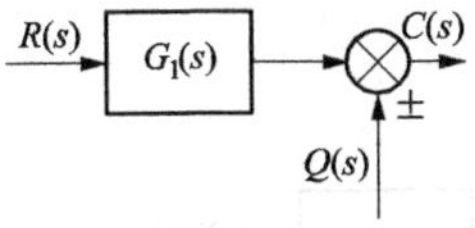	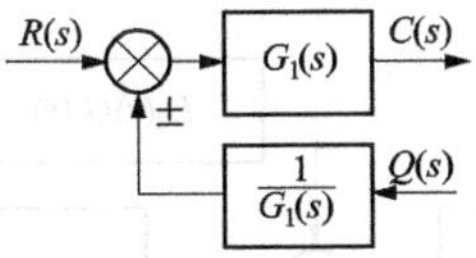	$C(s)=R(s)G_1(s)\pm Q(s)G_1(s)$ $=[R(s)\pm\dfrac{Q(s)}{G_1(s)}]G_1(s)$
加减点后移	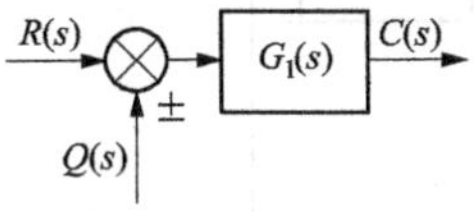	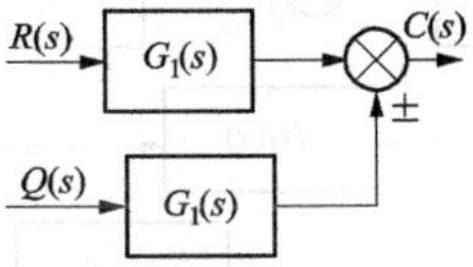	$C(s)=[R(s)\pm Q(s)]G_1(s)$ $=R(s)G_1(s)\pm Q(s)G_1(s)$
引出点前移	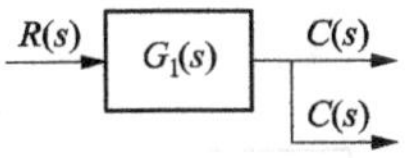	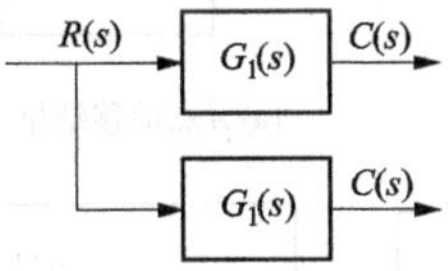	$C(s)=R(s)G_1(s)$
引出点后移	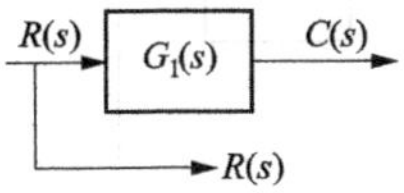	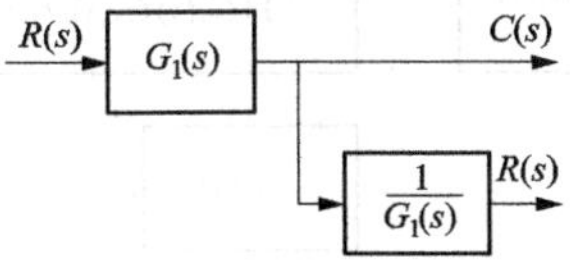	$C(s)=R(s)G_1(s)$ $R(s)=R(s)G_1(s)\dfrac{1}{G_1(s)}$
加减点与引出点之间移动	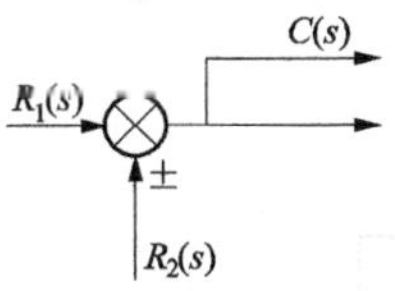	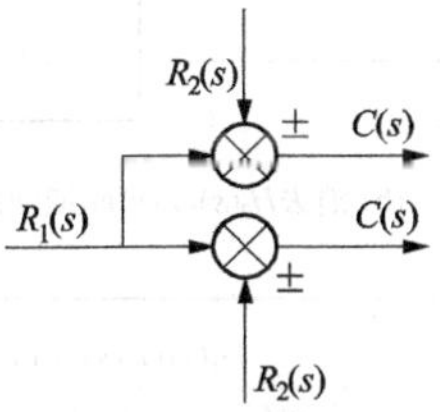	$C(s)=R_1(s)\pm R_2(s)$

2. 方框图的化简

框图的简化就是通过等效变换，将回路中的交叉连接消除，将复杂的框图化为较简单的框图，求出系统的传递函数。

【例 3-17】 图 3-40 所示为三环回路框图，试将其简化，并求出系统的传递函数。

解　(1) 将引出点 A 前移至 B 点，等效变换为如图 3-41 (a) 所示的结构。

(2) 消去 $H_2(s)G_3(s)$反馈回路，等效变换为如图 3-41 (b) 所示的结构。

(3) 消去 $H_1(s)$反馈回路，等效变换为如图 3-41 (c) 所示的结构。

(4) 消去 $H_3(s)$反馈回路，等效变换为如图 3-41 (d) 所示的结构。

最后得到系统的闭环传递函数为

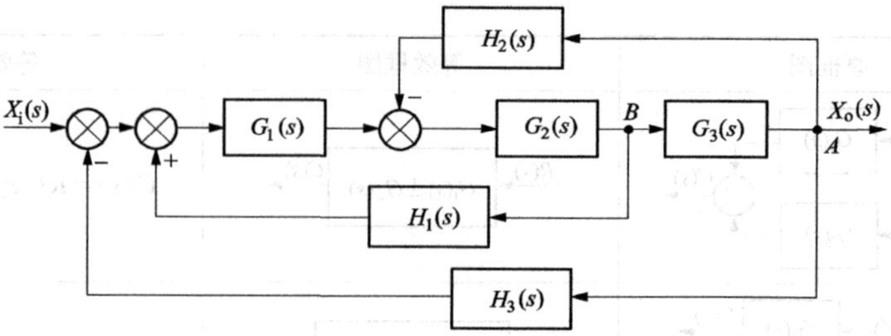

图 3-40 三回路框图

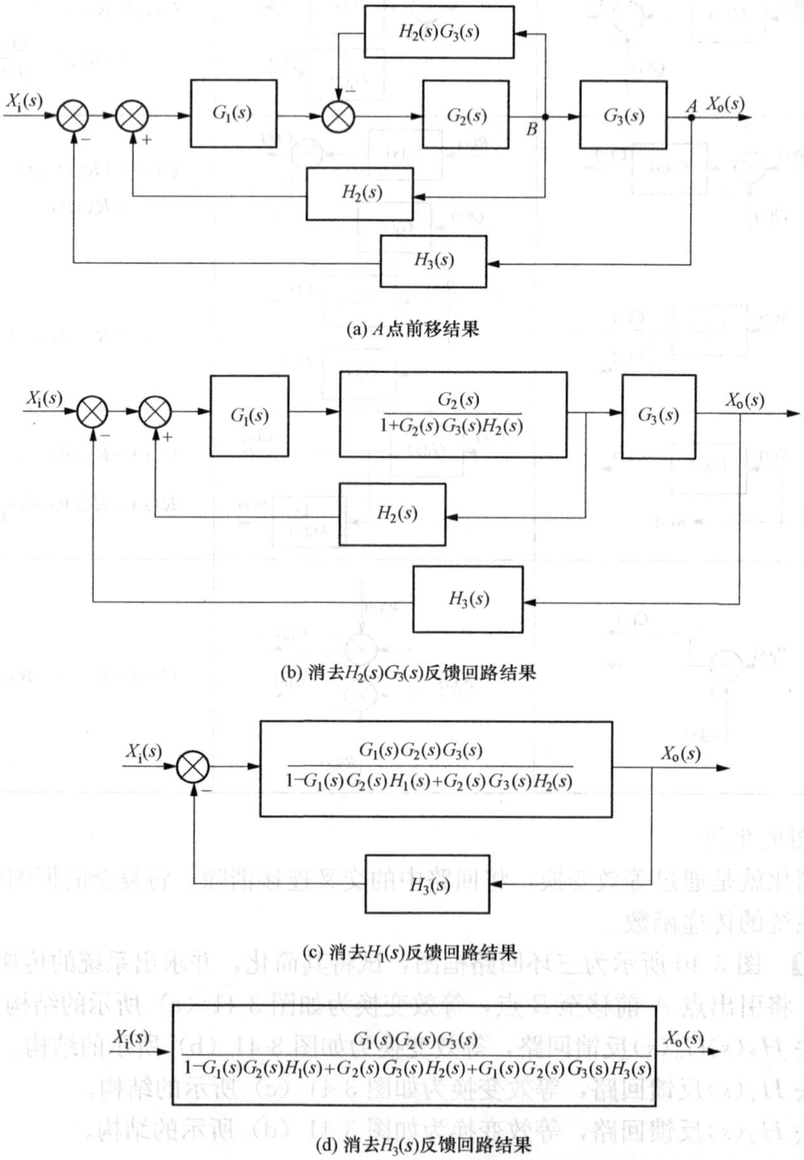

图 3-41 ［例 3-17］方框图化简求解过程

$$\Phi(s)=\frac{X_o(s)}{X_i(s)}=\frac{G_1(s)G_2(s)G_3(s)}{1-G_1(s)G_2(s)H_1(s)+G_2(s)G_3(s)H_2(s)+G_1(s)G_2(s)G_3(s)H_3(s)}$$

【课堂练习 3-9】 将图 3-41 中的引出点 B 后移到 A 点，推导系统闭环传递函数，观察结果是否一样。

3.4.4 带反馈传递函数的 MATLAB 表达与求取

★MATLAB 中的 feedback () 函数命令可将两个环节反馈连接后求其等效传递函数。

格式：sys=feedback(sys1,sys2,sign)

解读：环节 sys1 即 $G(s)$ 的所有输出均连接到环节 sys2 即 $H(s)$ 的输入，环节 sys2 的所有输出为反馈信号，sign 是反馈极性，sign 缺省时，默认为负反馈，即 sign=−1；单位正反馈时，sys2=1，不能省略。

【例 3-18】 图 3-42 所示为一个典型的带反馈环节框图，已知 $G(s)=\frac{5}{s^2+2s+3}$，$H(s)=1$，编程求出系统的闭环传递函数。

解

```
num1= [5];%定义前向通道传递函数分子系数
den1= [1,2,3];%定义前向通道传递函数分母系数
sys1= tf(num1,den1);%定义前向通道传递函数
sys= feedback(sys1,1) %求取闭环传递函数
```

求解结果如图 3-43 所示。

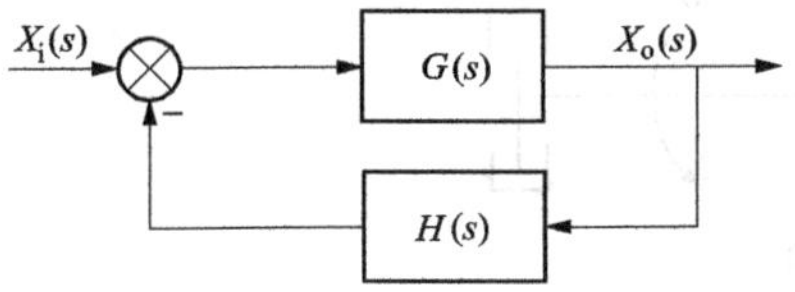

图 3-42　[例 3-18] 图

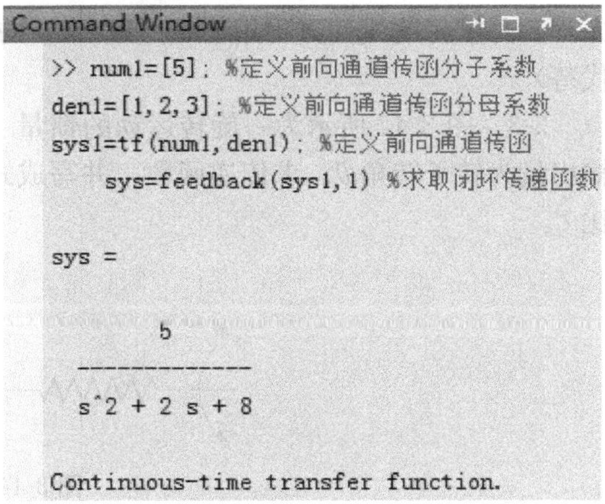

图 3-43　[例 3-18] 求解结果

【课堂练习 3-10】 图 3-42 中若 $H(s)=0.011\ 78$，求系统的闭环传递函数。

本 章 小 结

本章主要介绍了三个方面的内容：控制系统的几种数学模型（微分方程、传递函数、方框图）；传递函数的求取及 MATLAB 表达；反馈控制系统典型环节的传递函数。

（1）数学模型是描述系统输入、输出以及内部各变量之间关系的数学表达式，是对系统

进行理论分析研究的主要依据。

微分方程是系统的时域数学模型，正确理解和掌握系统工作过程、各元部件工作原理是建立系统微分方程的前提。

传递函数是在零初始条件下系统输出的拉氏变换和输入拉氏变换之比，是经典控制理论中重要的数学模型。熟练掌握和运用传递函数的概念，有助于我们分析和研究复杂系统。

方框图是用图形表示的数学模型，具有直观形象的特点，牢固掌握方框图的化简对求解闭环传递函数很重要。

计算机求解是新时代背景下的必备技能，应用MATLAB可实现对系统传递函数的快速求解，但MATLAB的传递函数表达及求解需建立在对相应知识点的掌握基础上。

(2) 求系统传递函数的方法：对微分方程进行拉氏变换法、方框图等效化简法。

(3) 控制系统的典型环节有比例环节、积分环节、微分环节、一阶惯性环节、一阶复合微分环节、二阶振荡环节、二阶复合微分环节和延时环节，一个控制系统可以由其中一个或多个环节组成。因此在研究系统时，首先研究典型环节的性能，对于进行复杂系统的分析和设计具有十分重要的意义。

习 题

3-1 对本章研究性课题进行求解，并整理写成求解报告，报告形式见附录A。

3-2 某一系统的数学模型为 $y=x^2$，试求其线性化方程；求当 x 在10附近时的线性化方程，并求将此线性方程用于 $x=11$ 时 y 的误差。(提示：线性化一般是用对应点的切线来代替)

3-3 图3-44所示为一旋转运动的惯量-阻尼-弹簧系统物理模型。若输入量为转矩 T，输出量为转子转角 θ。求传递函数，并写成式(3-39)的形式。求无阻尼固有频率 ω_n 及阻尼比 ζ。

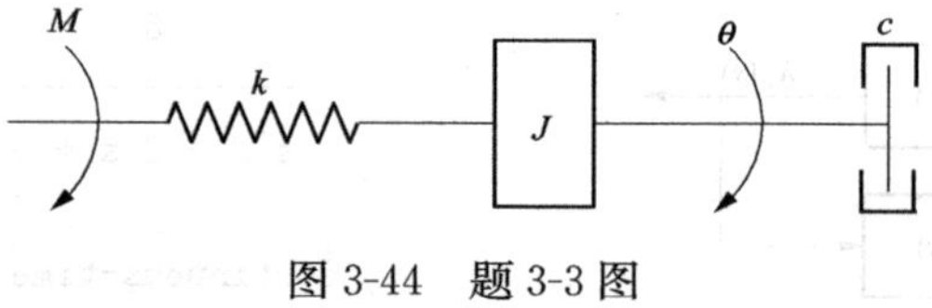

图3-44 题3-3图

3-4 求图3-45所示系统的传递函数。

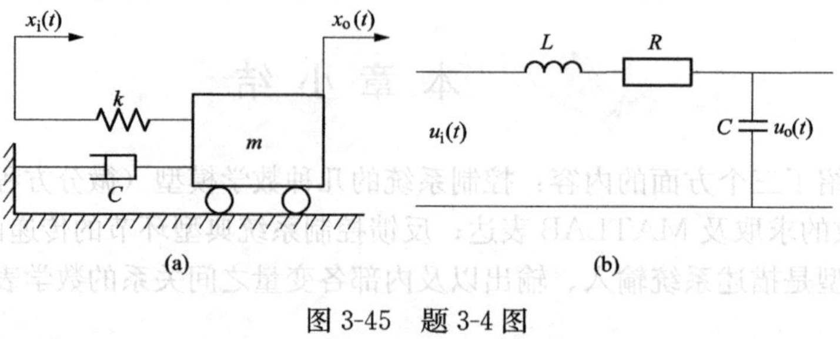

图3-45 题3-4图

3-5　证明图 3-46 中机械系统与电气系统是相似系统，即证明两者的传递函数具有相同的形式。

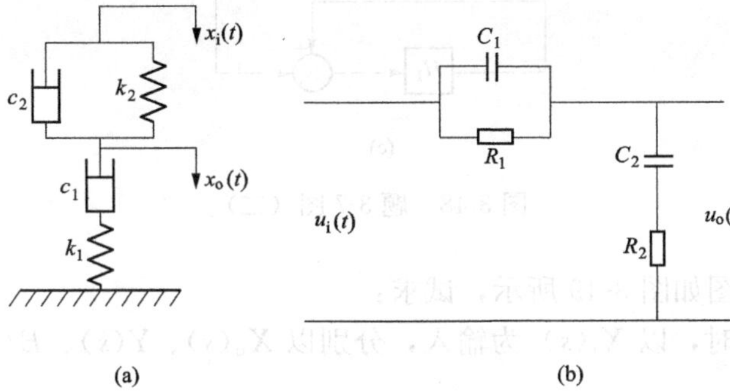

图 3-46　题 3-5 图

3-6　试分析图 3-47 中反馈环节 $H(s)=1$，前向通道传递函数 $G(s)$ 分别为惯性环节、微分环节、积分环节时系统的闭环传递函数是什么？

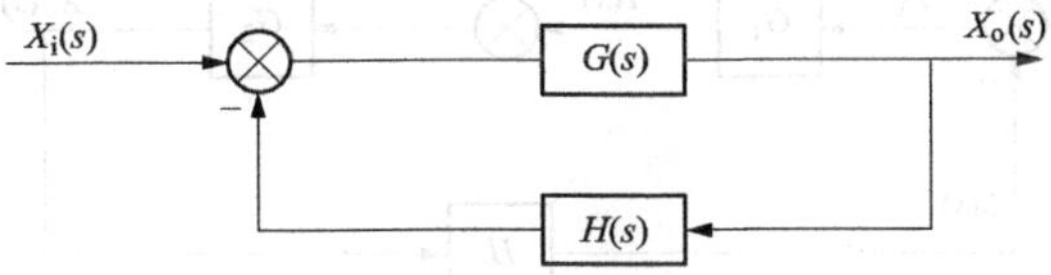

图 3-47　题 3-6 图

3-7　简化图 3-48 的方框图，并求系统的传递函数。

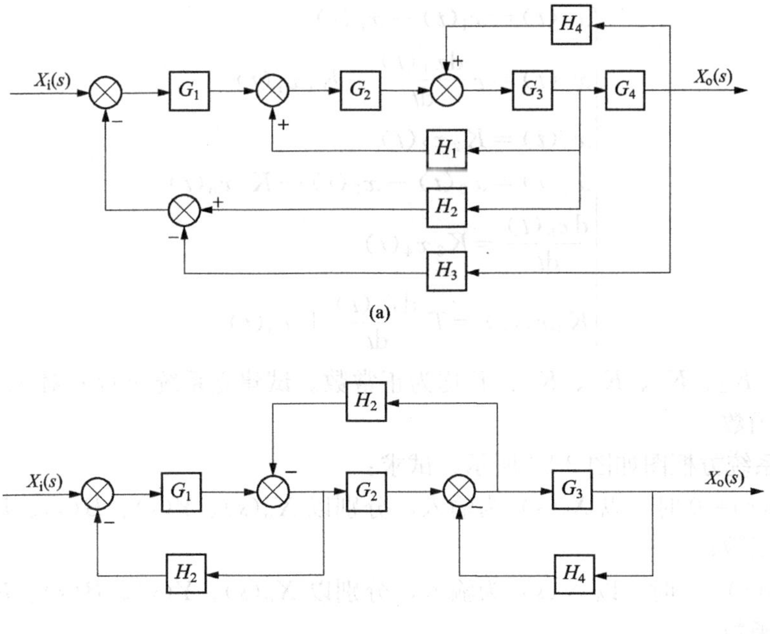

图 3-48　题 3-7 图（一）

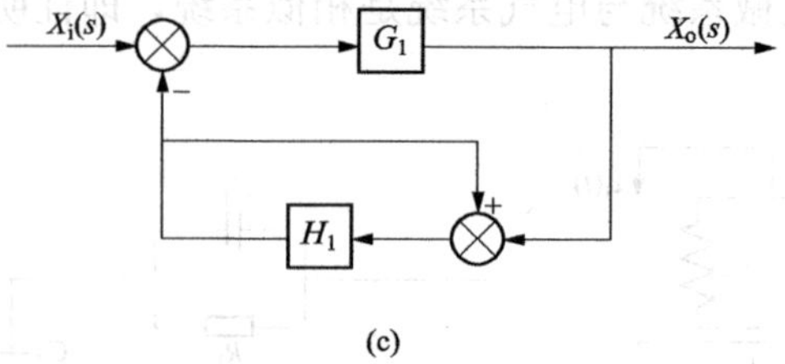

图 3-48 题 3-7 图（二）

3-8 若系统方框图如图 3-49 所示，试求：

（1）当 $N(s)=0$ 时，以 $X_i(s)$ 为输入，分别以 $X_o(s)$、$Y(s)$、$B(s)$、$E(s)$ 为输出的系统闭环传递函数；

（2）当 $X_i(s)=0$ 时，以 $N(s)$ 为输入，分别以 $X_o(s)$、$Y(s)$、$B(s)$、$E(s)$ 为输出的系统闭环传递函数。

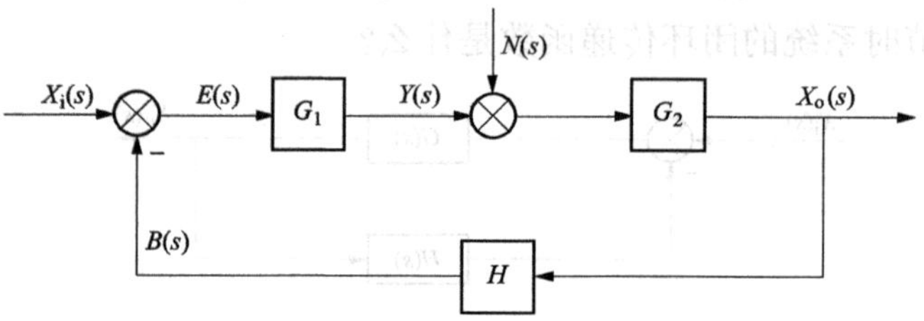

图 3-49 题 3-8 图

3-9 系统的微分方程组如下：

$$\begin{cases} x_1(t)=x_i(t)-x_o(t) \\ x_2(t)=\tau\dfrac{\mathrm{d}x_1(t)}{\mathrm{d}t}+K_1x_1(t) \\ x_3(t)=K_2x_2(t) \\ x_4(t)=x_3(t)-x_5(t)-K_5x_o(t) \\ \dfrac{\mathrm{d}x_5(t)}{\mathrm{d}t}=K_3x_4(t) \\ K_4x_5(t)=T\dfrac{\mathrm{d}x_o(t)}{\mathrm{d}t}+x_o(t) \end{cases}$$

其中，τ、K_1、K_2、K_3、K_4、K_5、T 均为正常数。试建立系统 $x_i(t)$ 对 $x_o(t)$ 的方框图，并求系统传递函数。

3-10 若系统方框图如图 3-50 所示，试求：

（1）当 $N(s)=0$ 时，以 $X_i(s)$ 为输入，分别以 $X_o(s)$、$Y(s)$、$B(s)$、$E(s)$ 为输出的系统闭环传递函数；

（2）当 $X_i(s)=0$ 时，以 $N(s)$ 为输入，分别以 $X_o(s)$、$Y(s)$、$B(s)$、$E(s)$ 为输出的系统闭环传递函数。

3-11 系统的微分方程组如下：

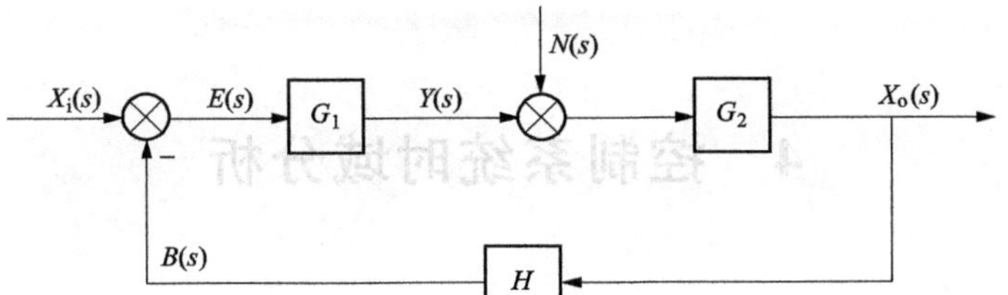

图 3-50　题 3-10 图

$$x_1(t)=r(t)-c(t)$$

$$x_2(t)=\tau\frac{\mathrm{d}x_1(t)}{\mathrm{d}t}+K_1x_1(t)$$

$$x_3(t)=K_2x_2(t)$$

$$x_4(t)=x_3(t)-x_5(t)-K_5c(t)$$

$$\frac{\mathrm{d}x_5(t)}{\mathrm{d}t}=K_3x_4(t)$$

$$K_4x_5(t)=T\frac{\mathrm{d}c(t)}{\mathrm{d}t}+c(t)$$

其中，τ、K_1、K_2、K_3、K_4、K_5、T 均为正常数。试建立系统 $r(t)$对 $c(t)$的方框图，并求系统传递函数。

授课视频

4 控制系统时域分析

对于一个实际的控制系统，建立数学模型之后就可以采用适当的方法对其性能进行全面的分析和计算。线性定常系统常用的工程方法有时域分析法、频率法和根轨迹法。本章只讨论时域分析法。

时域分析方法是一种直接分析方法，它是根据所描述系统的微分方程，以拉普拉斯变换为数学工具，直接解出系统的时间响应，然后根据响应的表达式及其描述曲线来分析系统的性能，诸如稳定性、快速性、稳态精度等。

基于本章的研究性课题

（1）Ⅱ型以下系统在不同输入信号下的误差分析：单位负反馈系统开环传递函数为 $\dfrac{36}{s^2+1.2s}$，编程求单位阶跃信号作用下系统的时域响应，并求取其稳态误差（需程序求误差，再与公式验证）。

（2）二阶欠阻尼系统阻尼变化对系统响应时间的影响分析：已知弹簧质量块阻尼系统 $k=1000$，$m=10$，当 $D=20:20:180$ 时，编程求系统阻尼比，以及单位阶跃信号作用下5%和2%误差的系统调节时间，并用公式进行验证。

4.1 时间响应及系统的输入信号

4.1.1 时间响应的概念

机械工程系统在外加作用的激励下，其输出量随时间变化的函数关系称为系统的时间响应，通过时间响应的分析可揭示系统本身的动态特性。时间响应由瞬态响应和稳态响应两部分组成。

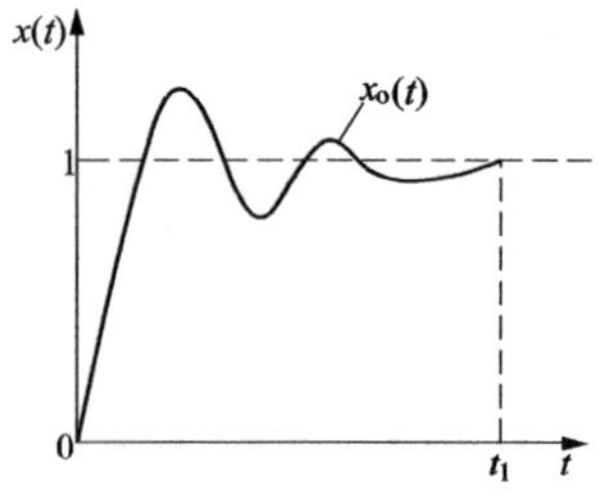

图 4-1 单位阶跃信号作用下的时间响应

瞬态响应是指在某外加激励作用下，系统的输出量从初始状态到稳定状态的响应过程；稳态响应是指时间 $t\to\infty$ 时，系统的输出稳定状态。如图 4-1 所示，当系统在单位阶跃信号激励下，$0\sim t_1$ 时间内的响应过程称为瞬态响应；当 $t>t_1$ 时，则系统趋于稳定，称为稳态响应。因为实际的物理系统总是包含一些储能元件，如质量、弹簧、电感、电容等元件，所以当输入信号作用于系统时，系统的输出量不能立刻随输入量变化，而是在系统达到稳态之前表现为瞬态响应过程。

下面通过线性系统微分方程的解进一步全面深入地理解时间响应的概念。由高等数学的知识可知，初始条件及输入信号产生的时间响应是微分方程的全解。此时微分方程为非齐次微分方程，其全解包含齐次通解和特解两部分。齐次通解由非齐次微分方程的齐次式求得（即等式右边的项取为零——输入为零），齐次通解完全由初始条件

（储存的初始能量，如机械系统弹簧的初始拉伸与压缩、电气系统中的电容上有初始电压等）引起的，它是一个瞬态过程，工程上称为自然响应，如机械振动中的自由振动。特解只由输入决定，是系统由输入引起的输出（响应），工程上称为强迫响应，如机械振动中的强迫振动。

4.1.2 系统的输入信号

研究系统的动态特性，就是研究系统在输入信号作用下，输出量是怎样按输入量的作用而变化的，即系统对输入如何产生响应。

如果把任何一种输入作用下的响应都加以研究，显然太复杂也没有必要。实际上，系统的输入信号往往具有随机的性质，无法预先知道在某一瞬间具体的输入形式是什么，并且输入量往往也不可能用解析的方法准确地表示出来。

在分析和设计系统时，需要有一个对各种系统性能进行比较的基础，就是预先规定一些具有特殊形式的试验信号作为系统的输入，然后比较各种系统对这些输入信号的响应。选取试验信号时必须考虑下列原则：

（1）选取的输入信号应反映系统工作的大部分实际情况。

（2）所选输入信号的形式应尽可能简单，便于用数学表达式分析处理。

（3）应选取那些使系统工作在最不利情况下的输入信号作为典型试验信号。

经常采用的试验输入信号有阶跃信号、斜坡信号（速度信号）、抛物线信号、脉冲信号和正弦信号。

1. 阶跃信号

阶跃信号是指输入变量有一个突然的定量变化，数学表达式为

$$x_i(t)=\begin{cases}0 & t<0\\ a\ (a\ 为常数) & t\geqslant 0\end{cases} \tag{4-1}$$

定量变化幅值高度等于 1 个单位时，称为单位阶跃信号，用 $1(t)$ 表示，如图 4-2（a）所示。单位阶跃信号的拉氏变换为

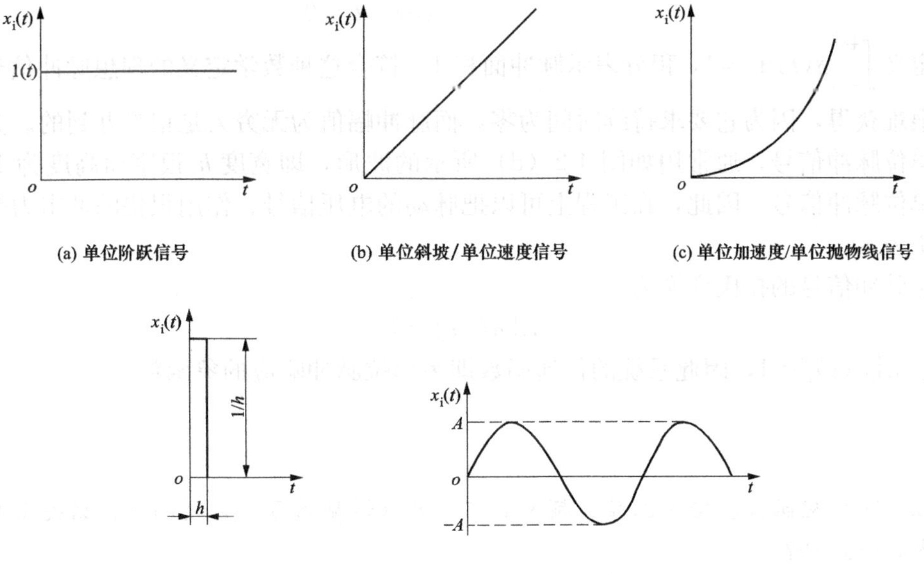

(a) 单位阶跃信号　(b) 单位斜坡/单位速度信号　(c) 单位加速度/单位抛物线信号

(d) 单位脉冲信号　(e) 正弦信号

图 4-2　典型输入信号

$$L[1(t)]=\frac{1}{s} \tag{4-2}$$

指令的突然转换、电源的突然接通、负荷的突变等，均可视为阶跃信号作用，阶跃信号是评价系统动态性能时应用较多的一种典型输入信号。

2. 斜坡信号/速度信号

斜坡信号的输入变量是等速变化的。变化斜率等于 1 时称为单位斜坡信号（单位速度信号），如图 4-2（b）所示，用 $t\cdot 1(t)$ 表示

$$t\cdot 1(t)=\begin{cases}0 & t<0\\ t & t\geqslant 0\end{cases} \tag{4-3}$$

单位斜坡信号的拉氏变换为

$$L[t\cdot 1(t)]=\frac{1}{s^2} \tag{4-4}$$

3. 加速度信号（抛物线信号）

输入信号是等加速变化的，如图 4-2（c）所示，如果数学表达式为

$$x_i(t)=\begin{cases}0 & t<0\\ 0.5t^2 & t\geqslant 0\end{cases} \tag{4-5}$$

称式（4-5）表述的信号为单位加速度信号，单位加速度信号的拉氏变换为

$$L\left(\frac{1}{2}t^2\right)=\frac{1}{s^3} \tag{4-6}$$

单位速度信号和单位加速度信号在随动系统中是常见的。经常利用这类信号研究系统的稳态精度。

4. 单位脉冲信号

脉冲信号用 $\delta(t)$ 表示，其数学表达式为

$$x_i(t)=\delta(t)=\begin{cases}0 & t\neq 0\\ \infty & t=0\end{cases} \tag{4-7}$$

且定义 $\int_{-\infty}^{+\infty}\delta(t)\mathrm{d}t=1$，积分表示脉冲面积 1。符合这种数学定义的理想脉冲信号在工程实践中很难获得，因为它要求持续时间为零，而脉冲幅值为无穷大是很难办到的。为了尽量接近于单位脉冲信号，通常用如图 4-2（d）所示的波形，即宽度 h 很窄而高度为 $1/h$ 的信号作为单位脉冲信号。因此，在工程上可以把脉动的电压信号、作用很快的冲击力等，用脉冲信号来表示。

单位脉冲信号的拉氏变换为

$$L[\delta(t)]=1 \tag{4-8}$$

由于 $L[\delta(t)]=1$，因此系统的传递函数即为单位脉冲响应的象函数。

思考

单位脉冲响应函数、传递函数、频率响应函数（详见第 5 章）之间有什么关系？所描述的本质内涵一致吗？

5. 正弦信号

正弦信号如图 4-2（e）所示，用 $A\sin\omega t$ 表示，其中，A 为振幅，ω 为角频率。正弦信

号的拉氏变换为

$$L(A\sin\omega t)=A\frac{\omega}{s^2+\omega^2} \tag{4-9}$$

实际系统工作过程中，这种现象很多，如回转不平衡的作用力、随时间变化的往复运动及机械振动等，均是正弦信号作用。在系统或元件做动态性能试验时广泛采用正弦信号。以上所述输入信号是按时间变化规律来划分的，实际使用时它们可以是不同的物理量，例如温度、电压、电流、转角、转速、压力等。

选择哪种函数作为输入信号，应视不同系统的具体工作状况而定。例如，如果控制系统的输入量是随时间逐渐变化的函数，像机床、雷达天线、火炮、控温装置等，选择斜坡信号作为输入信号较为适合；如果控制系统的输入量是冲击量，像导弹发射，选择脉冲信号较为适合；如果控制系统的输入量是随时间周期性变化的，像机床振动，选择正弦信号较为适合；如果控制系统的输入量是突然变化的，像开合电源，选择阶跃信号较为适合。

注意

控制系统的时域性能指标通常是以阶跃信号作为输入信号来定义的。

4.2 一阶系统的时间响应

4.2.1 一阶系统的数学模型

由一阶微分方程描述的系统称为一阶系统。图 4-3 所示为一个典型的一阶系统，其传递函数为

$$\frac{X_o(s)}{X_i(s)}=\frac{\frac{K}{s}}{1+\frac{K}{s}}=\frac{1}{\frac{1}{K}s+1} \tag{4-10}$$

为了分析方便，化成如下典型环节的形式：

$$\frac{X_o(s)}{X_i(s)}=\frac{1}{Ts+1} \tag{4-11}$$

式中：T 为时间常数，具有时间单位 s 的量纲。

对于不同的系统，T 由不同的物理量组成。如图 4-3 所示的系统，$T=1/K$。把工程中各种不同功能的一阶系统用式（4-11）的数学模型来概括，可以将组成系统的元件参数集中表现在 T 这个参数里，便于分析和比较。一阶系统的典型形式是惯性环节，T 是表征系统惯性的一个主要参数。

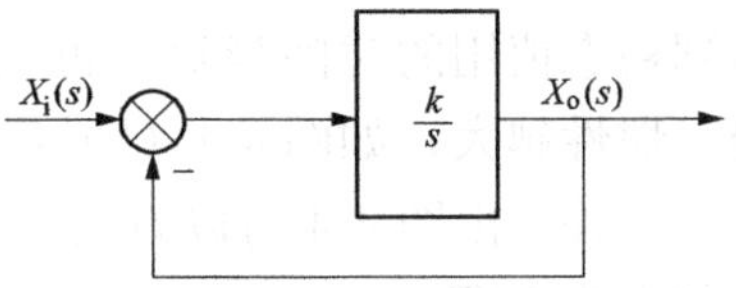

图 4-3 典型一阶系统

4.2.2 一阶系统的单位阶跃响应

按传递函数的定义，系统输出量的拉氏变换等于系统传递函数与输入量拉氏变换的乘积。

$$X_o(s)=\frac{1}{Ts+1}X_i(s)=\frac{1}{Ts+1}\frac{1}{s}$$

取 $X_o(s)$ 的拉氏反变换，可得一阶系统在单位阶跃输入信号下的时间响应（又称单位阶跃响应）为

$$x_o(t)=L^{-1}\left(\frac{1}{Ts+1}\frac{1}{s}\right)=L^{-1}\left(\frac{1}{s}-\frac{1}{s+\frac{1}{T}}\right)$$

即

$$x_o(t)=1-e^{-\frac{1}{T}t} \quad t\geqslant 0 \tag{4-12}$$

式（4-12）等号右边第一项是单位阶跃响应的稳态分量，它等于单位阶跃信号的幅值；第二项是瞬态分量，当 $t\to\infty$ 时，瞬态分量趋于零。$x_o(t)$ 随时间 t 变化的曲线如图 4-4（a）所示，是一条按指数规律单调上升的曲线。这一指数曲线在 $t=0$ 时的切线斜率为

$$\frac{dx_o(t)}{dt}\bigg|_{t=0}=\frac{1}{T}e^{-\frac{1}{T}t}\bigg|_{t=0}=\frac{1}{T}$$

这是一阶系统单位阶跃响应曲线的一个特点。根据这一点，我们可以在参数未知的情况下，由一阶系统的单位阶跃响应实验曲线来确定系统的时间常数 T。

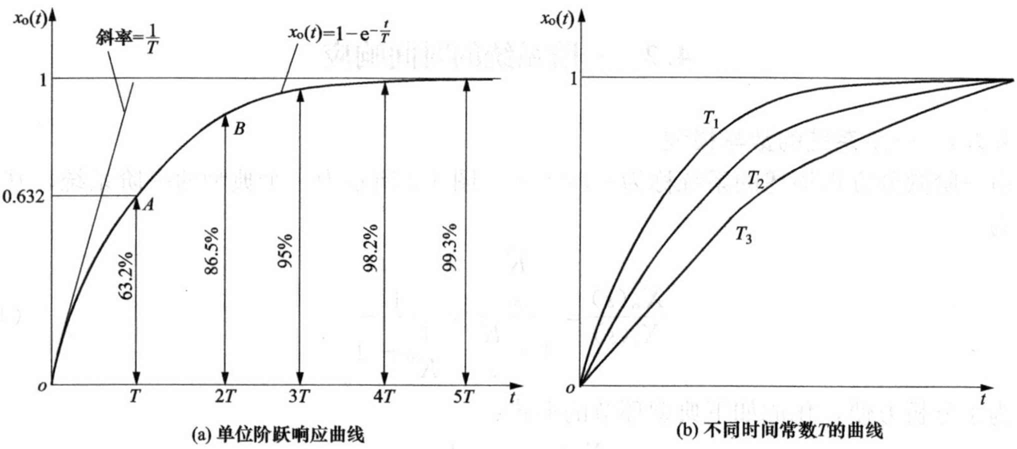

图 4-4 典型一阶系统的单位阶跃响应曲线

（1）时间常数 T。由式（4-12）可以看出，时间常数 T 越小，$x_o(t)$ 上升速度越快，达到稳态值用的时间越短，也就是系统惯性越小；反之，T 越大，系统对信号的响应越缓慢，惯性越大，如图 4-4（b）所示。时间常数 T 的大小反映了一阶系统惯性的大小。

此外，由图 4-4 可以看出，一阶系统总是稳定的，无振荡。在 $t=0$ 处，响应曲线的切线斜率为 $1/T$。

（2）调整时间 t_s。从响应开始到进入稳态所经过的时间称为调整时间（或过渡过程时间）。理论上讲，系统结束瞬态过程进入稳态，要求 $t\to\infty$。而在工程实际中，$t\to\infty$ 要有一个量的概念。输出量达到什么值就算瞬态过程结束了呢？这与系统要求的精度有关。如果系统允许有 2%（或 5%）的误差，那么当输出值达到稳定值的 98%（或 95%）时，就认为系统瞬态过程结束。由式（4-12）可以求得，当 $t=4T$ 时，响应值 $x_o(4T)=0.982$；当 $t=3T$ 时，$x_o(4T)=0.95$。因此，调整时间 t_s 的值为

$$\begin{cases} t_s = 4T\ (\text{误差范围 }2\%\text{ 时}) \\ t_s = 3T\ (\text{误差范围 }5\%\text{ 时}) \end{cases} \tag{4-13}$$

用 t_s 的大小作为评价系统响应快慢的指标。应当指出，调整时间只反映系统的特性，与输入输出无关。

通常希望系统响应速度越快越好，调整构成系统的元件参数，减小 T 值，可以提高系统响应的快速性。

【例 4-1】 两个时间常数 T 值不同的惯性环节串联在一起，求其单位阶跃响应。已知两环节串联的传递函数为

$$\frac{X_o(s)}{X_i(s)} = \frac{1}{10s+1}\,\frac{1}{s+1}$$

解 由串联以后的传递函数可以看出两个环节 T 值不同，$T_1=10$，$T_2=1$。将系统传递函数的两个极点标在［s］复平面上，得到该系统的极点分布图，如图 4-5（a）所示。其中，$s_1=-\dfrac{1}{T_1}=-0.1$，$s_2=-\dfrac{1}{T_2}=-1$。由图 4-5（a）可以看出，在复平面上，s_1 更靠近虚轴一些，而 s_1 正是时间常数较大的环节的极点。

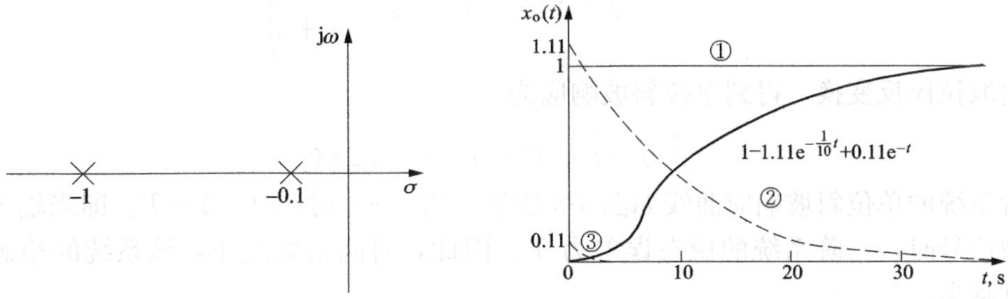

(a) 极点分布　　(b) 单位阶跃响应

图 4-5 ［例 4-1］图

对系统输入单位阶跃信号，即 $X_i(s)=\dfrac{1}{s}$，单位阶跃响应的拉氏变换为

$$X_o(s) = \frac{1}{10s+1}\,\frac{1}{s+1}\,\frac{1}{s}$$

将其分解成简单因式之和的形式为

$$X_o(s) = \frac{A}{10s+1} + \frac{B}{s+1} + \frac{C}{s}$$

其中，A、B、C 为待定系数，用拉氏反变换方法求出待定系数 $A=-\dfrac{1}{0.09}$，$B=\dfrac{1}{9}$，$C=1$，并将它们代入上式得

$$X_o(s) = -\frac{1}{0.09}\left(\frac{1}{10s+1}\right) + \frac{1}{9}\,\frac{1}{s+1} + \frac{1}{s}$$

取拉氏反变换得系统的时间响应

$$x_o(t) = -\frac{1}{0.9}e^{-\frac{1}{10}t} + \frac{1}{9}e^{-t} + 1$$

即

$$x_o(t)=1-1.11e^{-\frac{1}{10}t}+0.11e^{-t} \tag{4-14}$$

系统的响应曲线 $x_o(t)$ 如图 4-5（b）所示，图中曲线①、②、③分别对应于式（4-14）等号右边的三项。

由响应曲线可以看出，整个系统的瞬态响应取决于时间常数 T 值大的环节，T 值小的环节对系统瞬态响应的影响很小。从极点分布来看，靠近虚轴的极点在系统瞬态响应中起主导作用，离虚轴较远的极点，其影响则很小。在［例 4-1］中，可以忽略 $s_2=-1$ 的影响，近似地看成只有环节 $\frac{1}{10s+1}$ 的作用，近似后的单位阶跃响应为

$$x_o(t)=1-e^{-\frac{1}{10}t}$$

与式（4-14）所得的结果比较，相差很小。

4.2.3 一阶系统的单位斜坡响应

单位斜坡输入信号 $x_i(t)=t$ 的象函数为 $X_i(s)=\frac{1}{s^2}$，其响应的拉氏变换为

$$X_o(s)=\frac{1}{Ts+1}\frac{1}{s^2}=\frac{1}{s^2}-\frac{T}{s}+\frac{T}{s+\frac{1}{T}}$$

两边取拉氏反变换，得到单位斜坡响应为

$$x_o(t)=t-T+Te^{-\frac{1}{T}t} \quad t\geqslant 0 \tag{4-15}$$

一阶系统的单位斜坡响应曲线如图 4-6 所示。当 $t\to\infty$ 时，$e(\infty)=T$。即当输入信号为单位斜坡信号时，一阶系统的稳态误差为 T。因此，时间常数越小，该系统的稳态误差越小，精度越高。

4.2.4 一阶系统的单位脉冲响应

输入单位脉冲信号时，输入量的拉氏变换 $X_i(s)=1$，其响应的拉氏变换为

$$X_o(s)=\frac{1}{Ts+1}\times 1=\frac{1}{Ts+1}$$

两边取拉氏反变换，得到脉冲时间响应为

$$x_o(t)=\frac{1}{T}e^{-\frac{1}{T}t} \quad t\geqslant 0 \tag{4-16}$$

单位脉冲响应曲线如图 4-7 所示。

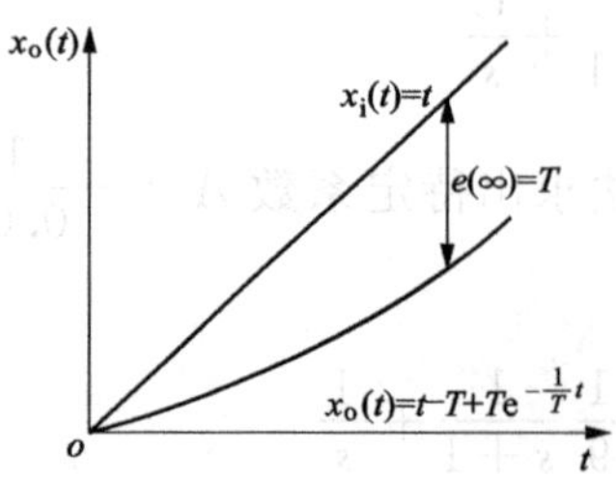

图 4-6　一阶系统的单位斜坡响应曲线

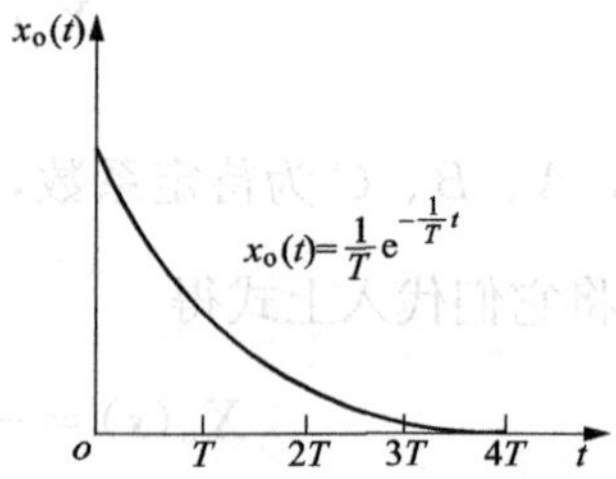

图 4-7　一阶系统的单位脉冲响应曲线

由上述时间响应的结果可以看出，瞬态响应的特性反映系统本身的特性，时间常数大的系

统，其响应速度比时间常数小的系统慢。不管用哪种信号输入，都有这种规律。输入试验信号是为了识别系统的特性，而系统的特性只取决于组成系统的参数，不取决于外作用的形式。

4.2.5 响应之间的关系

根据一阶系统的时间响应分析，将几种典型输入信号的时间响应列入表 4-1。由表 4-1 可以看出，输入信号之间有依次微分（或积分）的关系：

$$\delta(t)=\frac{\mathrm{d}}{\mathrm{d}t}[1(t)]=\frac{\mathrm{d}^2}{\mathrm{d}t^2}[t\cdot 1(t)]=\frac{\mathrm{d}^2}{\mathrm{d}t^2}\left(\frac{1}{2}t^2\right)$$

它们所对应的时间响应之间，也依次有相应的微分（或积分）关系。这种对应的关系表明，系统对某输入信号导数（或积分）的响应，就等于系统对该信号响应的导数（或积分，积分常数由零阶输出初始条件确定）。这个特性不仅适用于一阶线性定常系统，而且适用于任意阶线性定常系统。利用这一特点，在测试系统时，可由一种信号输入推断出几种相应信号的响应结果。而线性时变系统和非线性系统都不具备这种特性。

表 4-1 各输入信号与对应的响应

$x_i(t)$	$x_o(t)$
$\delta(t)$	$\frac{1}{T}e^{-\frac{1}{T}}$
$1(t)$	$1-\frac{1}{T}e^{-\frac{1}{T}}$
t	$t-T+\frac{1}{T}e^{-\frac{1}{T}}$
$\frac{1}{2}t^2$	$\frac{1}{2}t^2-Tt+T^2-T^2e^{-\frac{t}{T}}$

4.3 二阶系统的时间响应

由二阶微分方程描述的系统，称为二阶系统。从物理意义上讲，二阶系统起码包含两个储能元件，能量在两个元件之间交换，可能引起系统往复的振荡。此外，许多高阶系统在一定条件下常常近似地作为二阶系统来研究，因此，详细讨论和分析二阶系统的特性，具有重要意义。

4.3.1 典型二阶系统的数学模型

图 4-8 所示为一个典型的二阶系统，其传递函数可表示为

$$\frac{X_o(s)}{X_i(s)}=\frac{\omega_n^2}{s^2+2\zeta\omega_n s+\omega_n^2} \tag{4-17}$$

式中：ω_n为无阻尼固有频率；ζ为系统的阻尼比。

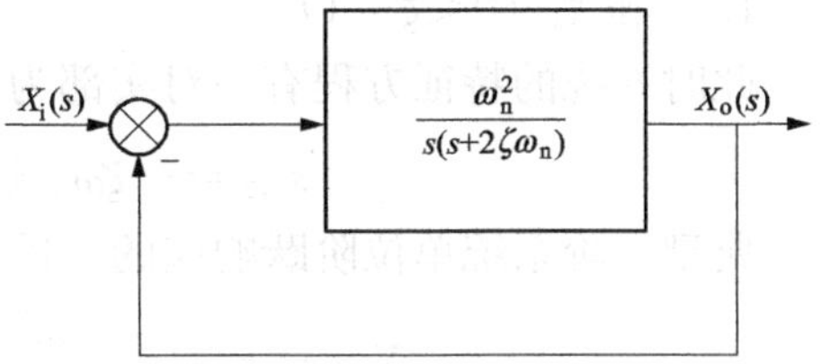

图 4-8 典型二阶系统

工程中的二阶系统都可以化成式（4-17）的形式，不同系统的 ζ 和 ω_n 值，取决于各系统的元件参数。令式（4-17）传递函数的分母等于零，即得到二阶系统的特征方程为

$$s^2+2\zeta\omega_n s+\omega_n^2=0 \tag{4-18}$$

方程的特征根就是系统的极点，即

$$s_{1,2}=-\zeta\omega_n\pm\omega_n\sqrt{\zeta^2-1} \tag{4-19}$$

当$0<\zeta<1$时，称为欠阻尼状态，方程有一对实部为负的共轭复根，$s_{1,2}=-\zeta\omega_n\pm j\omega_n\sqrt{\zeta^2-1}$，令$\omega_d=\omega_n\sqrt{1-\zeta^2}$，将极点标在［s］复平面上，如图4-9（a）所示。欠阻尼情况下系统的时间响应具有振荡特性。

当$\zeta=1$时，系统有一对相等的负实根，$s_{1,2}=-\zeta\omega_n$，如图4-9（b）所示，这种情况称为临界阻尼状态。

当$\zeta>1$时，称为过阻尼状态，系统有两个不等的负实根，$s_{1,2}=-\zeta\omega_n\pm\omega_n\sqrt{\zeta^2-1}$，如图4-9（c）所示。临界阻尼和过阻尼状态下，系统的响应均无振荡。

当$\zeta=0$时，称为零阻尼状态，系统有一对纯虚根，$s_{1,2}=\pm j\omega_n$，如图4-9（d）所示，此时系统的时间响应为持续的等幅振荡。

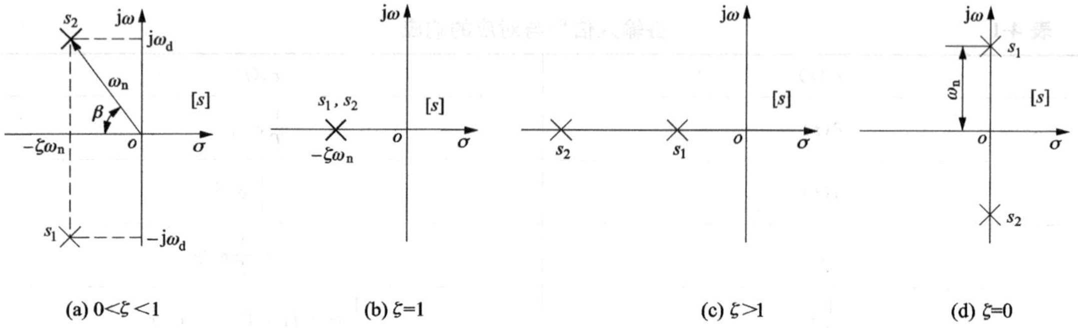

图4-9 ［s］平面上二阶系统的极点分布

二阶系统的响应特性完全由ζ和ω_n这两个特征量描述，所以说ζ和ω_n是二阶系统的重要结构参数。

4.3.2 二阶系统的单位阶跃响应

下面分别讨论二阶系统不同阻尼比时的单位阶跃响应。单位阶跃输入信号的拉氏变换为$X_i(s)=1/s$，其响应的拉氏变换为

$$X_o(s)=\frac{\omega_n^2}{s(s^2+2\zeta\omega_n s+\omega_n^2)} \tag{4-20}$$

1. 欠阻尼（$0<\zeta<1$）

此时系统的特征方程有一对实部为负的共轭复根

$$s_{1,2}=-\zeta\omega_n\pm j\omega_n\sqrt{1-\zeta^2}=-\zeta\omega_n\pm j\omega_d$$

典型二阶系统单位阶跃响应的拉氏变换为

$$X_o(s)=\frac{\omega_n^2}{s^2+2\zeta\omega_n s+\omega_n^2}\frac{1}{s}=\frac{\omega_n^2}{(s-s_1)(s-s_2)}\frac{1}{s} \tag{4-21}$$

将式（4-21）展成部分分式

$$X_o(s)=\frac{a}{s}+\frac{b_1 s+b_2}{(s+\zeta\omega_n-j\omega_d)(s+\zeta\omega_n+j\omega_d)} \tag{4-22}$$

求得待定系数$a=1$，$b_1=-1$，$b_2=-2\zeta\omega_n$，并代入式（4-22），取$X_o(s)$的拉氏反变

换，得欠阻尼二阶系统的单位阶跃响应为

$$x_o(t)=1-e^{-\zeta\omega_n t}\left(\cos\omega_d t+\frac{\zeta}{\sqrt{1-\zeta^2}}\sin\omega_d t\right) \quad t\geqslant 0 \tag{4-23}$$

或写成

$$x_o(t)=1-\frac{e^{-\zeta\omega_n t}}{\sqrt{1-\zeta^2}}\sin(\omega_d t+\beta) \quad t\geqslant 0 \tag{4-24}$$

其中，$\beta=\arctan\left(\frac{\sqrt{1-\zeta^2}}{\zeta}\right)=\arccos\zeta$，此处可令 $\zeta=\cos\alpha$，代入求解，得 α 其实即为所求的角 β。

β 是系统的极点向量与负实轴的夹角，$\tan\beta$ 是虚部与实部的长度之比，可参看极点分布图 4-9（a）。

式（4-24）表明，系统的响应由稳态分量和瞬态分量两部分组成，稳态分量值等于 1，瞬态分量是一个随时间增长而衰减的振荡过程，其衰减的快慢取决于指数 $\zeta\omega_n$，所以 $\zeta\omega_n$ 又称为衰减系数，或将 $1/\zeta\omega_n$ 称为衰减时间常数。振荡的角频率为 ω_d。其响应曲线如图 4-10 所示。由图 4-10 可见，随着 ζ 的减小，其振荡幅度加大。

2. 临界阻尼（$\zeta=1$）

系统有两个相等的负实根，这时

$$X_o(s)=\frac{\omega_n^2}{s^2+2\zeta\omega_n s+\omega_n^2}\frac{1}{s}=\frac{\omega_n^2}{s(s+\omega_n)^2}$$

$$=\frac{1}{s}-\frac{1}{s+\omega_n}+\frac{\omega_n}{(s+\omega_n)^2}$$

进行拉氏反变换得到系统的时间响应为

$$x_o(t)=1-e^{-\omega_n t}(1+\omega_n) \quad t\geqslant 0 \tag{4-25}$$

响应曲线如图 4-11 所示。由图 4-11 可知，二阶系统的单位阶跃响应在 $\zeta=1$ 时，系统无振荡，$x_o(t)$曲线单调增长，最后趋于 1。

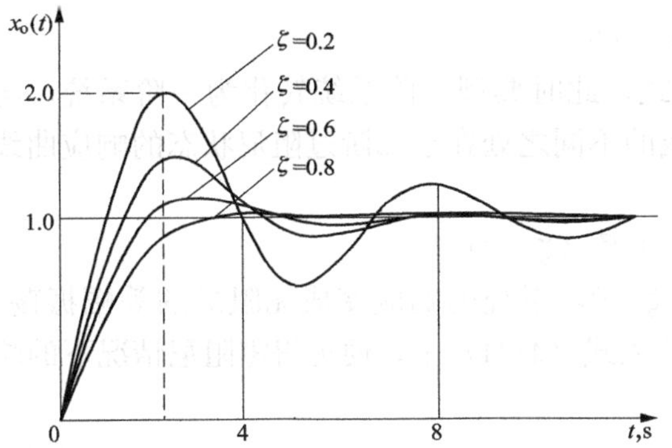

图 4-10 欠阻尼、不同阻尼比下二阶系统的单位阶跃响应

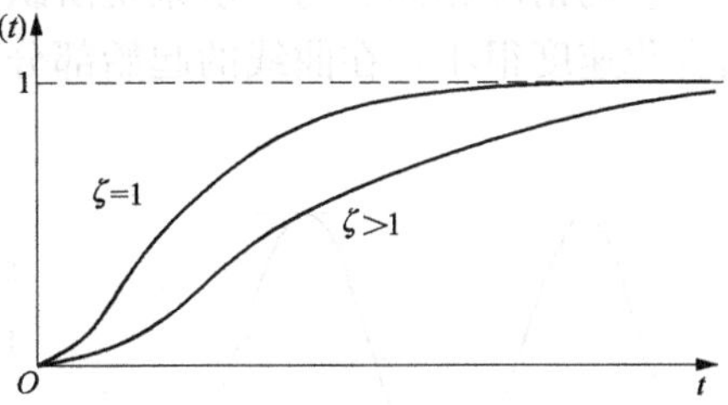

图 4-11 二阶系统阻尼比等于 1 和大于 1 的单位阶跃响应

3. 过阻尼（$\zeta>1$）

此时系统有两个不等的负实数根，$s_1=-\zeta\omega_n+\omega_n\sqrt{1-\zeta^2}$，$s_2=-\zeta\omega_n-\omega_n\sqrt{1-\zeta^2}$，令

$s_1=-\frac{1}{T_1}$，$s_2=-\frac{1}{T_2}$，且有 $s_1 s_2=\frac{1}{T_1 T_2}=\omega_n^2$，系统的传递函数可以写成

$$\frac{X_o(s)}{X_i(s)}=\frac{\omega_n^2}{s^2+2\zeta\omega_n s+\omega_n^2}=\frac{\omega_n^2}{(s-s_1)(s-s_2)}=\frac{\frac{1}{T_1 T_2}}{\left(s+\frac{1}{T_1}\right)\left(s+\frac{1}{T_2}\right)}$$

单位阶跃输入信号 $X_i(s)=\frac{1}{s}$，系统响应的拉氏变换为

$$X_o(s)=\frac{\frac{1}{T_1 T_2}}{\left(s+\frac{1}{T_1}\right)\left(s+\frac{1}{T_2}\right)}\frac{1}{s}=\frac{a}{s}+\frac{b_1}{s+\frac{1}{T_1}}+\frac{b_2}{s+\frac{1}{T_2}} \tag{4-26}$$

其中，a、b_1、b_2 为待定系数，解出 $a=1$，$b_1=-\frac{T_1}{T_1-T_2}$，$b_2=\frac{T_2}{T_1-T_2}$，代入式(4-26) 并取拉式反变化得

$$x_o(t)=1+\frac{1}{T_1-T_2}\left(-T_1 e^{-\frac{t}{T_1}}+T_2 e^{-\frac{t}{T_2}}\right) \tag{4-27}$$

或写成

$$x_o(t)=1+\frac{\omega_n}{2\sqrt{\zeta^2-1}}\left(\frac{e^{s_1 t}}{s_1}-\frac{e^{s_2 t}}{s_2}\right) \tag{4-28}$$

由式（4-27）和式（4-28）可以看出，系统响应的稳态分量为 1，瞬态分量为后两个指数项。当 $t\to\infty$ 时，$x_o(t)\to 1$，响应曲线没有振荡，没有超调，如图 4-11 所示。

式（4-28）中，两个指数正是系统的两个极点 s_1、s_2 与 t 的乘积，如图 4-9（c）所示，由 $\zeta>1$ 时极点的分布看出，s_1 靠近虚轴，s_2 远离虚轴，$e^{s_1 t}$ 项衰减慢，$e^{s_2 t}$ 项衰减快；当 $\zeta\gg 1$ 时，$|s_2|\gg|s_1|(T_2\approx 0)$，则 $e^{s_2 t}$ 项对瞬态响应的作用可忽略，于是式（4-27）可近似为

$$x_o(t)\approx 1-e^{-\frac{t_1}{T_1}}$$

或

$$x_o(t)\approx 1-e^{s_1 t}$$

计算表明，当 $\zeta>1.5$ 时可采用这两个近似式。此时典型二阶系统转化为一阶系统，与［例 4-1］的情况相同。与一阶系统阶跃响应曲线的不同之处在于二阶过阻尼状态的响应曲线起始变化速度很小，在曲线的起始部分呈现拐点。

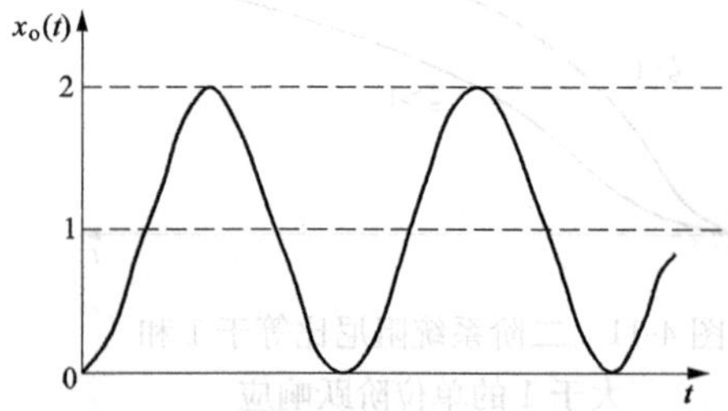

图 4-12　二阶系统下当阻尼比等于 0 时的单位阶跃响应

4. 零阻尼（$\zeta=0$）

如果 $\zeta=0$，系统的响应变成无阻尼的等幅振荡。将 $\zeta=0$ 代入式（4-24）中，便可得零阻尼情况下的响应为

$$x_o(t)=1-\cos\omega_n t \quad t\geqslant 0 \tag{4-29}$$

零阻尼情况下系统的单位阶跃响应曲线如图 4-12 所示。由图 4-12 可见，系统为无阻尼等幅振荡。

综上所述，当 $0<\zeta<1$ 时，二阶系统的单位阶跃响应随着阻尼比 ζ 的减小，其振荡特性越来越剧烈，

但仍为衰减振荡；当$\zeta=0$时，达到等幅振荡；当$\zeta\geqslant 1$时，曲线单调上升，不再具有振荡的特点。从瞬态响应的持续时间上看，无振荡的曲线中，当$\zeta=1$时的持续时间比$\zeta>1$时的持续时间短，而$\zeta<1$比$\zeta=1$时更早结束瞬态过程。每一个实际的系统允许在什么状态下工作，是根据具体工作任务要求规定的。为系统选择一个最佳的工作状态，使其动态性能良好，实际上就是选择合适的特征参数ζ与ω_n的值。

4.3.3 二阶系统的脉冲响应

当输入信号$x_i(t)$为单位脉冲信号时，$X_i(s)=1$，二阶系统的单位脉冲响应

$$X_o(s)=\frac{\omega_n^2}{s^2+2\zeta\omega_n s+\omega_n^2} \tag{4-30}$$

对式（4-30）取拉氏反变换，得其时间响应$x_o(t)$。

当$0<\zeta<1$时

$$x_o(t)=\frac{\omega_n}{\sqrt{1-\zeta^2}}e^{-\zeta\omega_n t}\sin\omega_d t \quad t\geqslant 0 \tag{4-31}$$

当$\zeta=1$时

$$x_o(t)=\omega_n^2 t e^{-\omega_n t} \quad t\geqslant 0 \tag{4-32}$$

当$\zeta>1$时

$$x_o(t)=\frac{\omega_n}{2\sqrt{1-\zeta^2}}(e^{s_1 t}-e^{s_2 t}) \quad t\geqslant 0 \tag{4-33}$$

式（4-33）中，$s_1=-\zeta\omega_n+\omega_n\sqrt{\zeta^2-1}$，$s_2=-\zeta\omega_n-\omega_n\sqrt{\zeta^2-1}$，即$\zeta>1$时二阶系统的两个负实数极点。

另外，因为单位脉冲函数是单位阶跃函数对时间的导数，所以单位脉冲函数的时间响应也可以由单位阶跃响应进行微分获得，同样，单位斜坡响应可以由单位阶跃响应进行积分得到。按式（4-31）、式（4-32）绘得一族单位脉冲响应曲线，如图4-13所示。对于欠阻尼的情况，$x_o(t)$是围绕零值做正负之间的衰减振荡；对于$\zeta=1$的情况，响应无振荡。

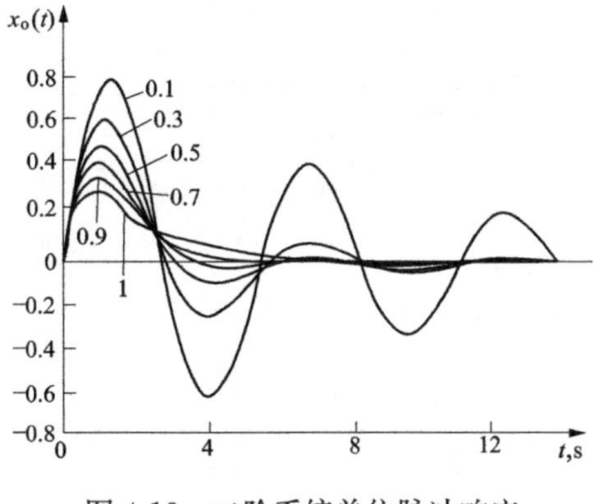

图4-13 二阶系统单位脉冲响应

当$\zeta<0$时，即负阻尼的情况，系统不稳定。机械导轨中的负阻尼爬行即此情况。负阻尼表示系统对能量的补充，而不是消耗能量。二阶系统对上述两种典型信号的响应，所显示的规律是一致的，这是二阶系统本身的特点。系统的特性完全取决于系统的结构参数。如果已知二阶系统的参数ζ和ω_n，则完全可以由系统极点的分布来预见系统的响应情况。

4.4 一、二阶系统时间响应的 MATLAB 求取

4.4.1 求取系统单位阶跃响应

★通过函数 step(sys,t)求取，其中，sys 为对应的传递函数，t 为定义的时间向量，可以由 t=0：step：end 命令进行等步长产生。

【例 4-2】 已知系统的开环传递函数为 $G_0(s)=\dfrac{20}{s^4+8s^3+36s^2+40s}$，求系统在单位负反馈下的阶跃响应曲线。

解 clear;%清除前序变量,防止变量冲突

num= [20];%定义前向通道传递函数分子系数

den= [1 8 36 40 0];%定义前向通道传递函数分母系数

sys1= tf(num,den);%定义前向通道传递函数

sys= feedback(sys1,1);%定义闭环传递函数

t= 0:0.1:10;%定义时间向量

y= step(sys,t) %求单位阶跃响应

plot(t,y, 'linewidth',2) %画出系统的单位阶跃响应,定义曲线线宽为 2

xlabel('time [s]') %定义横坐标及单位

ylabel('step response [1]') %定义纵坐标及单位,本例纵坐标为无量纲数值故其单位为 1

grid on %显示栅格

运行结果如图 4-14 所示。图 4-14（a）中阶跃响应数值由于屏幕大小限制未显示完全。

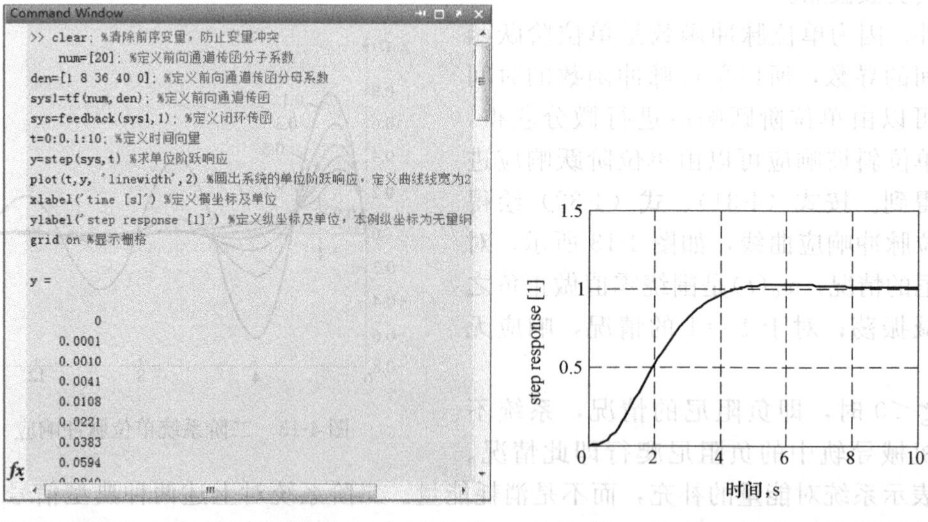

(a) 程序及阶跃响应结果　　(b)系统阶跃响应曲线

图 4-14 [例 4-2] 求解结果

【课堂练习 4-1】 试着求取反馈环节传递函数为 1/s 时的单位阶跃响应并输出图形，出图时将［例 4-2］对应程序的最后 6 行替换为“step（sys）”，观察运行结果，并思考这说明什么。

4.4.2 求取系统的单位脉冲激响应

★通过函数 impulse(sys,t)求取，其中，sys 为对应的传递函数，t 为定义的时间向量。

【例 4-3】 已知系统开环传递函数为 $G_0(s)=\dfrac{20}{s^4+8s^3+36s^2+40s}$，求系统在单位负反馈下的脉冲激励响应曲线。

解

```
clear;%清除前序变量,防止变量冲突
num= [20];%定义前向通道传递函数分子系数
den= [1 8 36 40 0];%定义前向通道传递函数分母系数
sys1= tf(num,den);%定义前向通道传递函数
sys= feedback(sys1,1);%定义闭环传递函数
t= 0:0.1:10;%定义时间向量
y= impulse(sys,t) %求单位脉冲响应
plot(t,y, 'linewidth',2) %画出系统的单位阶跃响应,定义曲线线宽为 2
xlabel('time [s]') %定义横坐标及单位
ylabel('impulse response [1]') %定义纵坐标及单位,本例纵坐标为无量纲数值故其单位为 1
grid on %显示栅格
```

运行结果如图 4-15 所示。

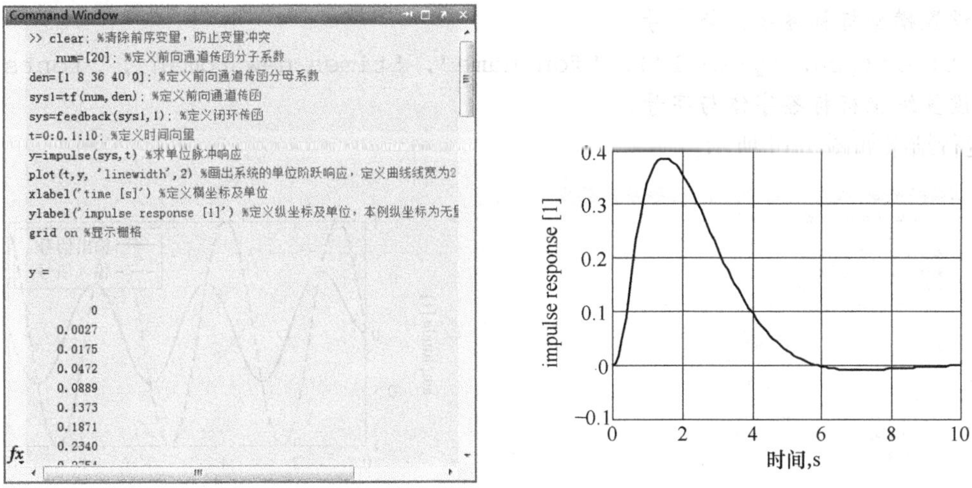

(a) 程序及单位脉冲响应结果　　(b) 系统单位脉冲响应曲线

图 4-15 ［例 4-3］求解结果

【课堂练习 4-2】 试着求取反馈环节传递函数为 1/s 时的单位阶跃响应并输出图形，出图时将［例 4-3］对应程序的最后 6 行替换为“impulse(sys)”，观察运行结果，并思考这说

明什么。

4.4.3 求取系统任意输入下的响应

★通过函数 lsim(sys,u,t)求取，其中，sys 为对应的传递函数，u 为输入信号，t 为定义的时间向量。

【例 4-4】 已知系统的闭环传递函数为 $G(s)=1/(s+1)$，输入正弦信号 $u=\sin(2t)$，观察输出信号的相位差。

解
```
clear;%清除前序变量,防止变量冲突
num= 1;%定义分子
den= [1 1];%定义分母
sys= tf(num,den);%定义闭环传递函数
t= 0:0.01:10;%定义运算时间
u= sin(2*t);%定义输入正弦信号
y= lsim(sys,u,t);%求 u 输入下的系统时域输出并赋给 y
plot(t,y, '-',t,u,':');%绘制输入信号曲线以便于和输出曲线放在一起对比
legend('输出信号', '输入信号')%添加图例,指明先出的实线代表输出,后出的虚线代表输入
xlabel('time [s]')%横坐标标签(变量及单位)
ylabel('amplitude [1]')%纵坐标标签
set(gca, 'fontname', 'times new roman', 'fontsize',18)
  %设置图中字体为新罗马,字号为 18 磅
set(get(gca, 'xlabel'), 'fontname', 'times new roman', 'fontsize',18)%设置横坐标标签字体与字号
set(get(gca, 'ylabel'), 'fontname', 'times new roman', 'fontsize',18)%设置纵坐标标签字体与字号
```
运行结果如图 4-16 所示。

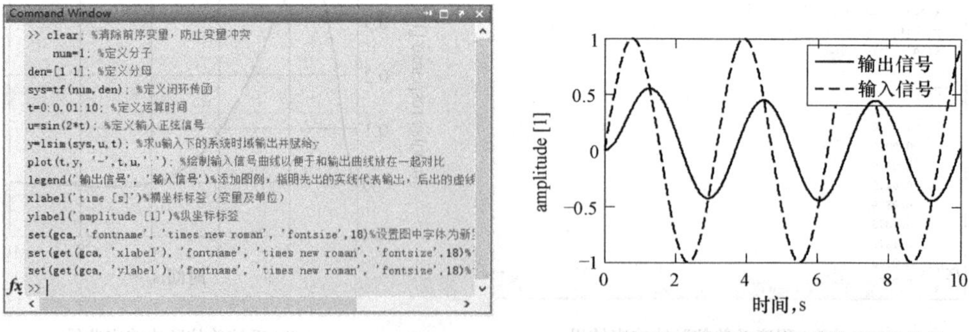

(a) 程序　　(b) 系统响应与输入信号的对比曲线

图 4-16 ［例 4-4］求解结果

【课堂练习 4-3】 参考［例 4-2］和［例 4-3］。将［例 4-4］的程序语句“y=lsim(sys,u,t);plot(t,y, '-',t,u,':')”替换为“lsim(sys,u,t)”，观察得到的结果，思考该结果说明

了什么。另观察输入与输出信号在幅值与相位上的差异，为后续课程做准备。

4.5 瞬态响应的性能指标

在许多实际情况中，评价系统动态性能的好坏，常以时域的几个特征量表示。二阶系统是最普遍的形式，瞬态响应过程往往以衰减振荡的形式出现。因此，下面有关性能指标的定义及计算公式，是在欠阻尼二阶系统对单位阶跃输入的瞬态响应情况下推导出的。单位阶跃响应曲线与性能指标见图 4-17。

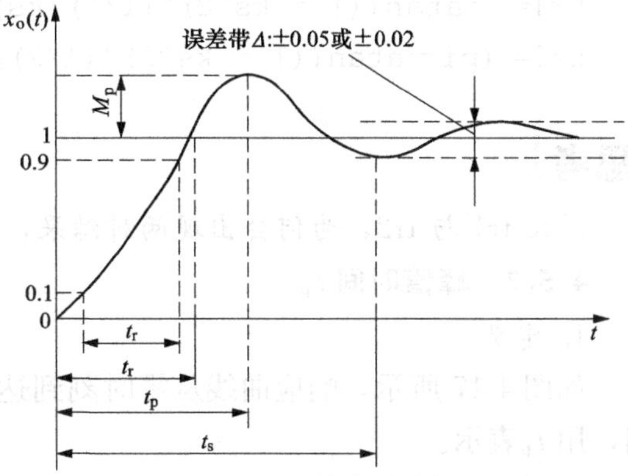

图 4-17 单位阶跃响应及性能指标

4.5.1 上升时间 t_r

1. 定义

如图 4-17 所示，响应曲线从原始工作状态出发，第一次达到输出稳态值所需要的时间定义为上升时间，用 t_r表示；对于过阻尼情况，一般定义响应曲线从稳态值的 10%上升到 90%所需的时间为上升时间。t_r 可以反映响应曲线的上升趋势，是表示系统响应速度的指标。下面给出的计算公式是欠阻尼情况下的。

2. 上升时间的计算

根据定义，当 $t=t_r$时，$x_o(t_r)=1$，由式（4-24）得

$$\begin{cases} x_o(t_r)=1-\left[\dfrac{e^{-\zeta\omega_n t_r}}{\sqrt{1-\zeta^2}}\sin(\omega_d t_r+\beta)\right]=1 \\ \beta=\arctan\left(\dfrac{\sqrt{1-\zeta^2}}{\zeta}\right) \end{cases}$$

若使上式成立，需有 $\sin(\omega_d t_r+\beta)=0$，所以

$$\omega_d t_r+\beta=k\pi \quad k=1,2,\cdots$$

取 $k=1$，因为上升时间 t_r是 $x_o(t)$ 第一次到达输出稳态值的时间，所以

$$t_r=\frac{\pi-\beta}{\omega_d}=\frac{\pi-\beta}{\omega_n\sqrt{1-\zeta^2}}=\frac{\pi-\arctan\left(\dfrac{\sqrt{1-\zeta^2}}{\zeta}\right)}{\omega_n\sqrt{1-\zeta^2}}=\frac{\pi-\arccos\zeta}{\omega_n\sqrt{1-\zeta^2}} \tag{4-34}$$

由式（4-34）知，当 ζ 一定时，增大 ω_n，t_r减小；当 ω_n一定时，增大 ζ，t_r增大。

【课堂练习 4-4】 参考下列程序语句用 MATLAB 编程求取上升时间的符号表达式并理解。

```
clear
clc
syms ks wn wd t  %定义符号变量：阻尼比、无阻尼固有角频率、有阻尼固有角频率、时间
wd= wn*sqrt(1-ks^2);  %定义有阻尼固有角频率
```

```
tr1= solve(-exp(-ks*wn*t)/sqrt(1-ks^2)*sin(wd*t+atan(sqrt(1-ks^2)/ks)),t) %方式 1 求上升时间
tr2= solve(wd*t+atan(sqrt(1-ks^2)/ks)-pi,t) %方式 2 求上升时间
```

结果如下：

```
tr1= -atan((1 - ks^2)^(1/2)/ks)/(wn*(1 - ks^2)^(1/2))
tr2= (pi-atan((1 - ks^2)^(1/2)/ks))/(wn*(1 - ks^2)^(1/2))
```

思考

对比 tr1 与 tr2，为何会出现两种结果，哪一个才是正确的？

4.5.2 峰值时间 t_p

1. 定义

如图 4-17 所示，响应曲线从零时刻到达超调量第一个峰值所需要的时间定义为峰值时间，用 t_p表示。

2. 峰值时间的计算

达到峰值时，峰值点处切线斜率为 0。由式（4-25），将 $x_o(t)$ 对时间求导数并令其为零，可得峰值时间，即

$$\frac{\mathrm{d}x_o(t)}{\mathrm{d}t}\Big|_{t=t_p}=0$$

整理后可得到

$$\zeta\sin(\omega_d t_p+\beta)-\sqrt{1-\zeta^2}\cos(\omega_d t_p+\beta)=0$$

即

$$\tan(\omega_d t_p+\beta)=\frac{\sqrt{1-\zeta^2}}{\zeta}$$

由 $\beta=\arctan\left(\frac{\sqrt{1-\zeta^2}}{\zeta}\right)$及正切函数的多值解，有$\frac{\sqrt{1-\zeta^2}}{\zeta}=\tan\beta$，则有

$$\omega_d t_p=0,\pi,2\pi,3\pi,\cdots,k\pi$$

因为 $\omega_d t_p\neq0$，且峰值时间对应于振荡第一个周期内的极大值，所以取 $\omega_d t_p=\pi$，即

$$t_p=\frac{\pi}{\omega_d}=\frac{\pi}{\omega_n\sqrt{1-\zeta^2}} \tag{4-35}$$

式（4-35）表明，峰值时间等于阻尼振荡周期$\frac{2\pi}{\omega_d}$的一半。t_p随 ω_n及 ζ 的变化情况与 t_r相同。

4.5.3 最大超调量 M_p

1. 定义

响应曲线上超出稳态值的最大偏离量定义为最大超调量，用 M_p表示。对于衰减振荡曲线，最大超调量发生在第一个峰值处。若用百分比表示最大超调量，采用符号 $\sigma\%$表示，即

$$M_p=\frac{x_o(t_p)-x_o(\infty)}{x_o(\infty)} \tag{4-36}$$

$$\sigma\% = \frac{x_o(t_p) - x_o(\infty)}{x_o(\infty)} \times 100\% \tag{4-37}$$

最大超调量的大小直接反映了系统瞬态过程的平稳性。

2. 最大超调量的计算

根据式（4-24）和式（4-36），将 $t=t_p=\frac{\pi}{\omega_d}$ 代入，可得

$$M_p = \frac{x_o(t_p) - x_o(\infty)}{x_o(\infty)} = x_o(t_p) - 1 = -\frac{e^{-\frac{\zeta\omega_n\pi}{\omega_d}}}{\sqrt{1-\zeta^2}}\sin\left[\left(\frac{\omega_d\pi}{\omega_d}\right)+\beta\right] = \frac{e^{-\frac{\zeta\pi}{\sqrt{1-\zeta^2}}}}{\sqrt{1-\zeta^2}}\sin\beta \tag{4-38}$$

其中，$\beta=\arctan\left(\frac{\sqrt{1-\zeta^2}}{\zeta}\right)=\arccos\zeta$，$\sin\beta=\sqrt{1-\zeta^2}$，将其代入式（4-38），得

$$M_p = e^{-\frac{\zeta\pi}{\sqrt{1-\zeta^2}}} \tag{4-39}$$

或

$$\sigma\% = e^{-\frac{\zeta\pi}{\sqrt{1-\zeta^2}}} \times 100\% \tag{4-40}$$

可见，超调量 M_p 只与阻尼比 ζ 有关，与 ω_n 无关，所以 M_p 的大小直接说明系统的阻尼特性。也就是说，当二阶系统阻尼比 ζ 确定后，即可求得与之相对应的最大超调量 M_p；反之，如果给出了系统所需要的 M_p，也可由此确定相对应的阻尼比。当 ζ 从 0.4 增加到 0.8 时，相应的最大超调量 $\sigma\%$ 从 25%减至 1.5%。$\sigma\%$ 与 ζ 的关系曲线如图 4-18 所示。

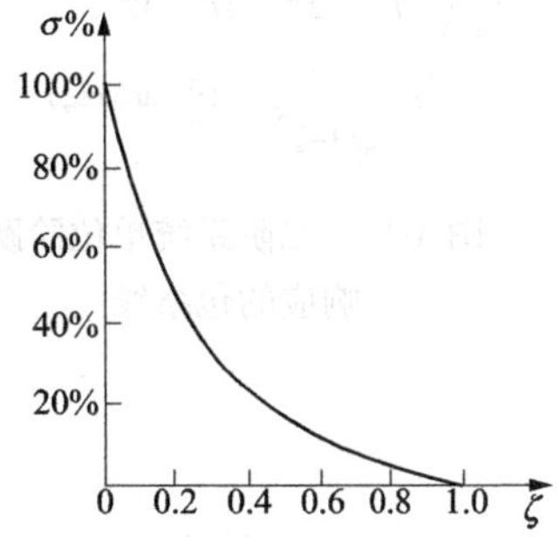

图 4-18 $\sigma\%$ 与 ζ 的关系曲线

【课堂练习 4-5】 参考下列程序语句用 MATLAB 编程求取最大超调量的符号表达式并理解。

```
clear  %清除变量防止后续变量使用与前面已定义变量冲突
clc    %清屏
syms ks wn t%定义符号变量:阻尼比、无阻尼固有角频率、时间
tp= pi/wn/sqrt(1-ks^2);%峰值时间
wd= wn*sqrt(1-ks^2);%有阻尼固有角频率
mp= 1-exp(-ks*wn*tp)/sqrt(1-ks^2)*sin(wd*tp+atan(sqrt(1-ks^
2)/ks))-1;%最大超调量
```

结果如下：

```
mp= exp(-(pi*ks)/(1 - ks^2)^(1/2))/(ks*(1 - (ks^2 - 1)/ks^2)^(1/
2))
```

思考

为什么得到的结果和式（4-40）的结果不一样，实质上是否相同？最后面的分母为 $\zeta\sqrt{1-\frac{\zeta^2-1}{\zeta^2}}$，化简后发现为 1。

4.5.4 调整时间 t_s

1. 定义

在响应曲线的稳态值附近取稳态值的±5%或±2%作为误差带（即允许误差 $\Delta=0.05$ 或 $\Delta=0.02$），响应曲线达到并不再超出误差带的范围，所需要的最小时间称为调整时间，又称调节时间，用 t_s表示。调整时间表示系统瞬态响应持续的时间，从总体上反映系统的快速性。

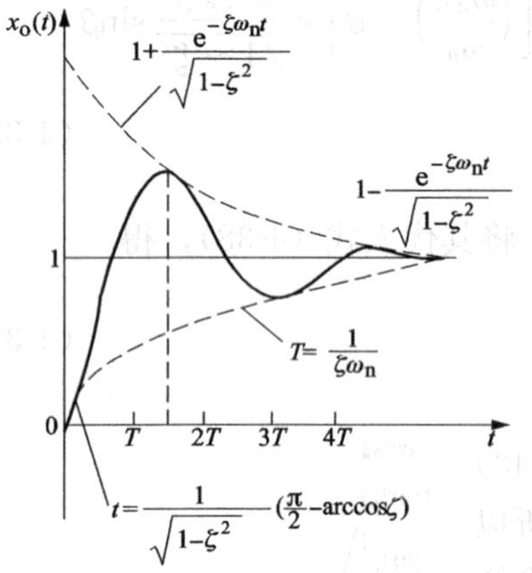

图 4-19　二阶系统单位阶跃响应的包络线

2. 调整时间的计算

由式（4-24）可以看出，指数曲线 $1+\frac{e^{-\zeta\omega_n t}}{\sqrt{1-\zeta^2}}$是阶跃响应衰减振荡的一对包络线，响应曲线 $x_o(t)$的幅值总包含在这对包络线之内，如图 4-19 所示。包络线的衰减时间常数为 $1/(\zeta\omega_n)$。由调整时间的定义，当 $t\geqslant t_s$ 时满足不等式：

$$|x_o(t)-x_o(\infty)|\leqslant \Delta x_o(\infty) \tag{4-41}$$

其中，$x_o(\infty)=1$；Δ 为允许的误差，一般取 $\Delta=0.02\sim0.05$。以进入±5%的误差范围为例，有

$$\frac{e^{-\zeta\omega_n t}}{\sqrt{1-\zeta^2}}=5\%$$

两边取对数可解得

$$t_s=\frac{-\ln 0.05-\ln\sqrt{1-\zeta^2}}{\zeta\omega_n}$$

当阻尼比 ζ 较小时，有

$$t_s\approx\frac{-\ln 0.05}{\zeta\omega_n}\approx\frac{3}{\zeta\omega_n}\quad \Delta=5\% \tag{4-42}$$

同理可证，进入±2%的误差范围则有

$$t_s\approx\frac{-\ln 0.02}{\zeta\omega_n}\approx\frac{4}{\zeta\omega_n}\quad \Delta=2\% \tag{4-43}$$

调整时间 t_s和 ζ 之间的关系曲线如图 4-20 所示。图中纵坐标采用无因次时间 $\omega_n t_s$，可以看出，当 ω_n一定时，t_s随着 ζ 的增大开始减小。当 $\Delta=0.02$ 时，在 $\zeta=0.76$ 附近 t_s达到最小值；当 $\Delta=0.05$ 时，在 $\zeta=0.68$ 附近达到最小值。当 $\zeta>0.8$ 以后，调整时间不但不减小，反而趋于增大，这是因为系统阻尼过大，会造成响应迟缓。虽然从瞬态响应的平稳性方面看 ζ 越大越好，但快速性变差。所以当系统允许有微小的超调量时，应着重考虑快速性的要求。另外，由图 4-18 中 ζ 与 $\sigma\%$ 的关系曲线可以看出，在 $\zeta=0.7$ 附近，$\sigma\%\approx5\%$，平稳性也是令人满意的，所以在设计二阶系统时，一般取 $\zeta=0.707$ 为最佳阻尼比。此外，从系统不失真的角度分析，阻尼比取 0.707 时，对应的幅频特性 $A(\omega)$ 在频响范围内最接近水平线，而相频特性 $\varphi(\omega)$ 最接近线性。相应知识点会在第 5 章频率特性分析及后续的测试技术课程中有所涉及，感兴趣的同学可自行查阅求证。

图 4-20 中的曲线具有不连续性，这是由于 ζ 值的微小变化会使 t_s发生显著变化。另外应当指出，由式（4-42）和式（4-43）表示的调整时间 t_s 是和 ζ 及 ω_n的乘积成反比的，ζ 值

通常先由最大超调量M_p来确定，所以t_s主要依据ω_n来确定。调整ω_n可以在不改变M_p的情况下来改变瞬态响应时间。

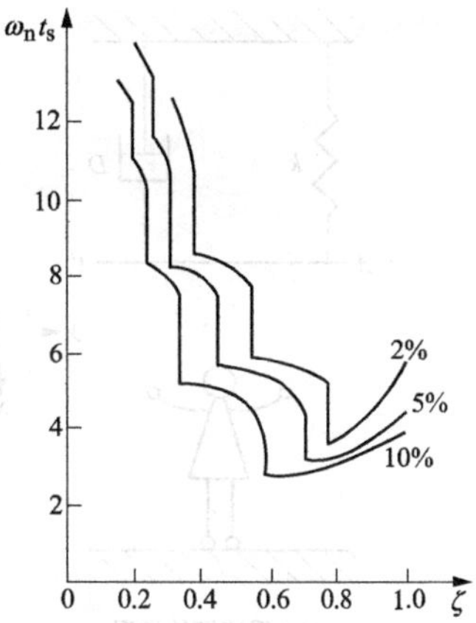

图 4-20 不同误差带的调整时间与阻尼比关系曲线

综上所述，要使二阶系统具有满意的性能指标，必须选择合适的阻尼比ζ和无阻尼固有频率ω_n。提高ω_n，可以提高二阶系统的响应速度。从性能指标公式上显示出t_r、t_p、t_s是随着ω_n的增大而减小的。增大ζ可以减弱系统的振荡性能，动态平稳性好，M_p随ζ的增大而减小。以上性能指标主要从瞬态响应性能的要求来限制系统参数的选取，对于分析、研究及设计系统，它们都是十分有用的。具体到一个二阶系统，写出传递函数以后，首先将其化成$\omega_n^2/(s^2+2\zeta\omega_n+\omega_n^2)$的形式，也就是把传递函数化成首 1 型，然后由其常数项和 s 一次方项的系数来确定ω_n和ζ两个参数。至于传递函数的分子可以是ω_n^2，也可以是ω_n^2与其他常数的乘积，并不影响上述各项性能指标。

【课堂练习 4-6】 参考下列程序语句用 MATLAB 编程求取调节时间的符号表达式并理解。

```
clear  %清除变量防止后续变量使用与前面已定义变量冲突
clc    %清屏
syms ks wn t%定义符号变量:阻尼比、无阻尼固有角频率、时间
tp= pi/wn/sqrt(1-ks^2);%峰值时间
er= exp(-ks*wn*t)/sqrt(1-ks^2);%误差幅值表达式
ts1= solve(er-0.05,t)   %求取误差为 5%时的调节时间
ts2= solve(er-0.02,t)   %求取误差为 2%时的调节时间
```

结果如下：

```
ts1= -log((1 - ks^2)^(1/2)/20)/(ks*wn)
ts2= -log((1 - ks^2)^(1/2)/50)/(ks*wn)
```

结果与前面的推导结果一致。

【例 4-5】 图 4-21 (a)、(b) 所示为刚性杆 AA'通过弹簧和阻尼器挂在天花板上，假定在 $t=0$ 时，一个重 87kg 的人向上跳起并抓住杆 AA'。忽略弹簧阻尼器及杆的质量，杆 AA'会发生什么运动 $x(t)$？用多少时间可以稳定下来（2%误差）？最大超调值是多少米？设黏性阻尼系数 $D=350\text{N}\cdot\text{s/m}$，弹簧刚度系数 $k=3500\text{N/m}$。

解 初始条件输入到系统中的是一个常力 mg，m 是人的质量，它实际上是对系统做阶跃输入。$x(0)=0$，$\dfrac{\mathrm{d}x(0)}{\mathrm{d}t}=0$。这个问题和图 4-21 (c) 中的天车吊重物的问题是一样的。

列写运动方程为

$$m\frac{\mathrm{d}^2x}{\mathrm{d}t^2}+D\frac{\mathrm{d}x}{\mathrm{d}t}+kx=F(t)$$

其中，$F(t)=mg\cdot 1(t)$。

两边拉氏变换化简后得系统的传递函数为

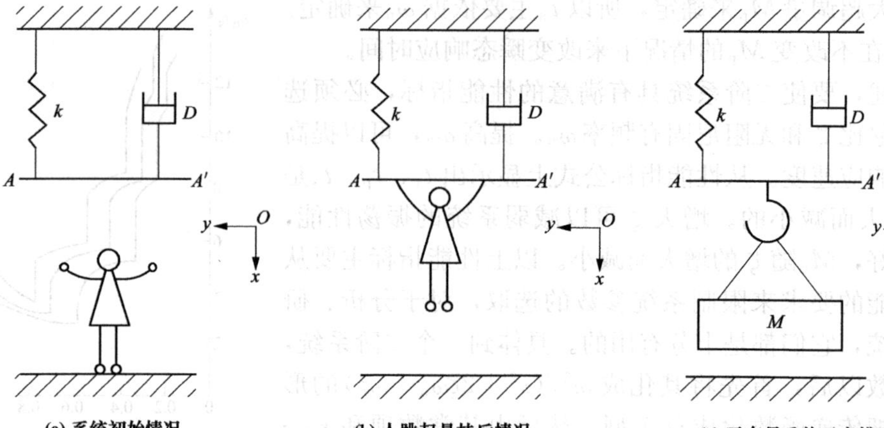

图 4-21 ［例 4-5］图

$$\frac{X(s)}{F(s)}=\frac{1}{ms^2+Ds+k}=\frac{\frac{1}{k}\frac{k}{m}}{s^2+\frac{D}{m}s+\frac{k}{m}}$$

将此式分子中的 $1/k$ 视为比例系数，对比振荡环节标准形式$\frac{\omega_n^2}{s^2+2\zeta\omega_n s+\omega_n^2}$可得出

$$\omega_n=\sqrt{\frac{k}{m}}=\sqrt{\frac{3500}{87}}\text{s}^{-1}=6.34\text{s}^{-1}$$

$$\zeta=\frac{D}{2\omega_n m}=\frac{D}{2\sqrt{mk}}=\frac{350}{2\times\sqrt{87\times 3500}}=0.317$$

由阶跃力 $F(t)$ 产生的位移为

$$X(s)=\frac{1}{k}\frac{\frac{k}{m}}{s^2+\frac{D}{m}s+\frac{k}{m}}\frac{mg}{s}$$

即

$$\begin{cases}x(t)=\frac{mg}{k}\left[1-\frac{e^{-\zeta\omega_n t}}{\sqrt{1-\zeta^2}}\sin(\omega_n\sqrt{1-\zeta^2}\,t+\beta)\right]\\ \beta=\arctan\frac{\sqrt{1-\zeta^2}}{\zeta}=\arccos\zeta\end{cases}$$

其稳态值为

$$\lim_{t\to\infty}x(t)=\frac{mg}{k}=\frac{87\times 9.81}{3500}=0.244(\text{m})$$

由单位阶跃产生的最大超调量为

$$M_p=e^{-\frac{\zeta\pi}{\sqrt{1-\zeta^2}}}=0.387$$

表示超出稳态值的 38.7%，所以当稳态值为 0.244m 时超调的最大值为

$$0.244\times0.387=0.094(\mathrm{m})$$

稳定下来的时间即调整时间，取

$$t_s=\frac{4}{\zeta\omega_n}=\frac{4}{0.317\times6.34}=2(\mathrm{s})$$

故人抓住杆 AA'的瞬间，杆发生衰减振荡的运动，经过 2s 稳定下来，振荡中的最大超调量为 9.4cm。

【例 4-6】 如图 4-22（a）所示的机械振动系统，当有 3N 的力（阶跃输入）作用于系统时，系统中质量 m 做如图 4-22（b）所示的运动，最后位移量为 1cm。根据这个响应曲线，确定质量 m、黏性阻尼系数 D 和弹簧刚度系数 k 的值。

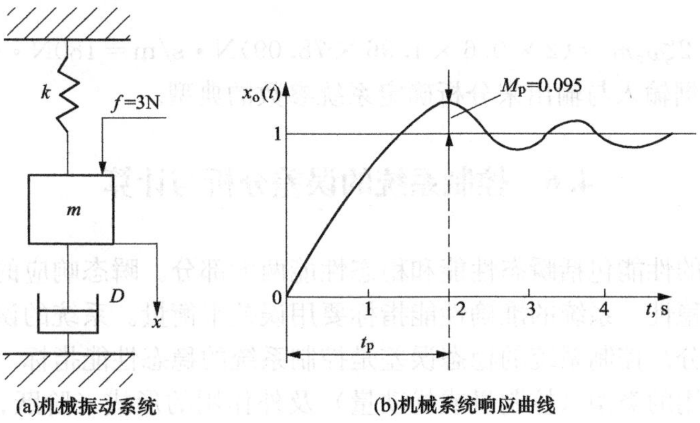

图 4-22 [例 4-6] 图

解 （1）写出系统的传递函数。根据牛顿定律 $\sum F=ma$ ，有

$$m\frac{\mathrm{d}^2x(t)}{\mathrm{d}t^2}+D\frac{\mathrm{d}x(t)}{\mathrm{d}t}+kx(t)=f\cdot1(t)$$

两边进行拉氏变换后化简得到系统的传递函数为

$$\frac{X(s)}{F(s)}=\frac{1}{ms^2+Ds+k}$$

（2）由于阶跃力作用 $f=3\mathrm{N}$，其拉氏变换为 $F(s)=\frac{3}{s}$，所以

$$X(s)=\frac{1}{ms^2+Ds+k}\frac{3}{s}$$

由拉氏变换的终值定理可求得 $x(t)$的稳态值

$$x(t)\mid_{t\to\infty}=\lim_{s\to0}sX(s)=\frac{3}{k}=1$$

因此

$$k=3\mathrm{N/cm}=300\mathrm{N/m}$$

（3）由响应曲线知 $M_p=0.095$，$t_p=2s$，求取系统的 ζ 和 ω_n 值。由

$$M_p=0.095=e^{-\zeta\pi/\sqrt{1-\zeta^2}}$$

两边取自然对数，解出 $\zeta=0.6$。

将 ζ 代入 $t_p=\pi/\omega_n\sqrt{1-\zeta^2}=2s$ 中，得 $\omega_n=1.96s^{-1}$。

（4）将传递函数与二阶系统传递函数的标准形式相比较，得到 ζ、ω_n 与 m 及 D 的关系，计算 m 和 D。

$$\omega_n^2=k/m$$

$$m=k/\omega_n^2=\frac{300}{1.96^2}\mathrm{N}\cdot\mathrm{s}^2/\mathrm{m}=78.09\mathrm{kg}$$

又

$$2\zeta\omega_n=D/m$$

所以

$$D=2\zeta\omega_n m=(2\times0.6\times1.96\times78.09)\mathrm{N}\cdot\mathrm{s/m}=180\mathrm{N}\cdot\mathrm{s/m}$$

[例 4-6] 是根据输入与输出来分析确定系统参数的典型。

4.6 控制系统的误差分析与计算

评价一个系统的性能包括瞬态性能和稳态性能两大部分。瞬态响应的性能指标可以评价系统的快速性和平稳性，系统的准确性能指标要用误差来衡量。系统的误差又可分为稳态误差和动态误差两部分。控制系统的稳态误差是控制系统的稳态性能指标。由于控制系统自身的结构参数、外作用的类型（控制量或扰动量）及外作用的形式（阶跃、斜坡或加速度等）不同，控制系统的稳态输出不可能在任意情况下都与输入量（希望的输出）一致，因而会产生稳态误差。此外，系统中存在的不灵敏区、间隙、零漂等非线性因素也会造成附加的稳态误差。本节主要讨论控制系统的稳态误差及其计算方法。

4.6.1 稳态误差的定义

某具有代表性的控制系统框图如图 4-23 所示。其中，实线部分与实际系统具有对应关系，而虚线部分则是为了说明概念额外画出来的。

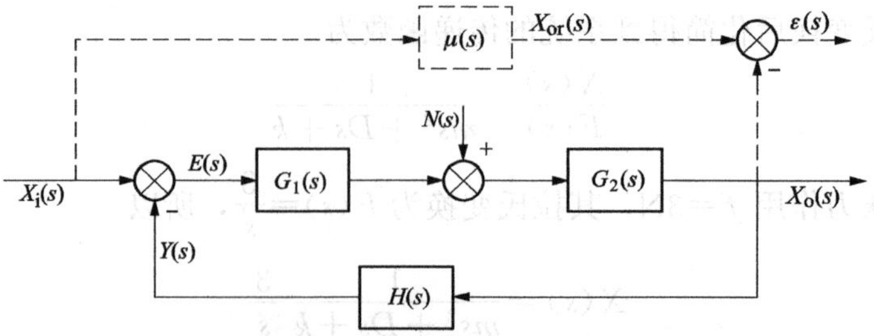

图 4-23 典型控制系统框图

1. 误差的定义

误差是从系统的输出端来定义的，指的是希望输出与实际输出之差，即

$$e(t)=\text{希望输出}-\text{实际输出} \tag{4-44}$$

误差在性能指标中经常使用，但在实际系统中有时无法测量，因而一般只有数学意义。与误差相对的另一个概念是偏差。偏差是从系统输入端定义的，在实际的系统中是可以测量的，具有一定的物理意义。

如图 4-23 所示，$X_{or}(s)$ 表示系统的希望输出，若系统需要完成的任务已确定，$X_{or}(s)$ 与输入 $X_i(s)$ 之间的传输形式 $\mu(s)$ 便为已知。可以证明，$\mu(s)$ 与系统反馈通道的传递函数 $H(s)$ 的倒数相等，即 $\mu(s)=1/H(s)$。$H(s)$是将系统的实际输出 $X_o(s)$经过比例、微分或积分作用，变成与输入同物理量的值，在输入端进行比较，得到偏差信号 $E(s)$。$\mu(s)$ 是将输入量变成一个与实际输出同物理量的希望输出，与实际输出进行比较，这个差值定义为误差。希望输出在理论上是存在的，但实际中无法直接测量。

按上述定义，式（4-44）写成

$$e(t)=x_{or}(t)-x_o(t) \tag{4-45}$$

其拉氏变换为

$$\varepsilon(s)=X_{or}(s)-X_o(s) \tag{4-46}$$

从图 4-23 可知：

$$X_{or}(s)=\mu(s)X_i(s)$$

又 $\mu(s)=1/H(s)$，并且偏差信号为

$$E(s)=X_i(s)-H(s)X_o(s)$$

因此，可得一般情况下误差与偏差信号之间的关系为

$$\varepsilon(s)=E(s)/H(s) \tag{4-47}$$

对于实际使用的控制系统来说，$H(s)$往往是一个常数，因此通常误差信号与偏差信号之间存在简单的比例关系。特别是当反馈通道传递函数 $H(s)=1$，即单位反馈时，误差与偏差相等，物理量纲也相同。鉴于此，为了便于分析，本书用偏差 $E(s)$代替误差 $\varepsilon(s)$进行研究，若无特别说明，后续课程所说的误差就是指偏差，对应的稳态误差就是指稳定偏差。

2. 稳态误差

在时域中，误差 $e(t)$是时间的函数，求解误差 $e(t)$与求解系统的输出 $x_o(t)$一样，对于高阶系统难度较大。如果只关注系统控制过程平稳下来以后的误差，即系统误差 $e(t)$ 的瞬态分量消失后的稳态误差，问题就变得比较简单。稳态误差是衡量系统最终控制精度的性能指标。

稳定系统误差的终值称为稳态误差。当 t 趋于无穷大时，$e(t)$的极限存在，则稳态误差 e_{ss}为

$$e_{ss}=\lim_{t\to\infty}e(t) \tag{4-48}$$

显然，对于不稳定的系统讨论稳态误差是没有意义的。

利用拉氏变换的终值定理有

$$e_{ss}=\lim_{t\to\infty}e(t)=\lim_{s\to 0}s\varepsilon(s)\approx\lim_{s\to 0}sE(s) \tag{4-49}$$

在图 4-23 中共有两个可能引起稳态误差的作用信号，一个是输入信号 $X_i(s)$，另一个是扰动信号 $N(s)$。根据线性系统的叠加特性，系统总的稳态误差为这两个信号分别引起的稳态误差的叠加。下面分别进行分析。

对图 4-23 所示的传递函数进行简单变换，得到如图 4-24 所示的结构。因仅分析输入信号所引起的误差，故而省去图中扰动信号 $N(s)=0$。则输入信号作用下的误差传递函数可

写为

$$\Phi_{\mathrm{IE}}(s)=\frac{E(s)}{X_i(s)}=\frac{1}{1+G_1(s)G_2(s)H(s)}=\frac{1}{1+G_k(s)} \tag{4-50}$$

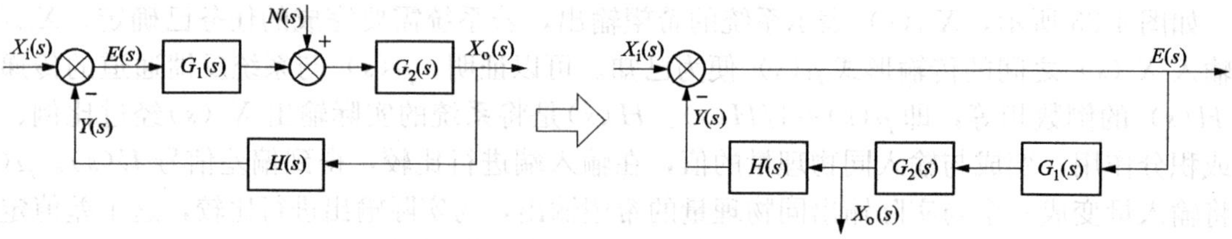

图 4-24 输入作用下的偏差传递函数

其中，$G_k(s)=G_1(s)G_2(s)H(s)$，代表图 4-23 中的开环传递函数。

由输入信号引起的稳态误差可写为

$$e_{ssi}=\lim_{s\to 0}sE(s)=\lim_{s\to 0}s\frac{1}{1+G_k(s)}X_i(s) \tag{4-51}$$

式（4-51）具有通用性，对于一般反馈系统均适用。例如将图 4-23 中的 $G_2(s)$去除，仅保留 $G_1(s)$，式（4-51）仍然成立。

同理，若要求取扰动信号所引起的误差，则可将图 4-23 所示的传递函数进行化简，得到如图 4-25 所示的结构。

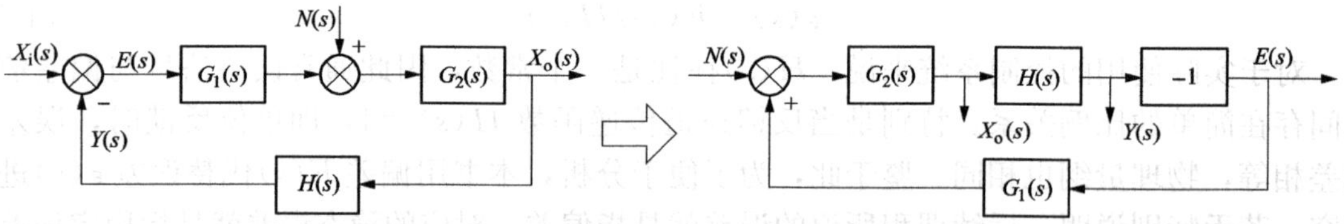

图 4-25 扰动作用下的偏差传递函数

扰动信号作用下的误差传递函数可写为

$$\Phi_{\mathrm{NE}}(s)=\frac{E(s)}{N(s)}=\frac{G_2(s)H(s)}{1+G_1(s)G_2(s)H(s)}=\frac{G_2(s)H(s)}{1+G_k(s)} \tag{4-52}$$

对应地，由扰动信号所引起的稳态误差为

$$e_{ssn}=\lim_{s\to 0}sE(s)=\lim_{s\to 0}s\frac{-G_2(s)H(s)}{1+G_k(s)}N(s) \tag{4-53}$$

最终系统总的稳态误差为由输入信号引起的误差和由扰动信号引起的稳态误差两者相加：

$$e_{ss}=e_{ssi}+e_{ssn} \tag{4-54}$$

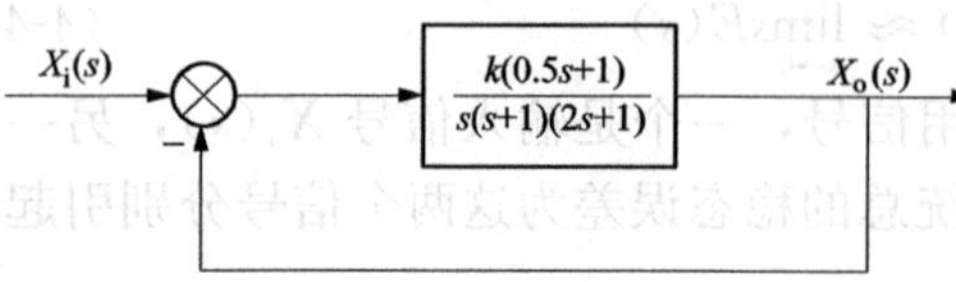

图 4-26 ［例 4-7］图

【例 4-7】 如图 4-26 所示系统的稳定条件为 $0<k<6$，求系统输入信号为 $x_i(t)=t$ 时的稳态误差，调整 k 值能否使稳态误差小于 0.1。

解 由题意知，输入信号 $x_i(t)=t$，其拉氏变换 $X_i(s)=1/s^2$，将传递函数和输入信号代入式（4-51）中，得稳态误差为

$$e_{ss}=\lim s\frac{1}{\dfrac{k(0.5s+1)}{s(s+1)(2s+1)}}\frac{1}{s^2}=\frac{1}{k}$$

计算结果表明，稳态误差的大小与系统的开环增益 k 有关，k 越大，e_{ss}越小，但由于受系统稳定约束下 k 的范围限制，系统最小的稳态误差极限为 1/6，故无法通过调整 k 值来使其稳态误差小于 0.1。

4.6.2 系统的结构与稳态误差

1. 系统的类型

当系统只有输入信号作用时，一般控制系统的框图如图 4-23 中的实线所示，若将开环传递函数 $G_k(s)$写成典型环节串联相乘的形式，即尾 1 型。

$$G_k(s)=\frac{K}{s^v}\cdot\frac{\prod\limits_{i=1}^{m_1}(\tau_i s+1)\prod\limits_{k=1}^{m_2}(\tau_k s^2+2\zeta_k\tau_k s+1)}{\prod\limits_{j=1}^{n_1}(T_j s+1)\prod\limits_{l=1}^{n_2}(T_l s^2+2\zeta_l T_l s+1)}=\frac{K}{s^v}\cdot G_0(s) \tag{4-55}$$

式中：K 为开环增益；v 为开环传递函数中包含的积分环节的个数；$G_0(s)$为开环传递函数去掉积分和比例环节后余下的部分。

根据系统拥有积分环节的个数 v 将系统进行分类：

当 $v=0$ 时，无积分环节，称为 0 型系统；

当 $v=1$ 时，有一个积分环节，称为Ⅰ型系统；

当 $v=2$ 时，有两个积分环节，称为Ⅱ型系统。

依次类推，一般 $v>2$ 的系统难以稳定，实际上很少见。

需要注意的是，系统的类型与系统的阶次是完全不同的两个概念。例如：

$$G_k(s)=\frac{K(2s+1)}{s(s+1)(10s+1)}$$

由于 $v=1$，有一个积分环节，故为Ⅰ型系统。但就系统的最高阶次而言，由分母部分可知系统是三阶系统。

将式（4-55）代入式（4-51），可得

$$e_{ssi}=\lim_{s\to0}sE(s)=\lim_{s\to0}s\frac{1}{1+G_k(s)}X_i(s)=\lim_{s\to0}s\frac{1}{1+\dfrac{K}{s^v}G_0(s)}X_i(s)=\lim_{s\to0}s\frac{1}{1+\dfrac{K}{s^v}}X_i(s) \tag{4-56}$$

在式（4-56）中当 $s\to0$ 时，$G_0(s)\to1$，故最后的表达式中去除了 $G_0(s)$。可以看出，系统的稳态误差和系统的开环增益 K、系统的型号 v、输入信号 $X_i(s)$有关。下面将进一步讨论不同类型的系统，在不同输入信号作用下的静态误差与稳态误差。

2. 静态误差系数与稳态误差

稳态误差与系统的型别有关，下面分析位置、速度和加速度三种信号输入时系统的稳态误差。

（1）静态位置误差系数 K_p。当单位阶跃信号 $x_i(t)=1$ 作为输入信号时，系统引起的稳态误差称为位置误差，输入信号的拉氏变换 $X_i(s)=1/s$，利用式（4-51 ）得系统的稳态误差为

$$e_{ssi}=\lim_{s\to0}sE(s)=\lim_{s\to0}\frac{s}{1+G_k(s)}\frac{1}{s}=\frac{1}{1+\lim\limits_{s\to0}G_k(s)}=\frac{1}{1+K_p} \tag{4-57}$$

静态位置误差系数 K_p定义为

$$K_p=\lim_{s\to0}G_k(s) \tag{4-58}$$

位置误差为

$$e_{ss}=\frac{1}{1+K_p} \tag{4-59}$$

对于 0 型系统（$v=0$）

$$K_p=\lim_{s\to0}KG_0(s)=K$$

0 型系统的位置误差为

$$e_{ssi}=\frac{1}{1+K}$$

对于Ⅰ型系统或高于Ⅰ型的系统

$$K_p=\lim_{s\to0}\frac{K}{s^v}G_0(s)=\infty$$

故Ⅰ型系统或高于Ⅰ型的系统位置误差为

$$e_{ssi}=\frac{1}{1+K_p}=0$$

以上表明，在单位阶跃作用下，$v=0$ 的系统为有差系统，此时开环增益 K 越大，稳态误差越小；$v\geqslant1$ 的系统为无差系统。说明在单位阶跃作用下**系统消除误差的条件是$\boldsymbol{v\geqslant1}$**，即在开环传递函数中至少要有一个积分环节才能使稳态误差为 0。K_p的大小反映了系统在阶跃输入下的稳态精度。K_p越大，e_{ssi}越小，说明 K_p反映了系统跟踪阶跃输入的能力。

(2) 静态速度误差系数 K_v。当单位斜坡信号 $x_i(t)=t$ 信号（也称为单位速度信号）作为输入信号时，系统引起的稳态误差称为速度误差，输入信号的拉氏变换 $X_i(s)=1/s^2$，利用式（4-51）得系统的稳态误差为

$$e_{ssi}=\lim_{s\to0}s\frac{1}{1+G_k(s)}\frac{1}{s^2}=\frac{1}{\lim\limits_{s\to0}s\cdot G_k(s)}=\frac{1}{K_v} \tag{4-60}$$

静态速度误差系数 K_v定义为

$$K_v=\lim_{s\to0}s\cdot G_k(s) \tag{4-61}$$

速度误差为

$$e_{ssi}=\frac{1}{K_v} \tag{4-62}$$

对于 0 型系统（$v=0$）

$$K_v=\lim_{s\to0}sKG_0(s)=0$$

0 型系统的速度误差为

$$e_{ssi}=\frac{1}{K_v}=\infty$$

对于Ⅰ型系统（$v=1$）

$$K_v=\lim_{s\to0}KG_0(s)=K$$

Ⅰ型系统的速度误差为

$$e_{ssi}=\frac{1}{K_v}=\frac{1}{K}$$

对于型Ⅱ系统及高于Ⅱ型的系统（$v\geqslant2$）

$$K_v=\lim_{s\to0}\frac{K}{s}G_0(s)=\infty$$

Ⅱ型及以上系统的速度误差为

$$e_{ssi}=\frac{1}{K_v}=0$$

以上表明，斜坡信号作用下系统消除误差的条件是 $v\geqslant2$，即开环传递函数中至少要有两个积分环节。K_v的大小反映了系统在斜坡输入下的稳态精度。K_v越大，e_{ssi}越小，说明K_v反映了系统跟踪斜坡输入的能力。根据 K_v计算的稳态误差是系统在跟踪速度阶跃输入时位置上的误差。

(3) 静态加速度误差系数 K_a。当单位加速度信号 $x_i(t)=\frac{1}{2}t^2$ 作为输入信号时（单位加速度输入信号也称为抛物线输入信号），系统引起的稳态误差称为加速度误差，输入信号的拉氏变换 $X_i(s)=\frac{1}{s^3}$，利用式（4-51）得系统的稳态误差为

$$e_{ssi}=\lim_{s\to0}\frac{sX_i(s)}{1+G_k(s)}=\frac{1}{\lim\limits_{s\to0}s^2\cdot G_k(s)}=\frac{1}{K_a} \tag{4-63}$$

静态加速度误差系数 K_a定义为

$$K_a=\lim_{s\to0}s^2\cdot G_k(s) \tag{4-64}$$

加速度误差为

$$e_{ssi}=\frac{1}{K_a} \tag{4-65}$$

对丁 0 型系统（$v-0$）和Ⅰ型系统（$v=1$）

$$K_a=\lim_{s\to0}s^{2-v}KG_0(s)=0$$

0 型系统（$v=0$）和Ⅰ型系统的加速度误差为

$$e_{ssi}=\frac{1}{K_a}=\infty$$

对于Ⅱ型系统

$$K_a=\lim_{s\to0}KG_0(s)=K$$

Ⅱ型系统的加速度误差为

$$e_{ssi}=\frac{1}{K_a}=K$$

对于Ⅱ型以上系统（$v\geqslant3$）

$$K_a=\lim_{s\to0}\frac{K}{s}G_0(s)=\infty$$

Ⅱ型以上系统的加速度误差为

$$e_{ssi}=\frac{1}{K_a}=0$$

由以上内容可以看出，**加速度信号作用下系统消除误差的条件是$v\geqslant 3$**，即开环传递函数中至少有三个积分环节。K_a的大小反映了系统在抛物线输入下的稳态精度。K_a越大，e_{ssi}越小，说明K_a反映了系统跟踪抛物线输入的能力。根据K_v计算的稳态误差是系统在跟踪加速度阶跃输入时位置上的误差。

当系统的输入信号由位置、速度和加速度分量组成时，所对应的稳态误差也是几个分量所单独引起的稳态误差之和，即当$X_i(t)=A+Bt+\frac{Ct^2}{2}$时，有

$$e_{ssi}(t)=\frac{A}{1+K_p}+\frac{B}{K_v}+\frac{C}{K_a}$$

通过上面的分析看出，同样一种输入信号，对于结构不相同的系统产生的稳态误差不同，系统型别越高，误差越小，即跟踪输入信号的无差能力越强。所以系统的型别反映了系统无差的度量，故又称无差度。0型、Ⅰ型和Ⅱ型系统又分别称为0阶无差、一阶无差和二阶无差系统。因此，型别是从系统本身结构的特征上，反映了系统跟踪输入信号的稳态精度。另一方面，型别相同的系统输入不同信号引起的误差不同，即同一个系统对不同信号的跟踪能力不同，从另一个角度反映了系统消除误差的能力。

将三种典型输入信号下的稳态误差与系统型别之间的规律关系综合在表4-2中，可由表4-2根据具体控制信号的形式，从精度要求方面正确选择系统型别。

表4-2　各类系统对三种输入信号的稳态误差

系统型别	静态误差系数			阶跃输入 $x_i(t)=A\cdot 1(t)$	斜坡输入 $x_i(t)=Bt$	加速度输入 $x_i(t)=\frac{Ct^2}{2}$
	K_p	K_v	K_a	位置误差 $e_{ss}=\frac{A}{1+K_p}$	速度误差 $e_{ss}=\frac{B}{K_v}$	加速度误差 $e_{ss}=\frac{C}{K_a}$
0	K	0	0	$\frac{A}{1+K}$	∞	∞
Ⅰ	∞	K	0	0	$\frac{B}{K}$	∞
Ⅱ	∞	∞	K	0	0	$\frac{C}{K}$

说明

（1）系统必须是稳定的，否则计算稳态误差没有意义。

（2）上述公式及表4-2中的K值是系统开环增益，即在开环传递函数中，各环节必须化成典型环节的形式，即尾1型。

（3）表4-2显示的规律是在单位反馈的情况下建立的。在非单位反馈的情况下，如果$H(s)$的分子和分母均不含有$s=0$的因子，其稳态误差与表4-2的结果相差一个常数倍。如果$H(s)$中含有$s=0$的因子，其稳态误差应当用式（4-52）计算。

(4) 增加系统开环传递函数中的积分环节 v 和增大开环增益 K 是消除和减小系统稳态误差的途径。但 v 和 K 值的增大，都会造成系统的稳定性变差。设计者的任务在于合理地解决这些相互制约的矛盾，选取合理的参数。

(5) 上述信号中的位置、速度和加速度是广义的，例如在温度控制系统中的“位置”表示温度信号，“速度”则表示温度的变化率。

【例 4-8】 控制系统的框图如图 4-27 所示，若输入信号 $x_i(t)=1(t)+t+\frac{t^2}{2}$，试求系统的稳态误差。

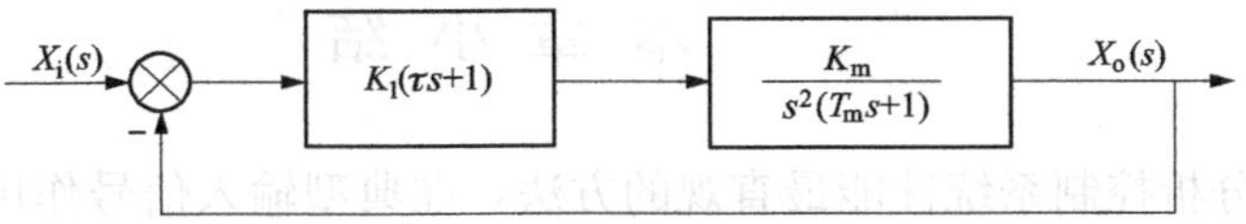

图 4-27 ［例 4-8］图

解 该系统的开环传递函数中含有两个积分环节，是Ⅱ型系统。开环增益为 K_1K_m，因此

当输入 $x_i(t)=1(t)$时，$e_{ssi1}=0$；

当输入 $x_i(t)=t$ 时，$e_{ssi2}=0$；

当输入 $x_i(t)=t^2/2$ 时，$e_{ssi3}=\frac{1}{K}=\frac{1}{K_1K_m}$。

所以系统由输入信号引起的稳态误差为

$$e_{ssi}=e_{ssi1}+e_{ssi2}+e_{ssi3}=\frac{1}{K_1K_m}$$

4.6.3 考虑干扰作用的系统稳态误差

控制系统除了承受输入信号作用外，还经常会受到各种干扰的作用，如负载的突变、温度的变化、电源的波动等，系统在扰动作用下的稳态误差反映了系统抗干扰的能力。显然，我们希望干扰引起的稳态误差越小越好，理想情况下误差为零。如果干扰不是随机的，而是能测量出来的简单信号，并且知道其作用点，这时可以计算由干扰引起的稳态误差。对于线性系统，系统同时受到输入信号和干扰信号的作用，系统的总误差为输入信号及干扰信号单独作用时产生的稳态误差的代数和。

在计算干扰引起的误差时，视输入 $X_i(s)$为零，如图 4-25 所示。干扰引起的误差如式 (4-53) 所示，同时考虑输入信号及扰动信号的总误差如式 (4-54) 所示。

【例 4-9】 如图 4-28 所示的系统，$G(s)=\frac{5}{s(s+1)}$，$H(s)=1$，试分析 $X_i(s)$和 $N(s)$均为单位阶跃信号时系统的稳态误差。

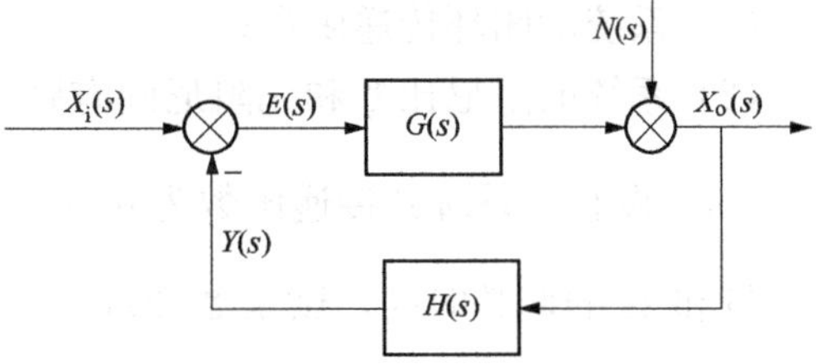

图 4-28 ［例 4-9］图

解 系统的开环传递函数为

$$G_k(s)=G(s)=\frac{5}{s(s+1)}$$

为Ⅰ型系统，由输入引起的稳态误差 $e_{ssi}=0$。

对比图 4-28 与图 4-25 可知，$G_1(s)=G(s)$，$G_2(s)=1$，将 $N(s)=1/s$ 代入式（4-54），可得

$$e_{ssn}=\lim_{s\to0}sE(s)=\lim_{s\to0}s\frac{-G_2(s)H(s)}{1+G_k(s)}N(s)=\lim_{s\to0}s\frac{-1}{1+G_k(s)}N(s)=\lim_{s\to0}s\frac{-1}{1+\frac{5}{s}}\frac{1}{s}=0$$

系统总的稳态误差为

$$e_{ss}=e_{ssi}+e_{ssn}=0+0=0$$

本章小结

时域分析法是分析控制系统性能最直观的方法，在典型输入信号作用下研究控制系统的时间响应对分析控制系统有很大帮助。

本章主要介绍时间响应的概念，在瞬态响应过程中，一阶系统、二阶系统在不同输入信号作用下的响应及影响控制系统性能的参数；稳态误差的概念及计算方法。

一阶系统时间常数 T 反映了控制系统惯性的大小，T 越大，响应越慢；反之，T 越小，响应越快。二阶系统的参数 ζ 和 ω_n 影响控制系统的性能，二阶系统的时域性能指标 t_r、t_p、t_s 反映系统响应的快速性，ζ 和 M_p 反映二阶系统的动态平稳性。

稳态误差标志着控制系统最终可能达到的控制精度。稳态误差不但与控制系统的结构参数有关，如系统的开环增益、系统的类型等，而且与外作用的形式及大小有关，同时还受干扰作用点的位置影响。

系统的型别和静态误差系数也是稳态精度的一种标志，型别越高，静态误差系数 K_p、K_v、K_a 越大，系统的稳态误差越小，即控制系统的精度越好。在实际系统中，Ⅰ型系统最常见，0、Ⅱ型次之。

习 题

4-1 对本章研究性课题进行求解，并整理写成求解报告，报告形式见附录 A。

4-2 假设系统的传递函数为 $G(s)=\frac{1}{Ts+1}$，当输入单位阶跃信号时，经 15s 系统响应达到稳定值得 98%，试确定系统的时间常数 T 及开环传递函数 $G(s)$。

4-3 已知系统的单位阶跃响应为 $c(t)=1-1.8e^{-4t}+0.8e^{-9t}$，试求：

（1）系统的闭环传递函数；

（2）系统的阻尼比 ζ 和无阻尼固有频率 ω_n。

4-4 设有一系统其传递函数为 $\Phi(s)=\frac{{\omega_n}^2}{s^2+2\zeta\omega_n+\omega_n^2}$，为了使系统的阶跃响应有 5% 的超调量和 2s 的调整时间，试求 ζ 和 ω_n。

4-5 设单位反馈系统的开环传递函数为 $G(s)=\frac{4}{s(s+5)}$，试求该系统的单位阶跃响应和单位脉冲响应。

4-6 已知单位负反馈系统的开环传递函数为 $G(s)=\frac{K}{s(Ts+1)}$，若要求 $\sigma \leqslant 15\%$，$t_s=6s$（误差带按 $\pm 5\%$），试确定 K、T 的值。

4-7 设单位反馈系统的开环传递函数为 $G(s)=\frac{1}{s(s+1)}$，试求该系统单位阶跃响应的动态性能指标上升时间 t_r、峰值时间 t_p、调整时间 t_s、最大超调量 $\sigma\%$、振荡次数 N。

4-8 已知单位负反馈控制系统的开环传递函数，分别求出当输入信号为 $1(t)$、t、t^2 时的稳态误差。

(1) $G(s)=\frac{7(s+1)}{s(s+4)(s^2+2s+2)}$；

(2) $G(s)=\frac{8(0.5s+1)}{s^2(0.1s+1)}$。

4-9 已知控制系统的开环传递函数为 $G(s)=\frac{100}{s(0.1s+1)}$，试求：

(1) 系统的静态误差系统 K_p、K_v、K_a；

(2) 输入信号时 $x_i(t)=a_0+a_1t+a_2t^2$ 系统的稳态误差。

4-10 假设温度计可用 $\frac{1}{Ts+1}$ 传递函数描述其特性，现用温度计测量盛在容器内的水温，发现需要 1min 的时间才能指示出实际水温 98%的数值，求温度计的时间常数 T。如果给容器加热，使水温以 10℃/min 的速度变化，此时温度计的稳态指示误差是多少？

授课视频

5 控制系统频域分析

对于控制系统，除了可以在时域内进行分析外，还可从频域内进行研究。频域分析法是借助系统的频率特性来分析系统的性能，因而也称为频率特性或频率法。频率法是经典控制理论的核心，是广泛应用的一种方法。本章主要讲述频率特性的图解法。

基于本章的研究性课题

（1）二阶系统欠阻尼数值变化对于幅频特性的影响分析。已知弹簧质量块阻尼系统的传递函数为 $G(s)=k/(ms^2+Ds+k)$，$k=1000\text{N/m}$，$m=10\text{kg}$，当 $D=20$：20：200 N·s/m 时，编程求系统阻尼比，并绘制系统的伯德图和奈氏图，分析阻尼比变化对幅相频特性的影响。

（2）二阶系统质量与刚度参数变化对于频率的影响分析。如图 3-1 所示，汽轮发电机转子可等效为质量为 m、半径为 r 的圆盘，由无质量铰支梁连接的旋转系统，输入为 θ_i，输出为 θ_o，若单位归一化处理后 $r=2$，$k=1000$，$D=50$，编程求 $m=100$：100：1000 时系统的固有频率和伯德图；以及 $m=400$，$k=100$：100：1000 时的固有频率和奈氏图。

5.1 频率特性的含义与求取方法

5.1.1 频率特性的含义

频率特性的内涵是在频率响应的基础上提出的。控制系统对正弦信号（或谐波信号）的稳态响应称为频率响应。线性定常系统对于正弦信号的响应也和其他典型信号的响应一样，包含瞬态响应和稳态响应，其瞬态部分不是正弦波形，稳态部分是和输入的正弦信号频率相同的正弦波形，但振幅及相位与输入量不同。下面举例说明。

【例 5-1】 弹簧阻尼机械系统如图 5-1 所示。k 为弹簧刚度系数，单位是 N/m，D 为阻尼系数，单位是 m/(s·N)。当输入正弦力 $f(t)=F\sin\omega t$ 时，求其位移 $x(t)$ 的稳态输出。其中，F 为力的幅值，单位是 N。

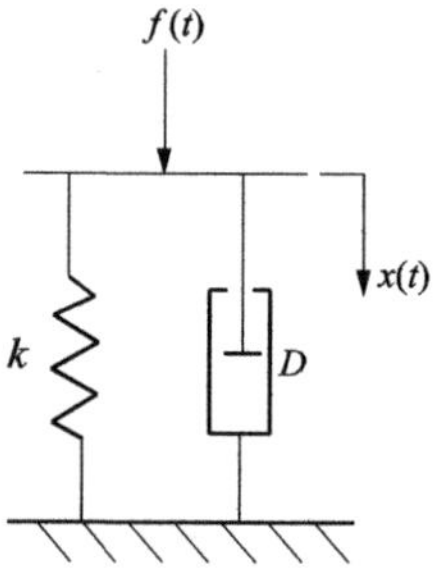

图 5-1 弹簧阻尼机械系统

解 该机械系统的传递函数为

$$\frac{X(s)}{F(s)}=\frac{1}{Ds+k}=\frac{1/k}{\frac{D}{k}s+1}=\frac{1/k}{Ts+1}$$

式中：T 为系统的时间常数，$T=D/k$，s。

输入信号的拉氏变换为 $F(s)=F\omega/(s^2+\omega^2)$，所以位移输出 $x(t)$ 的拉氏变换为

$$X(s)=\frac{1/k}{Ts+1}\,\frac{F\omega}{s^2+\omega^2}=\frac{a}{Ts+1}\,\frac{bs+c}{s^2+\omega^2}$$

其中，a、b、c 为待定系数，用拉氏反变换方法可以求出其值并代入上式，取拉氏反变

换加以整理可得到位移输出 $x(t)$ 为

$$x(t)=\frac{F/k}{\sqrt{1+\omega^2T^2}}\sin(\omega t-\arctan\omega T)+\frac{\omega TF/k}{1+\omega^2T^2}e^{-\frac{t}{T}}$$

其中，等号右边第一项为稳态分量，第二项为瞬态分量，随着时间 $t\to\infty$，瞬态分量衰减为零，所以稳态位移输出为

$$x(t)=\frac{1/k}{\sqrt{1+\omega^2T^2}}F\sin[\omega t-\arctan(\omega T)]=X\sin[\omega t-\arctan(\omega T)]$$

式中：X 为输出位移的幅值。

将输出与输入的幅值相比、输出与输入的相角相减，发现得到的结果均与角频率 ω 有关。分别将幅值相比得到的结果写为 $A(\omega)$、相角相减的结果写为 $\varphi(\omega)$，则有

$$\begin{cases}A(\omega)=\dfrac{X}{F}=\dfrac{1/k}{\sqrt{1+\omega^2T^2}}\\ \varphi(\omega)=-\arctan(\omega T)\end{cases}\tag{5-1}$$

由［例 5-1］的结果可以看出，过渡过程结束后，输出的稳态响应仍是一个与输入信号同频率的正弦信号，只是幅值变为输入正弦信号幅值的 $\frac{1/k}{\sqrt{1+\omega^2T^2}}$ 倍，相位则滞后了 $\arctan(\omega T)$。正弦输入及其稳态输出是频率相同的正弦信号。位移输出的幅值 X 与输入力的幅值 F 成比例，比例系数 $A(\omega)$ 及输入/输出间的相位移角 $\varphi(\omega)$，两个量都是频率的函数，并与系统参数 k、D 有关。

基于［例 5-1］的分析，我们可得到频率特性的实质含义。

频率特性是线性系统或环节在正弦函数作用下，稳态输出与输入之比对频率的关系特性。因此又称作正弦传递函数或频响函数，用 $G(j\omega)$ 表示，它同时包括幅频特性 $A(\omega)$ 和相频特性 $\varphi(\omega)$。**幅频特性 $A(\omega)$ 是指输出与输入的幅值比值（amplitude）随频率（frequency）的变化特性；相频特性 $\varphi(\omega)$ 是指输出与输入的相位滞后量/超前量随频率的变化特性。**频率特性通常写成同时包含幅值和相角信息的复数形式 $A(\omega)e^{j\varphi(\omega)}$ 来表示。其中，**$e^{j\varphi(\omega)}$ 是仅代表相角的复指数表示形式，其幅值为 1**，相应证明如下：

由于

$$e^{j\varphi(\omega)}=\cos[\varphi(\omega)]+j\sin[\varphi(\omega)]\tag{5-2}$$

其模为实部平方加虚部平方后开根号，即

$$|e^{j\varphi(\omega)}|=\sqrt{\cos^2[\varphi(\omega)]+\sin^2[\varphi(\omega)]}=1\tag{5-3}$$

5.1.2 频率特性的求取与应用

1. 频率特性的求取

频率特性一般可通过以下三种方法得到：

(1) 根据已知系统的微分方程或传递函数，把输入信号以正弦函数代入，求其稳态解，取输出稳态分量和输入正弦函数的复数之比即得（［例 5-1］中所用的方法）。

(2) 根据传递函数来求取，将传递函数中的复变量 s 用纯虚数 $j\omega$ 来代替。

(3) 通过实验测得。

一般经常采用的是后两种方法。

本书主要根据传递函数求取系统的频率特性。仍以图 3-1 的机械系统为例，其传递函

数为

$$G(s)=\frac{1/k}{Ts+1}$$

将传递函数中的复变量 s 用纯虚数 $j\omega$ 来代替，便可得频率特性的表达式：

$$G(j\omega)=\frac{1/k}{j\omega t+1} \tag{5-4}$$

取它的幅值 $|G(j\omega)|$ 和相角 $\angle G(j\omega)$，正是式（5-1）。这并不是巧合，实际上频率特性就是传递函数的一种特殊情况，即 $s=\sigma+j\omega$ 中的 $\sigma=0$ 的情况。

这种以 σ 代替 s 由传递函数得到频率特性的方法，对于线性定常系统是普遍适用的，关于这一点的详细证明可参阅有关书籍，也会在后续的测试技术课程中有所涉及。事实上，令复变量 $s=\sigma+j\omega$ 中的实部 $\sigma=0$，代入拉氏变换定义式（2-1），此时的拉氏变换有一个专门的名称，称为傅里叶变换，即

$$F[f(t)]=F(j\omega)=\int_0^{\infty} f(t)e^{-j\omega t}dt \tag{5-5}$$

式中：F 为傅里叶变换符号；$F(j\omega)$ 为 $f(t)$ 的傅里叶变换函数，即象函数；$f(t)$ 称为原函数，它是 $F(j\omega)$ 的傅里叶反变换，可写为 $f(t)=F^{-1}[F(j\omega)]=\frac{1}{2\pi}\int_{-\infty}^{\infty}F(j\omega)e^{j\omega t}d\omega$，$t>0$，$F^{-1}$ 为傅里叶反变换的符号。

在实际应用中，为了方便，通常会把 $G(j\omega)$ 写为 $G(\omega)$。因此，可以简单地理解为傅里叶变换是拉氏变换的一种特殊情况。传递函数是系统输出的拉氏变换与输入拉氏变换之比，那么，可将频响函数（频率特性）定义为输出的傅里叶变换与输入傅里叶变换之比，即

$$G(j\omega)=\frac{X_o(j\omega)}{X_i(j\omega)} \tag{5-6}$$

频响函数（频率特性）像传递函数一样能表示系统的性能，有关传递函数的公式对频率特性也适用。频率特性的量纲与输入信号之比的量纲相同。

2. 频率特性的应用

在实际应用中，常通过输入信号幅值与幅频特性来快速获得输出信号的幅值，通过相频特性来快速获取输出信号相对于输入信号的滞后/超前角度，从而方便快速地获取稳态输出信号。

【例 5-2】 图 5-1 所示的机械系统中，设 $k=10\text{N/m}$，$D=10\text{N}\cdot\text{s/m}$，求输入幅值为 1N、两种频率下的正弦力，即 $f(t)=\sin t$ 和 $f(t)=\sin 100t$ 时，系统的稳态位移输出。

解 由频率特性的幅值和相角来求稳态位移输出，系统的频率特性可直接由其传递函数获得，即

$$G(j\omega)=\frac{1/k}{1+j\omega T}$$

其中，$T=D/k=1\text{s}$。

求取幅频特性和相频特性，得

$$\begin{cases}A(\omega)=\dfrac{1/k}{\sqrt{1+\omega^2T^2}}\\ \varphi(\omega)=-\arctan(\omega T)\end{cases}$$

当 $\omega=1\text{s}^{-1}$ 时，代入计算得到 $G(j\omega)$ 的幅值和相角为

$$\begin{cases}A(\omega)=\dfrac{0.1}{\sqrt{1+\omega^2T^2}}=\dfrac{0.1}{\sqrt{2}}(\mathrm{m/N})\\ \varphi(\omega)=-\arctan(\omega T)=-\arctan 1=-45^\circ\end{cases}$$

所以 $f(t)=\sin t$ 时的稳态位移输出为

$$x(t)=\frac{0.1}{\sqrt{2}}\sin(t-45^\circ)\ \mathrm{m}$$

当 $\omega=100\mathrm{s}^{-1}$时，代入计算得到 $G(\mathrm{j}\omega)$的幅值和相角为

$$\begin{cases}A(\omega)=\dfrac{0.1}{\sqrt{1+100^2}}\approx\dfrac{0.1}{100}=0.001(\mathrm{m/N})\\ \varphi(\omega)=-\arctan 100\approx-89.4^\circ\end{cases}$$

所以 $f(t)=\sin 100t$ 时的稳态位移输出为

$$x(t)=0.001\sin(100t-89.4^\circ)\ \mathrm{m}$$

由［例 5-2］机械系统的频率特性可以看出，该系统频率特性的幅值 $A(\omega)$随着频率的升高而衰减。换而言之，频率特性表示了系统对不同频率正弦信号的复观能力或跟踪能力。在频率较低时，$\omega T\ll 1$，输入信号基本可以按原比例在输出端复现出来，而在频率较高时，输入信号就被抑制而不能传递出去。对于实际中的系统，虽然形式不同，但一般都有这样的低通滤波及相位滞后作用。

此外，频率特性随频率而变化，是因为系统含有储能元件。实际系统中往往存在弹簧、惯量或电容、电感这些储能元件，它们在能量交换时，对不同频率的信号会使系统显示出不同的特性。

最后需要指出的是，频率特性反映系统本身的特点，系统元件的参数（如机械系统的 k、D、m）给定以后，频率特性就完全确定，系统随 ω 变化的规律也就完全确定。就是说，系统具有什么样的频率特性，取决于系统结构本身，与外界因素无关。

5.1.3 频率特性的数学内涵

频率特性 $G(\mathrm{j}\omega)$在数学本质上而言是一种数学模型，表达的是系统输出与输入幅值及相角相对变化与输入信号频率之间的映射关系。

在第 3 章中，我们学习的微分方程也是一种数学模型，它是在时域中通过微分方程来描述系统输入、输出之间的变化关系，写成以 t 为变量的函数形式。在实际应用中，为了更直观和更具有代表性，通常取单位脉冲信号作为系统输入，这种情况下所得到的系统输出 $h(t)$ 称为系统的单位脉冲响应函数。

若将微分算子用复变量 s 来代换，即通过拉氏变换，可得到传递函数 $G(s)$的表达形式。传递函数事实上在复数域内对输入输出关系进行描述的数学模型。事实上，对传递函数 $G(s)$ 进行拉氏反变换，得到的即为单位脉冲响应函数 $h(t)$。

用 $\mathrm{j}\omega$ 代换 s 则得到频率特性（频响函数）$G(\mathrm{j}\omega)$的形式。这是一种在频率域内对输入/输出关系进行描述的数学模型。

频率特性（频响函数）、传递函数、单位脉冲响应函数虽然在表现形式上有所不同，但它们所表达的输入、输出之间的映射关系本质是一致的，只是表达的“域”有所不同，三者的对应关系如图 5-2 所示。

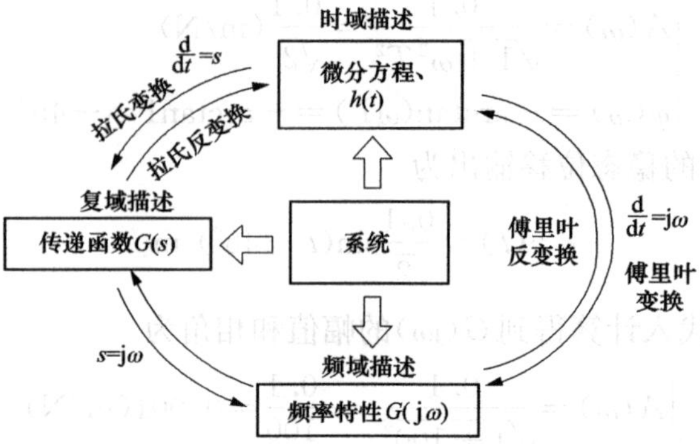

图 5-2 系统数学模型的关系

5.2 频率特性的表示方法

频率特性主要有代数解析法和图示法两种表示方式。其中，代数解析法包括复数表示法和指数表示法；图示法包括幅相频特性曲线（即奈氏图）和对数频率特性图（即伯德图）。

5.2.1 代数解析法

1. 复数表示法

由于频率特性是一个复变函数，故可在复平面上用复数表示，如图 5-3 所示。

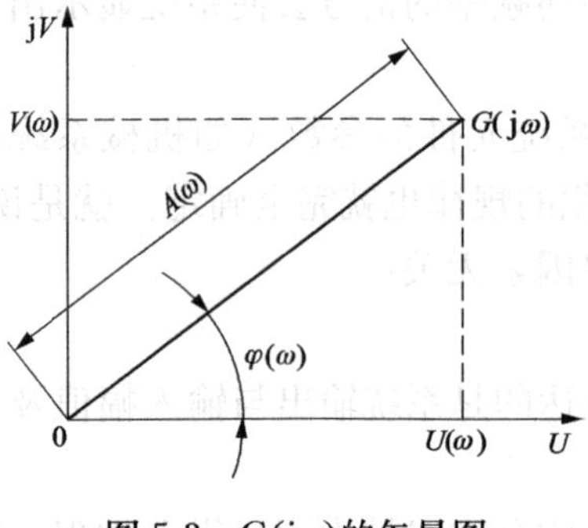

图 5-3 $G(j\omega)$的矢量图

将 $G(j\omega)$分解为实部和虚部，即

$$G(j\omega)=U(\omega)+jV(\omega) \tag{5-7}$$

式中：$U(\omega)$为 $G(j\omega)$的实部，称为实频特性，是 ω 的偶函数；$V(\omega)$为 $G(j\omega)$虚部，称为虚频特性，是 ω 的奇函数。

2. 指数表示法

$$G(j\omega)=A(\omega)e^{j\varphi(\omega)} \tag{5-8}$$

式中：$A(\omega)$为 $G(j\omega)$的幅值，即幅频特性；$\varphi(\omega)$为 $G(j\omega)$的相角，即相频特性。

由图 5-1 可知，$G(j\omega)$的幅值、相角、实部、虚部之间有以下的换算关系：

$$A(\omega)=|G(j\omega)|=\sqrt{[U(\omega)]^2+[V(\omega)]^2} \tag{5-9}$$

$$\varphi(\omega)=\angle G(j\omega)=\arctan\left[\frac{V(\omega)}{U(\omega)}\right] \tag{5-10}$$

$$U(\omega)=\mathrm{Re}G(j\omega)=A(\omega)\cos\varphi(\omega) \tag{5-11}$$

$$V(\omega)=\mathrm{Im}G(j\omega)=A(\omega)\sin\varphi(\omega) \tag{5-12}$$

所以有

$$G(j\omega)=A(\omega)e^{j\varphi(\omega)}=A(\omega)[\cos\varphi(\omega)+j\sin\varphi(\omega)]$$

它们都是 ω 的函数，可以用曲线表示它们随频率变化的关系。

5.2.2 图示法

用曲线图形表示系统的频率特性，具有直观、方便的优点，常用的几何表示方法有奈奎斯特（Nyquist）图和伯德（Bode）图等。奈奎斯特图和伯德图在系统分析和研究中很有用处。

1. 幅相频率特性曲线

在复平面上表示 $G(j\omega)$的幅值$|G(j\omega)|$和 $G(j\omega)$的相角$\angle G(j\omega)$随频率 ω 的改变而变化的关系图，称为幅相频率特性曲线，也称为极坐标图或奈奎斯特图，简称奈氏图。它是当频率 ω 变化时，矢量 $G(j\omega)$在复平面上移动所描绘出的矢端轨迹就是系统的频率特性图。

更直观的理解是：频率特性包含实部与虚部，每一个 ω 下所对应的实部 $U(\omega)$值对应于横坐标数值，虚部 $V(\omega)$对应于纵坐标数值，将横坐标值与纵坐标值所交汇的点画出，即为此 ω 对应情况下的 $G(j\omega)$，该点到坐标原点的距离为其幅值，与横轴的夹角角即为其相角，相角在数值上等于 $\arctan[V(\omega)/U(\omega)]$。

若将 ω 从$-\infty$到∞所对应的所有交汇点连成线，则所构成的 $G(j\omega)$的轨迹即为奈氏图。完整的奈氏图对应的频率范围为从$-\infty$到∞，其中，从$-\infty$到 0 所对应的轨迹与从 0 到∞所对应的轨迹关于横轴对称。因此，只要得到从 0 到∞所对应的轨迹图，便可根据对称性快速得到另外一半从$-\infty$到 0 所对应的轨迹图。在实际绘制过程中，一般只绘制从 0 到∞所对应的轨迹部分，如图 5-4 所示。

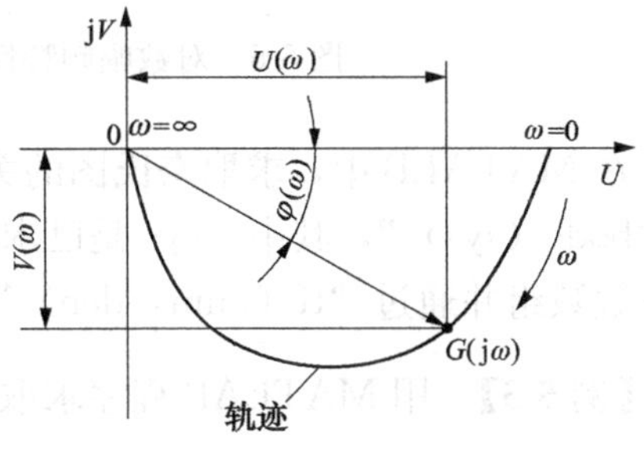

图 5-4 ω 从 0 到∞所对应的幅相频特性图

2. 对数频率特性图

对数幅频、相频特性曲线又称为伯德图，由对数幅频特性图和对数相频特性图组成，分别表示控制系统的幅频特性和相频特性。

对数幅频特性图的纵坐标表示幅频特性 $A(\omega)$的常用对数的 20 倍，即 $L(\omega)=20\lg A(\omega)$，单位为 dB（分贝）；横坐标表示频率 ω，但采用的是对数分度，在对数坐标纸上标注 ω 的自然数值。该坐标的特点：若在横轴上任意取两点，使两点的频率满足$\frac{\omega_2}{\omega_1}=10$，即 ω_1 和 ω_2 两点间距离为 $\lg\left(\frac{\omega_2}{\omega_1}\right)=\lg 10=1$，因此，不论起点如何，只要角频率 ω 变化 10 倍，在横轴上线段长均等于 1 个单位，称为一个 10 倍频程，以 dec 表示，其单位为 rad/s。

对数相频特性图的纵坐标表示相频特性 $\varphi(\omega)$，即 $\varphi(\omega)=\angle G(j\omega)$，单位为度（°）；横坐标与对数幅频特性图的横坐标相同。对数幅频特性图和对数相频特性图的横坐标与纵坐标如图 5-5 所示。

由于横坐标采用对数分度，因此，$\omega=0$ 不能在横坐标上表示出来。横坐标上表示的最低频率可由系统分析所需的频率范围来确定。

3. 奈氏图与伯德图的 MATLAB 实现

由于计算机的广泛普及，新时代下应用程序进行频率特性图形的快速绘制已成为必备要求。

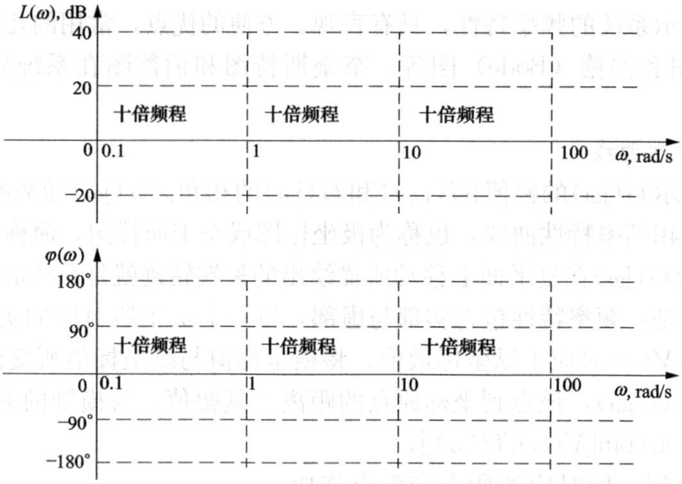

图 5-5 对数幅频特性图和对数相频特性图的横坐标、纵坐标

在 MATALB 中，求取奈氏图的关键命令为“nyquist（sys）”，求取伯德图的关键命令为“bode（sys）”，其中，sys 是已求取获得的传递函数，一般通过定义传递函数分子、分母系数数组并通过“tf（num，den）”来获取，详细可查阅本书第 3 章。

【例 5-3】 用 MATLAB 程序求取系统 $G(s)=\frac{1}{s^2+s+1}$ 的奈氏图和伯德图。

解 求解程序如下：

```
num= [1]; %定义分子系数
den= [1,1,1];%定义分母系数
sys= tf(num,den);%求系统传递函数
figure(1)%第一张图
nyquist(sys)%绘制奈氏图
figure(2)%第二张图
bode(sys)%绘制伯德图
```

求解结果如图 5-6 所示。

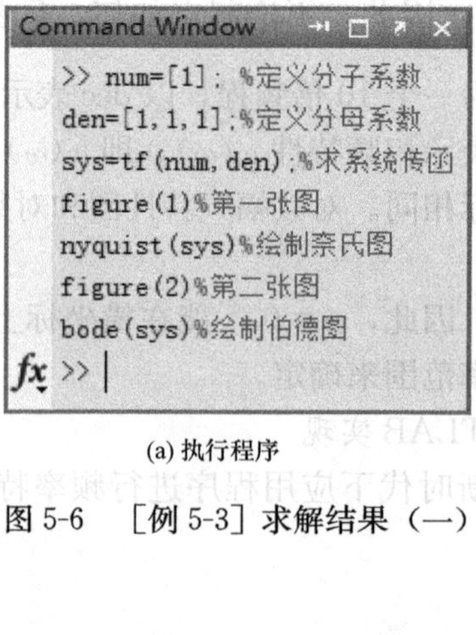

(a) 执行程序

图 5-6 ［例 5-3］求解结果（一）

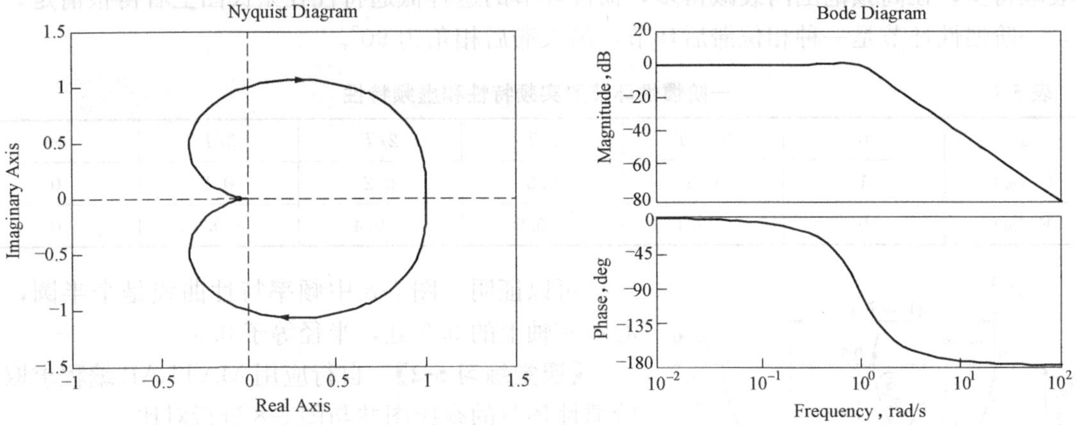

(b) 奈氏图　　　　(c) 伯德图

图 5-6 ［例 5-3］求解结果（二）

5.3 典型环节的奈氏图与伯德图

一般控制系统都可以看成是由典型环节组成的，所以控制系统的频率特性也都是由典型环节的频率特性组成的。因此，熟悉典型环节的频率特性对了解控制系统的频率特性和分析系统，会带来很大的方便。下面介绍典型环节的奈氏图和伯德图。

5.3.1 典型环节的奈氏图

1. 比例环节

比例环节的频率特性 $G(j\omega)=K=Ke^{j0}$。实频特性 $U(\omega)=K$，虚频特性 $V(\omega)=0$；或表示为幅频特性 $A(\omega)=K$，相频特性 $\varphi(\omega)=0$。

幅频特性 $A(\omega)$ 为常数，相频特性为 0°，频率特性不随频率 ω 变化。故其幅相频率特性曲线为实轴上的一个点，如图 5-7 所示。

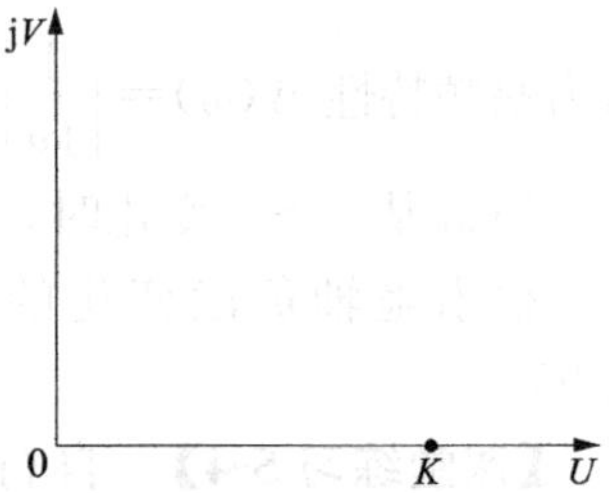

图 5-7 比例环节奈氏图

【课堂练习 5-1】 自行应用 MATLAB 编程求取比例环节的奈氏图并与图 5-7 进行对比。

2. 一阶惯性环节

将 $s=j\omega$ 代入一阶惯性环节的传递函数 $1/(Ts+1)$ 中，可得一阶惯性环节的频率特性 $G(j\omega)=\dfrac{1}{1+(\omega T)^2}-j\dfrac{\omega T}{1+(\omega T)^2}$。实频特性 $U(\omega)=\dfrac{1}{1+(\omega T)^2}$，虚频特性 $V(\omega)=\dfrac{\omega T}{1+(\omega T)^2}$；或表示为幅频特性 $A(\omega)=\dfrac{1}{\sqrt{1+(\omega T)^2}}$，相频特性 $\varphi(\omega)=-\arctan\omega T$。

ω 在 $0\to\infty$ 范围内取值，分别计算出 $U(\omega)$ 和 $V(\omega)$ 的值［或计算 $A(\omega)$ 和 $\varphi(\omega)$ 的值］，计算结果列于表 5-1。

按表 5-1 中的数值绘出的奈氏图，如图 5-8 所示。当 $\omega=0$ 时，$A(\omega)=1$，$\varphi(\omega)=0°$；而当 $\omega\to\infty$，$A(\omega)\to0$，$\varphi(\omega)\to-90°$，这说明在低频范围内，输入信号通过惯性环节后幅

值衰减得少，在高频范围内衰减得多，惯性环节的这种低通特性在奈氏图上看得很清楚。同时，一阶惯性环节是一种相位滞后环节，最大滞后相角为 90°。

表 5-1 一阶惯性环节的实频特性和虚频特性

ω	0	$0.5/T$	$1/T$	$2/T$	$3/T$	∞
$U(\omega)$	1	0.8	0.5	0.2	0.1	0
$V(\omega)$	0	−0.4	−0.5	−0.4	−0.3	0

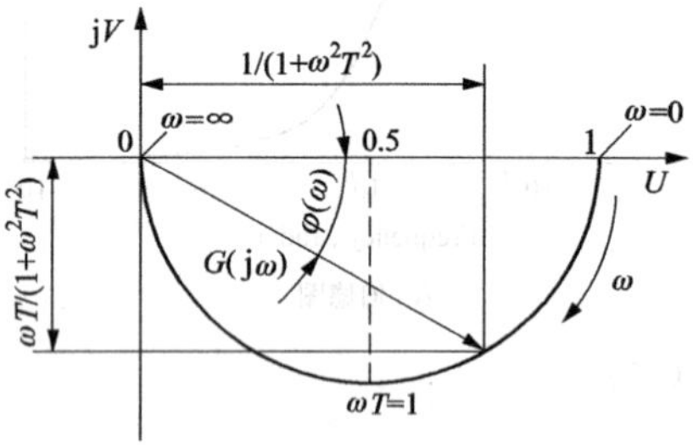

图 5-8 惯性环节奈氏图

可以证明，图 5-8 中频率特性曲线是个半圆，圆心在实轴上的 0.5 处，半径等于 0.5。

【课堂练习 5-2】 自行应用 MATLAB 编程求取一阶惯性环节的奈氏图并与图 5-8 进行对比。

3. 微分环节

微分环节的频率特性为 $G(j\omega)=j\omega$。实频特性 $U(\omega)=0$，虚频特性 $V(\omega)=\omega$；或表示为幅频特性 $A(\omega)=|j\omega|=\omega$，相频特性 $\varphi(\omega)=90°$。

当 ω 从 $0\to\infty$ 变化时，幅值 $A(\omega)$ 由 $0\to\infty$ 变化，相角总是 90°，故其幅相频率特性曲线是一根沿虚轴正段变化的直线，如图 5-9 所示。

【课堂练习 5-3】 自行应用 MATLAB 编程求取微分环节的奈氏图并与图 5-9 进行对比。

4. 积分环节

积分环节的频率特性为 $G(j\omega)=\dfrac{1}{j\omega}$。实频特性 $U(\omega)=0$，虚频特性 $V(\omega)=-\dfrac{1}{\omega}$；或表示为幅频特性 $A(\omega)=\left|\dfrac{1}{j\omega}\right|=\dfrac{1}{\omega}$，相频特性 $\varphi(\omega)=-90°$。

当 ω 从 $0\to\infty$ 变化时，幅值 $A(\omega)$ 由 $0\to\infty$ 变化，相角总是 −90°，故其幅相频率特性线是一根沿虚轴负段变化的直线，如图 5-10 所示，积分环节也是相位滞后环节，滞后角是 90°。

【课堂练习 5-4】 自行应用 MATLAB 编程求取积分环节的奈氏图并与图 5-10 进行对比。

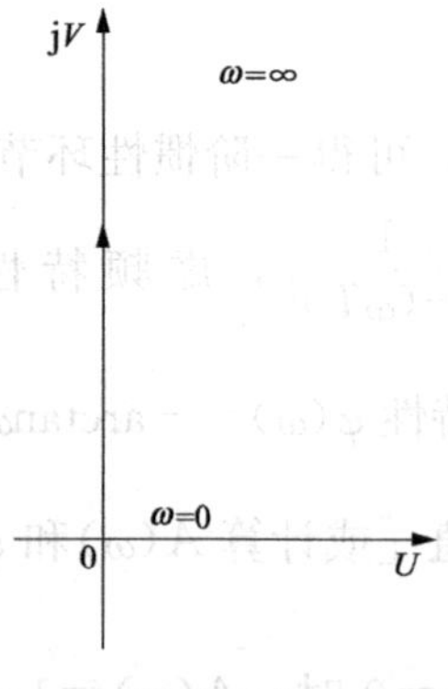

图 5-9 微分环节的奈氏图

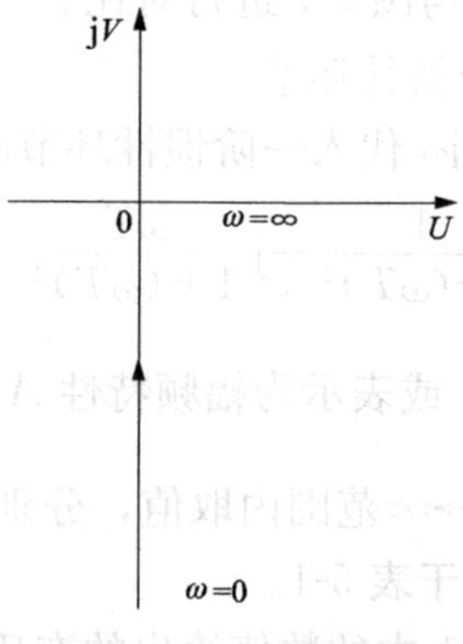

图 5-10 积分环节的奈氏图

5. 二阶振荡环节

二阶振荡环节传递函数的标准形式为

$$G(s)=\begin{cases}\dfrac{1}{T^2s^2+2\zeta Ts+1} & (尾1型)\\ \dfrac{\omega_n^2}{s^2+2\zeta\omega_n s+\omega_n^2} & (首1型)\\ T=\dfrac{1}{\omega_n}\end{cases}$$

将 $s=j\omega$ 代入至尾 1 型中可得到其频率特性为

$$G(j\omega)=\frac{1}{T^2(j\omega)^2+2\zeta T(j\omega)+1}$$
$$=\frac{1-\omega^2T^2}{(1-\omega^2T^2)^2+(2\zeta T\omega)^2}+j\frac{-2\zeta T\omega}{(1-\omega^2T^2)^2+(2\zeta T\omega)^2}$$

其实频特性、虚频特性、幅频特性、相频特性分别是

$$\begin{cases}U(\omega)=\dfrac{1-\omega^2T^2}{(1-\omega^2T^2)^2+(2\zeta T\omega)^2}\\ V(\omega)=\dfrac{-2\zeta T\omega}{(1-\omega^2T^2)^2+(2\zeta T\omega)^2}\end{cases}$$

$$\begin{cases}A(\omega)=\dfrac{1}{\sqrt{(1-\omega^2T^2)^2+(2\zeta T\omega)^2}}\\ \varphi(\omega)=\begin{cases}\arctan\left(-\dfrac{2\zeta T\omega}{1-\omega^2T^2}\right) & \omega<\dfrac{1}{T}\\ -\pi+\arctan\left(-\dfrac{2\zeta T\omega}{1-\omega^2T^2}\right) & \omega>\dfrac{1}{T}\end{cases}\end{cases}$$

当 $\omega=0$ 时，$A(\omega)=1$，$\varphi(\omega)=0$，幅相频率特性曲线和正实轴相交。

当 $\omega\to\infty$ 时，$A(\omega)\to 0$，$\varphi(\omega)\to -180°$，幅相频率特性曲线和负实轴相切。

幅相频率特性曲线从第Ⅳ象限开始，随 ω 增大，沿逆时针方向旋转，穿过虚轴，在第Ⅲ象限内终止于坐标原点，如图 5-11 所示。

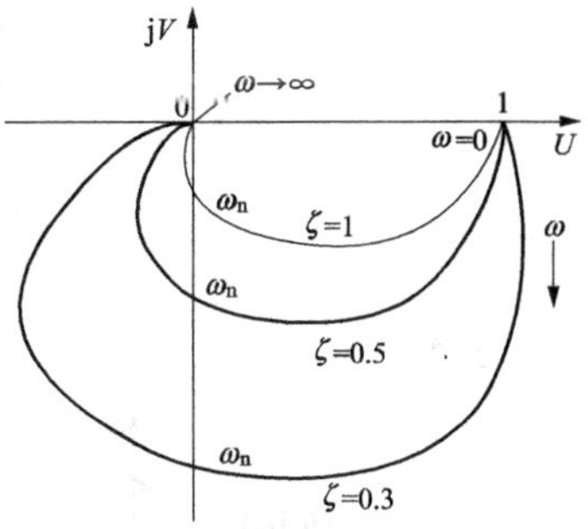

图 5-11 二阶振荡环节的奈氏图

在 $0<\zeta<1$ 的欠阻尼情况下，当 $\omega=1/T$ 时，$A(\omega)=1/2\zeta$，$\varphi(\omega)=-90°$，幅相频率特性曲线与负虚轴相交，相交处的频率 $\omega=1/T=\omega_n$。ω_n 就是无阻尼固有频率。这个交点很有用，如果能用实验方法绘出二阶振荡环节的奈氏图，则可由曲线与负虚轴交点处的坐标长度确定 ζ 的值，由相交点的频率确定 ω_n，并由 ζ 和 ω_n 确定传递函数。

二阶振荡环节幅相频率特性曲线的准确形状与阻尼比 ζ 有关。

由图 5-11 可以看出，当 ζ 较大时，曲线的幅值随 ω 的增大单调减小，当 ζ 足够大时，曲线类似于惯性环节奈氏图的半圆形状；当 ζ 较小时，$A(\omega)$ 的值随 ω 的增加而增大，出现一个最大值 A_{max}，然后逐渐减小，这个最大的幅值称为谐振峰值，用 M_r 表示。出现峰值时对应的频率称为谐振频率 ω_r，将二阶振荡环节的幅频特性 $A(\omega)=\dfrac{1}{\sqrt{(1-\omega^2T^2)^2+(2\zeta T\omega)^2}}$

求一次微分，并令它等于零，可得ω_r与阻尼比ζ的关系式如下：

$$\omega_r=\frac{1}{T}\sqrt{1-2\zeta^2}=\omega_n\sqrt{1-2\zeta^2} \tag{5-13}$$

由式（5-13）可以看出，当$\zeta=1/\sqrt{2}=0.707$时，谐振频率$\omega_r=0$，这说明$A(\omega)$在$\omega=0$处的值最大。当$\zeta>0.707$时，ω_r为虚数，说明ω_r不存在，不出现谐振峰。只有当$\zeta<0.707$时，式（5-13）才有意义。把$\omega_r=\omega_n\sqrt{1-2\zeta^2}$代入二阶振荡环节的幅频特性$A(\omega)$中，可以求得其谐振峰值为

$$M_r=A(\omega)_{max}=\frac{1}{2\zeta\sqrt{1-2\zeta^2}} \tag{5-14}$$

当$\zeta\to0$时，$\omega_r\to\omega_n$，$M_r\to\infty$，此时系统是以无阻尼固有频率进行振荡的，相角为$-90°$。二阶振荡环节为相位滞后环节，最大滞后相角为$-180°$。

【课堂练习 5-5】 参考以下 MATLAB 程序求取$\omega_n=1$、阻尼比从 0.1 到 1 变化时二阶振荡环节的奈氏图，并将所得结果与图 5-11 进行对比。

```
clear; clc; %清除变量并清屏
num= [1]; %定义分子系数
for ks= 0.1:0.1:1  %阻尼比ζ从 0.1 开始并以 0.1 为步长递增
den= [1,2 * ks,1];%定义分母系数
sys= tf(num,den);%求系统传递函数
nyquist(sys)%绘制奈氏图
hold on %图形保持
end  %循环结束
```

6. 一阶复合微分环节

一阶复合微分环节（$\tau s+1$）的频率特性为$G(j\omega)=1+j\tau\omega$，其实频特性、虚频特性、幅频特性、相频特性分别为

$$\begin{cases}U(\omega)=1\\V(\omega)=\tau\omega\\A(\omega)=|1+j\tau\omega|=\sqrt{1+(\tau\omega)^2}\\\varphi(\omega)=\arctan(\tau\omega)\end{cases}$$

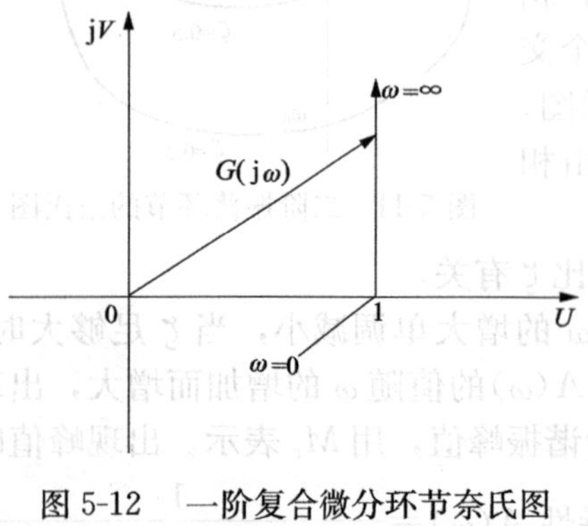

图 5-12 一阶复合微分环节奈氏图

当$\omega=0$，$A(\omega)=1$，$\varphi(\omega)=0$幅相频率特性曲线和正实轴相交。

当$\omega\to\infty$时，$A(\omega)\to\infty$，$\varphi(\omega)\to-90°$，幅相频率特性曲线是和虚轴平行的直线，如图 5-12 所示。

【课堂练习 5-6】 自行应用 MATLAB 编程求取一阶复合微分环节的奈氏图并与图 5-12 进行对比。

7. 二阶复合微分环节

二阶复合微分环节$\tau^2s^2+2\zeta\tau s+1$的频率特性为$G(j\omega)=\tau^2(j\omega)^2+2\zeta\tau(j\omega)+1$，其实频特性、虚频特性、幅频特性、相频特性分别为

$$\begin{cases}U(\omega)=1-\omega^2\tau^2\\V(\omega)=2\zeta\tau\omega\\A(\omega)=\sqrt{(1-\omega^2\tau^2)^2+(2\zeta\tau\omega)^2}\\\varphi(\omega)=\begin{cases}\arctan\dfrac{2\zeta\tau\omega}{1-\omega^2\tau^2} & \omega<\dfrac{1}{T}\\\pi+\arctan\dfrac{2\zeta\tau\omega}{1-\omega^2\tau^2} & \omega>\dfrac{1}{T}\end{cases}\end{cases}$$

当 $\omega=0$ 时，$A(\omega)=1$，$\varphi(\omega)=0$，幅相频率特性曲线和正实轴相交。

当 $\omega\to\infty$ 时，$A(\omega)\to\infty$，$\varphi(\omega)\to-180°$，幅相频率特性曲线如图 5-13 所示。

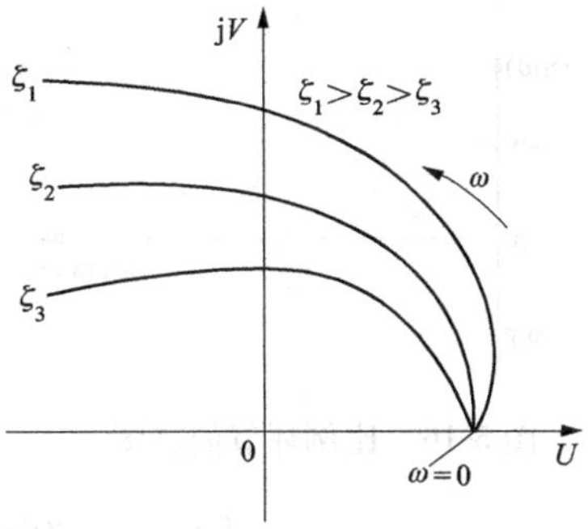

图 5-13 二阶复合微分环节奈氏图

二阶复合微分环节的幅相频率特性曲线的准确形状与阻尼比 ζ 有关。

【课堂练习 5-7】 自行应用 MATLAB 编程求取二阶复合微分环节的奈氏图并与图 5-13 进行对比。

8. 延时环节

延时环节的频率特性为 $G(\mathrm{j}\omega)=\mathrm{e}^{-\mathrm{j}\omega\tau}=\cos\omega\tau-\mathrm{j}\sin\omega\tau$。

其幅频特性为 $A(\omega)=1$，与 ω 无关，相频特性为 $\varphi(\mathrm{j}\omega)=-\omega\tau(\mathrm{rad})=-57.3\omega\tau(°)$，幅相频率特性曲线如图 5-14 所示，是一个单位圆。

延时环节对系统的幅值无影响，而对相位滞后的影响却不能忽视，在高频时如果不加以补偿，会产生很大的相角滞后。

例如一个有时间延迟的惯性环节，频率特性为

$$G(\mathrm{j}\omega)=\frac{\mathrm{e}^{-\mathrm{j}\omega\tau}}{1+\mathrm{j}\omega T}$$

其幅频特性、相频特性分别为

$$\begin{cases}A(\omega)=\dfrac{1}{\sqrt{1+\omega^2T^2}}\\\varphi(\omega)=-\omega\tau-\arctan\omega T\end{cases}$$

ω 从 $0\to\infty$ 变化时，幅值逐渐减小，相角从 0°向负方向无穷增大，其奈氏图如一条平面螺旋线，如图 5-15 所示。延时环节的相位滞后影响，有可能使系统的稳定性变坏。

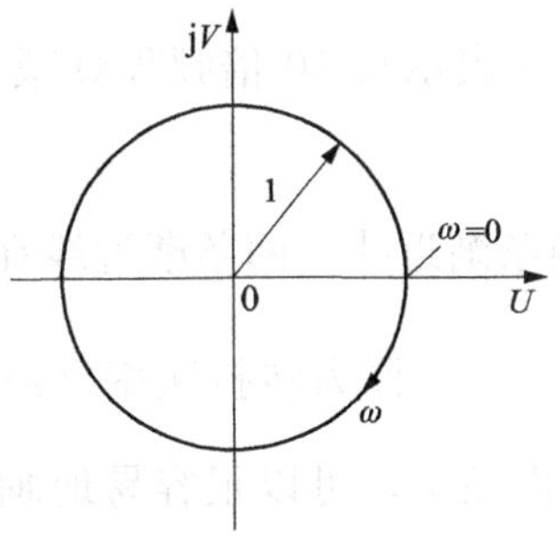

图 5-14 延时环节奈氏图

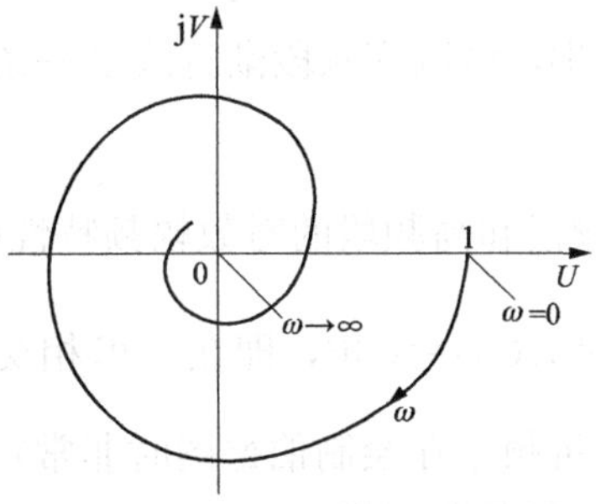

图 5-15 $\mathrm{e}^{-\mathrm{j}\omega T}/(1+\mathrm{j}\omega T)$ 的奈氏图

5.3.2 典型环节的伯德图

1. 比例环节

比例环节的频率特性为

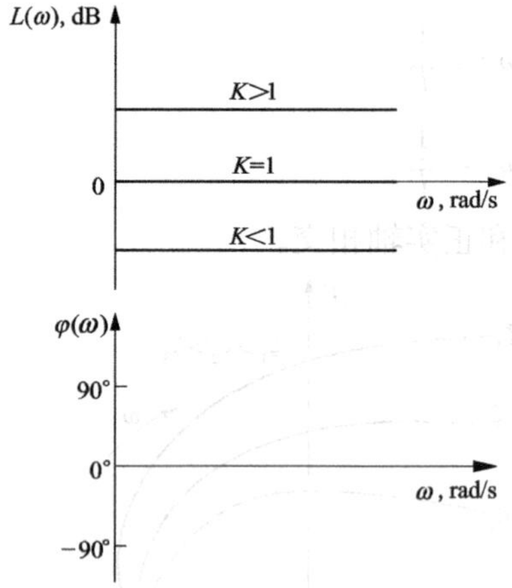

图 5-16 比例环节伯德图

$$G(j\omega)=K=Ke^{j0}$$

$$L(\omega)=20\lg A(\omega)=20\lg K$$

$$\varphi(\omega)=0^\circ$$

对数幅频特性$L(\omega)$不随频率ω变化，是一条幅值等于$20\lg K$(dB)的水平线；对数相频特性$\varphi(\omega)$为0°线，如图 5-16 所示。

【课堂练习 5-8】 自行应用 MATLAB 编程求取比例环节的伯德图并与图 5-16 进行对比。

2. 一阶惯性环节

一阶惯性环节的频率特性为

$$G(j\omega)=\frac{1}{1+j\omega T}=\frac{1}{1+(\omega T)^2}-j\frac{\omega T}{1+(\omega T)^2}$$

$$L(\omega)=20\lg\frac{1}{\sqrt{1+(\omega T)^2}}=-20\lg\sqrt{1+(\omega T)^2} \tag{5-15}$$

$$\varphi(\omega)=-\arctan(T\omega) \tag{5-16}$$

绘制一阶惯性环节的对数辐频特性曲线时，不要急于带入数字进行逐点计算，应先研究式（5-15）的形式，分析曲线的大致趋向。

在低频段时，即当$\omega\ll\frac{1}{T}$时，即$\omega T\ll 1$时，ω^2T^2比起1来小得可以忽略不计，此时有

$$L(\omega)\approx-20\lg 1=0\text{dB} \tag{5-17}$$

这是一条幅值等于0dB的水平线，即低频渐近线。

在高频段$\omega\gg\frac{1}{T}$时，即当$\omega T\gg 1$时，则有

$$L(\omega)\approx-20\lg\omega T \tag{5-18}$$

由式（5-18）可计算不同ω下的$L(\omega)$值，当$\omega=\frac{1}{T}$时，$L(\omega)=0\text{dB}$；当$\omega=\frac{10}{T}$时，$L(\omega)=-20\text{dB}$；当$\omega=\frac{100}{T}$时，$L(\omega)=-40\text{dB}$。其规律如下：频率每增加10倍，$L(\omega)$值下降20dB，所以高频段渐近线是一条斜率为$-$ 20dB/dec（表示每10倍频程衰减20dB）的直线。

低频段和高频段的对数幅频特性曲线分别趋近于这两条渐近线。两条渐近线在$\omega=\frac{1}{T}$处的值都是$L(\omega)=0\text{dB}$，即在这里相交，相交点的频率$\omega=\frac{1}{T}$，称为转折频率（或称转角频率）。转折频率在绘制伯德图时非常重要，如果能确定转折频率，可以很容易地画出对数幅频特性的两条渐近线。

用式（5-17）和式（5-18）表示的两条渐近线代替式（5-15）的实际对数幅频特性曲线

将产生误差，最大误差发生在转折频率$\frac{1}{T}$处。在$\frac{1}{T}$处的渐近线值为 0dB，而实际曲线的值由式（5-15）计算得到$-20\lg\sqrt{2}$ dB，两者的误差为

$$\Delta L(\omega)=(-20\lg\sqrt{2}-0)\text{dB}=-3.01\text{dB}$$

同样，可由式（5-15）计算出$\omega=\frac{1}{T}$附近的值，从而画出精确的曲线。渐近线和精确曲线都表示于图 5-17 中。由图 5-17 可以看出，两者在转折频率附近产生误差，最大不超过 3dB。由于渐近线容易绘制，所以在初步设计和分析问题时，常常采用渐近线来代替精确曲线。

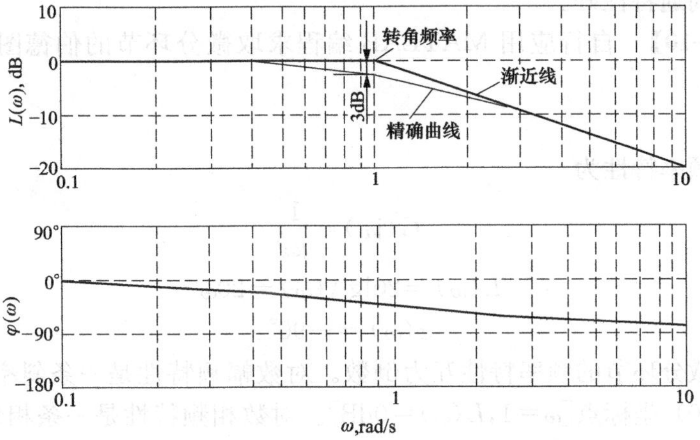

图 5-17　一阶惯性环节伯德图

相频曲线由式（5-16）确定。当$\omega\ll\frac{1}{T}$时$\varphi(\omega)=0°$；当$\omega\gg\frac{1}{T}$时，$\varphi(\omega)=-90°$；而当$\omega=\frac{1}{T}$时，$\varphi(\omega)=-45°$。由于惯性环节的相频特性是以反正切函数表示的，所以$\varphi(\omega)$曲线关于$\varphi(\omega)=-45°$的点对称。确定了$\varphi(\omega)$曲线的大致形状，再求出曲线上几个点，便可画出精确的对数相频曲线，可参考表 5-2 中列出的$\varphi(\omega)$值。一阶惯性环节的对数相频特性曲线也绘制在图 5-17 中。

表 5-2　　**惯性环节的相频特性**

ωT	0	0.1	0.2	0.5	1	2	5	10	∞
φ（ω）	0	−5.7°	−11.3°	−26.6°	−45°	−63.4°	−78.7°	−84.3°	−90°

一阶惯性环节的低通特性和相位滞后作用，在伯德图上表现得更加明显。

对于时间常数 T 不同的惯性环节，对数幅频特性的形状完全一样，都是由一条 0dB 的低频渐近线和一条−20dB/dec 斜率的高频渐近线组成，只是转折频率 $1/T$ 出现在横坐标的不同位置，相当于频率特性曲线左右平移。因此，如果能确定转折频率 $1/T$，则可以按上述方法确定对数幅频渐近曲线的交点及对数相频特性曲线的拐点，迅速地画出伯德图。

【课堂练习 5-9】　自行应用 MATLAB 编程求取一阶惯性环节的伯德图并与图 5-17 进行对比。

3. 微分环节

微分环节的频率特性为

$$G(j\omega)=j\omega \tag{5-19}$$

$$L(\omega)=20\lg A(\omega)=20\lg\omega \tag{5-20}$$

$$\varphi(\omega)=90^{\circ} \tag{5-21}$$

不论在低频段还是高频段，微分环节的对数幅频特性总是一条斜率为 20dB/dec 的直线，没有转折频率，这条直线必然经过（1，0）坐标点[$\omega=1,L(\omega)=0$dB]；其对数相频特性是一条相角为-90°的直线，平行于对数坐标的横轴。伯德图如图 5-18 所示。微分环节是相位超前环节，它的高通特性好。

【课堂练习 5-10】 自行应用 MATLAB 编程求取微分环节的伯德图并与图 5-18 进行对比。

4. 积分环节

积分环节的频率特性为

$$G(j\omega)=\frac{1}{j\omega} \tag{5-22}$$

$$L(\omega)=20\lg A(\omega)=20\omega \tag{5-23}$$

$$\varphi(\omega)=-90^{\circ} \tag{5-24}$$

积分环节与微分环节的频率特性互为倒数。对数幅频特性是一条斜率为-20dB/dec 的直线，且过（1，0）坐标点[$\omega=1,L(\omega)=0$dB]。对数相频特性是一条相角为-90°的直线。与微分环节的对数幅频特性曲线形状以 0dB 线互为镜像对称；对数相频特性曲线以 0dB 线互为镜像对称。积分环节伯德图如图 5-19 所示。

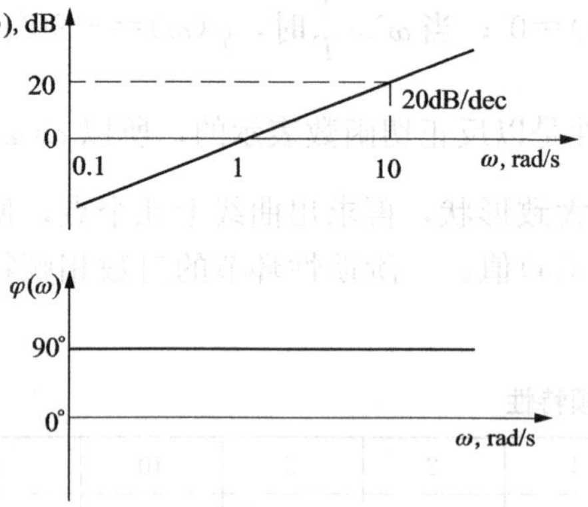

图 5-18 微分环节伯德图

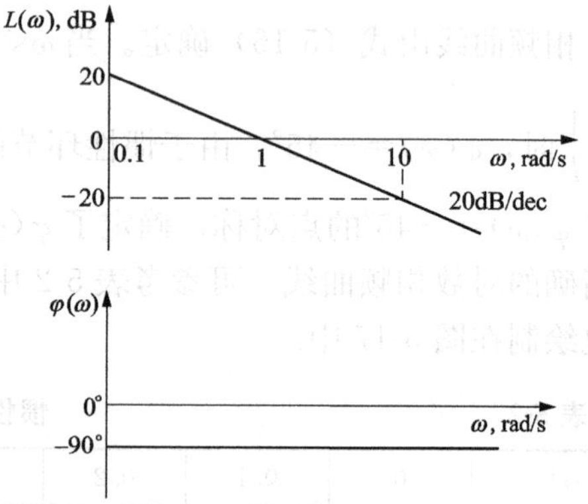

图 5-19 积分环节伯德图

【课堂练习 5-11】 自行应用 MATLAB 编程求取积分环节的伯德图并与图 5-19 进行对比。

5. 二阶振荡环节

二阶振荡环节的频率特性为

$$G(j\omega)=\frac{1}{T^2(j\omega)^2+2\zeta T(j\omega)+1}$$

$$L(\omega)=20\lg A(\omega)=-20\lg\sqrt{(1-\omega^2T^2)^2+(2\zeta T\omega)^2} \tag{5-25}$$

$$\varphi(\omega)=\begin{cases}\arctan\left(-\dfrac{2\zeta T\omega}{1-\omega^2T^2}\right) & \omega<\dfrac{1}{T}\\ -\pi+\arctan\left(-\dfrac{2\zeta T\omega}{1-\omega^2T^2}\right) & \omega>\dfrac{1}{T}\end{cases}\tag{5-26}$$

仿照惯性环节的做法，先求二阶振荡环节对数幅频特性渐近线。

当 $\omega T\ll 1$，即 $\omega\ll 1/T$，$L(\omega)\approx -20\lg 1=0\text{dB}$，这说明低频渐近线是一条 0dB 的直线。

当 $\omega T\gg 1$，即 $\omega\gg 1/T$，忽略 1 和 $(2\zeta T\omega)^2$，$L(\omega)\approx -20\lg(T\omega)^2=-40\text{dB}$，这说明高频渐近线是一条斜率为 -40dB/dec 的直线。

以上两条渐近线相交于 $\omega=1/T=\omega_n$，所以无阻尼固有频率即为二阶振荡环节的转折频率。如果知道转折频率，则能很快画出两条渐近线。

上面两条渐近线都是与阻尼比 ζ 无关的，实际上二阶振荡环节的对数幅频特性及对数相频特性不仅与转折频率有关，而且与阻尼比 ζ 有关，因此，渐近线误差随 ζ 值的不同而不同。当 $0.4\leqslant\zeta\leqslant 0.7$ 时，渐近线产生的误差尚不大；当 $\zeta<0.4$ 时，误差增大，且 ζ 越小，误差越大；当 $\zeta=0$ 时，$L(\omega)$ 在 $\omega=\omega_n$ 处的数值达到 ∞。在 ω 远离 ω_n 的范围内误差小，渐近线与精确曲线非常接近，当 ω 接近 ω_n 时，幅值将出现谐振峰值。

不同 ζ 值下的 $L(\omega)$ 的精确曲线绘于图 5-20 中，渐近线产生误差曲线绘于图 5-21 中，可用于对渐近线的修正。

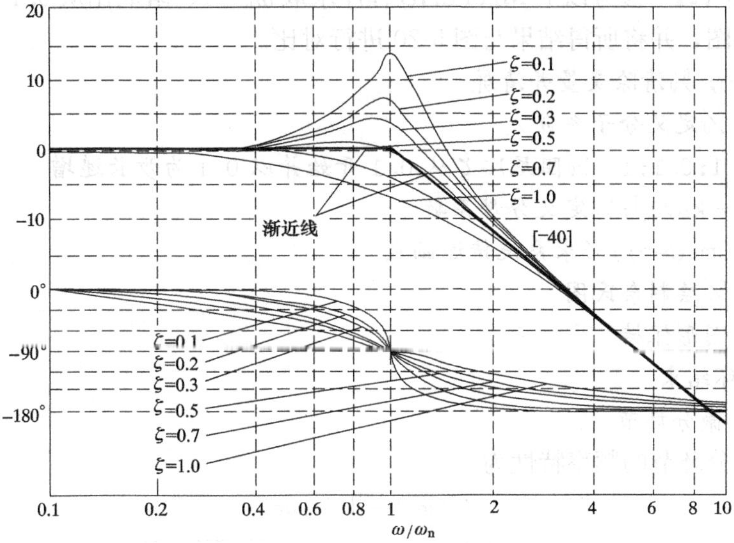

图 5-20　二阶振荡环节伯德图

对数相频特性可由式（5-26）求得。$\varphi(\omega)$ 是 ω 和 ζ 的函数。当 $\omega=0$ 时，$\varphi(\omega)=0°$，而当转折频率 $\omega=\omega_n$ 时，有阻尼情况下的 ζ 不论多大，相角 $\varphi(\omega)$ 都等于 $-90°$，因为

$$\varphi(\omega)=-\arctan(2\zeta/0)-\arctan\infty=-90°$$

当 $\omega=\infty$ 时，对数相频特性曲线关于 $\varphi(\omega)=-90°$ 的弯曲点对称。不同 ζ 值时的 $\varphi(\omega)$ 曲线也画在图 5-20 中。

二阶振荡环节在 $\zeta<0.707$ 时的谐振峰，从伯德图上看得更明显。

二阶振荡环节在参数 T 变化时，其对数幅频特性曲线也将左右平移，而渐近线的形状

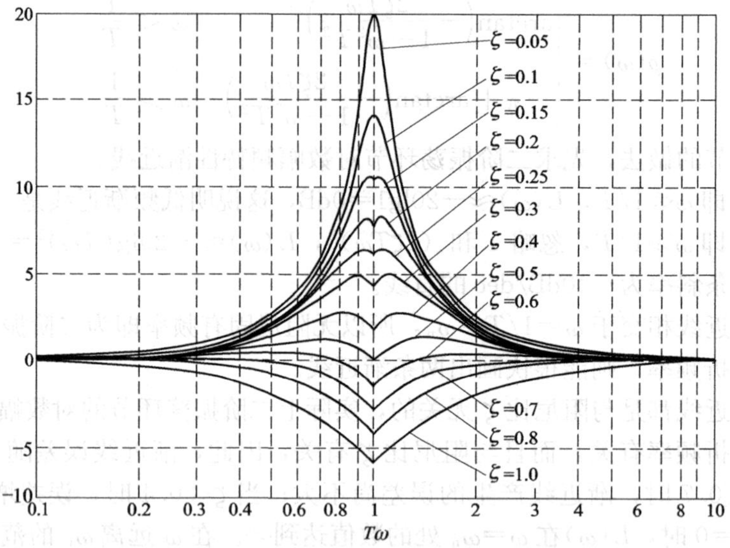

图 5-21 振荡环节近似对数幅频曲线的误差曲线

不变。

【课堂练习 5-12】 参考以下 MATLAB 程序求取 $\omega_n=1$、阻尼比从 0.1 到 1 变化时二阶振荡环节的伯德图，并将所得结果与图 5-20 进行对比。

```
clear; clc; %清除变量并清屏
num= [1]; %定义分子系数
for ks= 0.1:0.1:1  %阻尼比ζ从 0.1 开始并以 0.1 为步长递增
den= [1,2 * ks,1];%定义分母系数
sys= tf(num,den);%求系统传递函数
bode(sys)%绘制奈氏图
hold on %图形保持
end  %循环结束
```

6. 一阶复合微分环节

一阶复合微分环节的频率特性为

$$G(j\omega)=1+j\omega\tau$$

$$L(\omega)=20\lg A(\omega)=20\lg\sqrt{1+(\tau\omega)^2} \tag{5-27}$$

$$\varphi(\omega)=\arctan(\tau\omega) \tag{5-28}$$

仿照一阶惯性环节的做法，一阶复合微分环节伯德图如图 5-22 所示。一阶复合微分环节与一阶惯性环节的传递函数互为倒数，其对数幅频、相频曲线分别是以 0dB 线、0°线为镜像对称的形式。

【课堂练习 5-13】 自行应用 MATLAB 编程求取一阶复合微分环节的伯德图并与图 5-22 进行对比。

7. 二阶复合微分环节

二阶复合微分环节的频率特性为

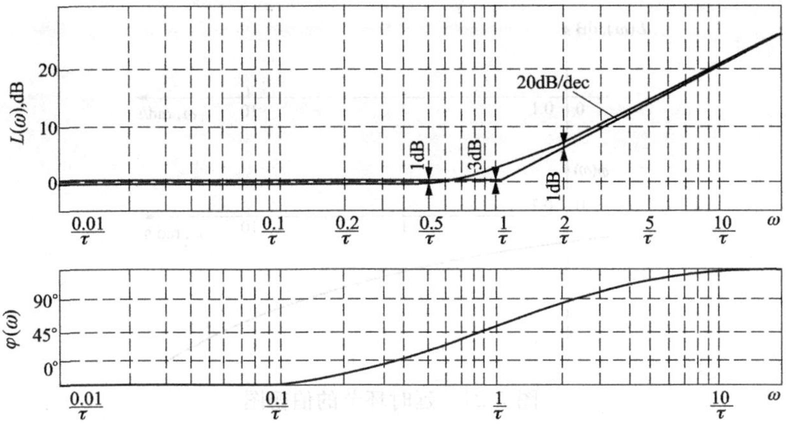

图 5-22 一阶复合微分环节伯德图

$$G(j\omega)=\tau^2(j\omega)^2+2\zeta\tau(j\omega)+1$$

$$L(\omega)=20\lg A(\omega)=20\lg\sqrt{(1-\omega^2\tau^2)^2+(2\zeta\tau\omega)^2} \tag{5-29}$$

$$\varphi(\omega)=\begin{cases}\arctan\left(\dfrac{2\zeta\tau\omega}{1-\omega^2\tau^2}\right) & \omega<\dfrac{1}{\tau}\\ \pi+\arctan\left(\dfrac{2\zeta\tau\omega}{1-\omega^2\tau^2}\right) & \omega>\dfrac{1}{\tau}\end{cases} \tag{5-30}$$

仿照二阶振荡环节的做法，二阶复合微分环节伯德图如图 5-23 所示。二阶复合微分环节与二阶振荡环节的传递函数互为倒数，其对数幅频特性曲线、相频特性曲线分别是以 0dB 线、0°线为镜像对称的形式。

二阶复合微分环节的幅相频率特性曲线的准确形状与阻尼比 ζ 有关。

【课堂练习 5-14】 自行应用 MATLAB 编程求取二阶复合微分环节的伯德图并与图 5-23 进行对比。

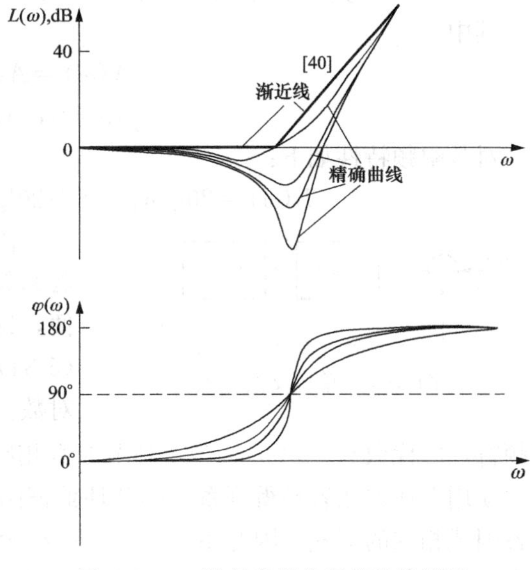

图 5-23 二阶复合微分环节的伯德图

8. 延时环节

延时环节的频率特性为

$$G(j\omega)=e^{-j\omega\tau}=\cos\omega\tau-j\sin\omega\tau \tag{5-31}$$

$$L(\omega)=20\lg A(\omega)=20\lg 1=0$$

$$\varphi(j\omega)=-\omega\tau(\text{rad})=-57.3\omega\tau(°)$$

对数幅频特性 $L(\omega)=0$dB，即对数幅频特性曲线是 0dB 线；对数相频特性曲线是 $\varphi(j\omega)=-\omega\tau(\text{rad})=-57.3\omega\tau(°)$，延时环节的伯德图如图 5-24 所示。

延时环节对系统的幅值无影响，而对相位滞后的影响却不能忽视，在高频时如不加以补偿，会产生很大的相角滞后。

【课堂练习 5-15】 自行应用 MATLAB 编程求取延时环节的伯德图并与图 5-24 进行对比。

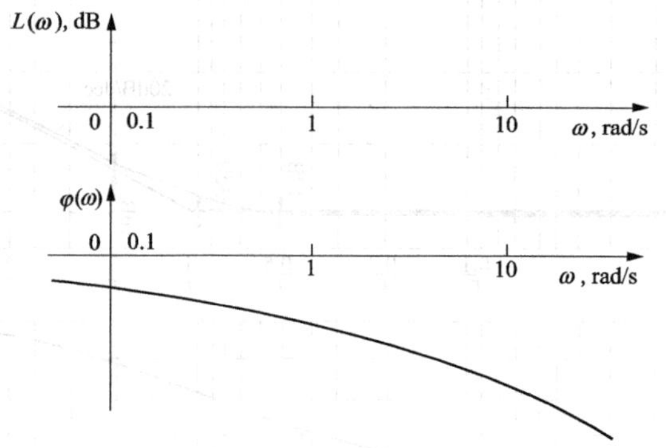

图 5-24　延时环节的伯德图

5.4　系统奈氏图与伯德图的绘制

5.4.1　多环节串联系统的频率特性

图 5-25 所示系统的开环传递函数可写成

$$G(s)=G_1(s)G_2(s)$$

其频率特性为

$$G(\mathrm{j}\omega)=G_1(\mathrm{j}\omega)G_2(\mathrm{j}\omega)=A_1(\omega)A_2(\omega)\mathrm{e}^{\mathrm{j}[\varphi_1(\omega)+\varphi_2(\omega)]}=A(\omega)\mathrm{e}^{\mathrm{j}\varphi(\omega)} \tag{5-32}$$

其中

$$A(\omega)=A_1(\omega)A_2(\omega) \tag{5-33}$$

$$\varphi(\omega)=\varphi_1(\omega)+\varphi_2(\omega) \tag{5-34}$$

对数幅频特性如下：

$$L(\omega)=20\lg A_1(\omega)+20\lg A_2(\omega)=L_1(\omega)+L_2(\omega) \tag{5-35}$$

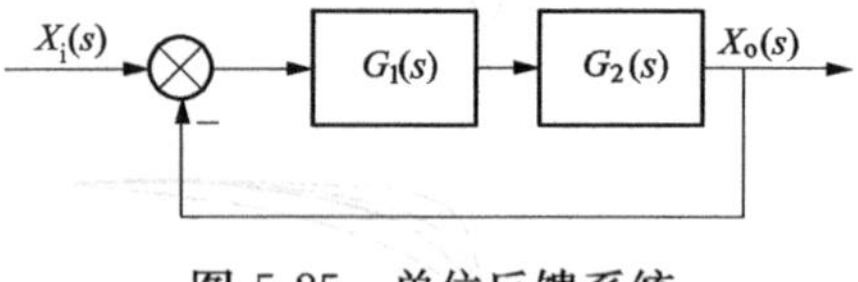

图 5-25　单位反馈系统

由式（5-35 ）可以看出，两个环节串联，其对数幅频特性是两个环节对数幅频特性相加，作图方便，这也正是伯德图比奈氏图优越的地方。式(5-34）所示的相频特性已经是相加关系，不必再取对数。多个环节串联相乘时，$L(\omega)$为各个环节对数幅频特性的代数和，$\varphi(\omega)$为各个环节对数相频特性的代数和。

使用上述方法容易得到系统的开环伯德图，但对于闭环传递函数，当环节较多时不易写出各因式相乘的形式，因此用上述方法作高阶系统的闭环伯德图是比较困难的。下面逐一介绍奈氏图和伯德图的绘制方法，以便读者对二者的区别获得比较直观的了解。

5.4.2　奈氏图绘制方法

奈氏图的绘制步骤与方法如下：

(1) 令 $s=\mathrm{j}\omega$，将传递函数写成频率特性的形式。

(2) 写出系统的幅频特性 $A(\omega)$、相频特性 $\varphi(\omega)$，或实频特性 $U(\omega)$、虚频特性 $V(\omega)$。

(3) 令 $\omega=0$，求出当 $\omega=0$ 时的 $A(\omega)$、$\varphi(\omega)$，或 $U(\omega)$、$V(\omega)$。

(4) 若幅相频率特性曲线与实轴、虚轴存在交点，求出这些交点。

(5) 在 $0<\omega<\infty$ 范围内，取点分别求出 $A(\omega)$、$\varphi(\omega)$，或 $U(\omega)$、$V(\omega)$。

(6) 令 $\omega=\infty$，求出当 $\omega=\infty$ 时的 $A(\omega)$、$\varphi(\omega)$，或 $U(\omega)$、$V(\omega)$。

(7) 标出步骤 (3)、(5)、(6) 中求出的各点，并按 ω 增大的方向将上述各点连成一条曲线，在该曲线旁标出 ω 增大的方向。

需要注意的是，二阶振荡环节和二阶复合微分环节的幅相频率特性曲线与 ζ 有关。

如果已知控制系统的开环频率特性 $G(\mathrm{j}\omega)$，可令 ω 由小到大取值，算出 $A(\omega)$ 和 $\varphi(\omega)$ 的相应值，在 $G(\mathrm{j}\omega)$ 平面描点绘图可以得到准确的开环系统幅相频率特性曲线。

实际系统分析过程中，往往只需要知道幅相特性的大致图形即可，并不需要绘制出准确曲线。概略绘制的开环幅相频率特性曲线应反映开环频率特性的三个因素：起点 $\omega=0$（低频段）、终点 $\omega=\infty$（高频段）、奈氏曲线和实轴的交点。

对于一般线性定常系统，其频率特性为

$$G(\mathrm{j}\omega)=\frac{b_0(\mathrm{j}\omega)^m+b_1(\mathrm{j}\omega)^{m-1}+\cdots+b_{m-1}\mathrm{j}\omega+b_m}{a_0(\mathrm{j}\omega)^n+a_1(\mathrm{j}\omega)^{n-1}+\cdots+a_{n-1}\mathrm{j}\omega+a_n}\quad m<n$$

$$G(\mathrm{j}\omega)=\frac{K(\mathrm{j}\omega\tau_1+1)(\mathrm{j}\omega\tau_2+1)\cdots}{(\mathrm{j}\omega)^v(\mathrm{j}\omega T_1+1)(\mathrm{j}\omega T_2+1)\cdots}$$

开环幅频特性为

$$|G(\mathrm{j}\omega)|=\frac{K\sqrt{1+(\omega\tau_1)^2}\sqrt{1+(\omega\tau_2)^2}\cdots}{\omega^v\sqrt{1+(\omega T_1)^2}\sqrt{1+(\omega T_2)^2}\cdots}$$

开环相频特性为

$$\angle G(\mathrm{j}\omega)=v\left(-\frac{\pi}{2}\right)+(\arctan\omega\tau_1+\arctan\omega\tau_2+\cdots)-(\arctan\omega T_1+\arctan\omega T_2+\cdots)$$

1. 低频段

开环奈氏曲线的起点如图 5-26 所示。

$\omega\to0$，$G(\mathrm{j}\omega)=\frac{K}{\omega^v}\angle v\left(-\frac{\pi}{2}\right)$；

$v=0$，$G(\mathrm{j}\omega)=K\angle0$，奈氏曲线起始于实轴正半轴；

$v=1$，$G(\mathrm{j}\omega)=\frac{K}{\omega}\angle\left(-\frac{\pi}{2}\right)$，$\omega=0$，$G(\mathrm{j}\omega)=\infty\angle\left(-\frac{\pi}{2}\right)$，奈氏曲线起始段平行于虚轴负半轴；

$v=2$，$G(\mathrm{j}\omega)=\frac{K}{\omega^2}\angle(-\pi)$，$\omega=0$，$G(\mathrm{j}\omega)=\infty\angle(-\pi)$，奈氏曲线起始段平行于实轴负半轴；

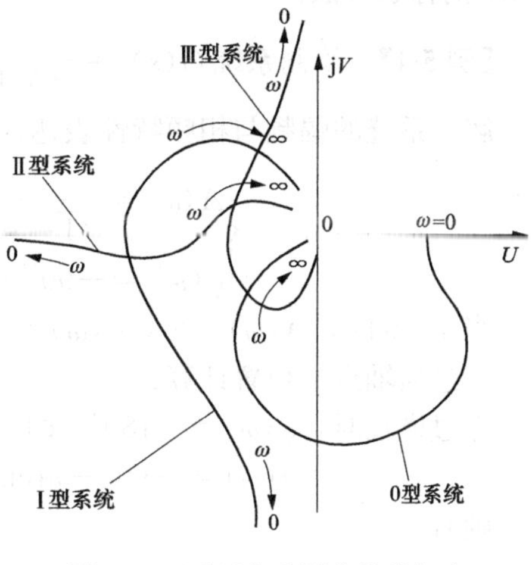

图 5-26 开环奈氏图曲线的起点

$v=3$，$G(\mathrm{j}\omega)=\frac{K}{\omega^3}\angle\left(-\frac{3}{2}\pi\right)$，$\omega=0$，$G(\mathrm{j}\omega)=\infty\angle\left(-\frac{3}{2}\pi\right)$，奈氏曲线起始段平行于虚轴正半轴。

2. 高频段

开环奈氏曲线的终点如图 5-27 所示。

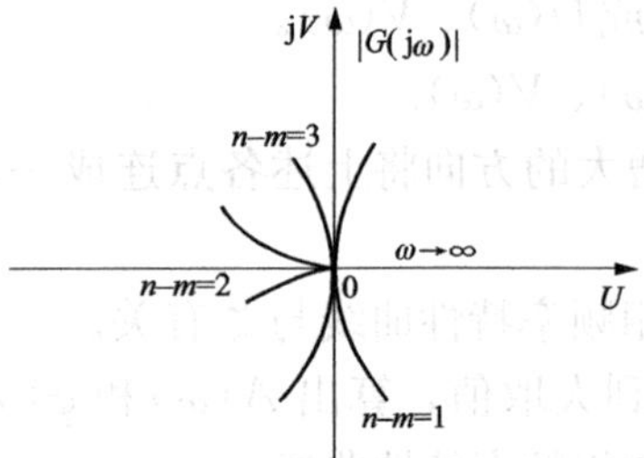

图 5-27 开环奈氏图曲线的终点

$\omega\to\infty \quad G(\mathrm{j}\omega)\approx\dfrac{K\tau_1\tau_2\cdots}{T_1T_2\cdots\omega^{n-m}}\angle(n-m)\left(-\dfrac{\pi}{2}\right)$

$n>m$，$|G(\mathrm{j}\omega)|=0$；

$n=m$，$|G(\mathrm{j}\omega)|=\dfrac{K\tau_1\tau_2\cdots}{T_1T_2\cdots}$；

$n>m$，$|G(\mathrm{j}\omega)|=0\angle(n-m)\left(-\dfrac{\pi}{2}\right)$，奈氏曲线在相角为 $(n-m)\dfrac{\pi}{2}$处终止于原点；

$n=m$，$|G(\mathrm{j}\omega)|=\dfrac{K\tau_1\tau_2\cdots}{T_1T_2\cdots}\angle 0$，奈氏曲线在相角为 0°处终止于原点。

3. 奈氏曲线和实轴的交点

由于奈氏曲线和实轴交点处的相频特性为−180°，通过相频特性求得 ω，然后将 ω 代入幅频特性中，求得幅频特性的值，即得交点坐标；也可以通过实频特性和虚频特性求得，利用交点处的虚频特性为 0 求得 ω，然后将 ω 代入实频特性中，求得实频特性的值，即得交点坐标。

4. 横纵坐标的标示方法

奈氏图的横纵坐标标示如图 5-26 与图 5-27 所示，横轴以 U 标示，表示实部，纵轴以 $\mathrm{j}V$ 标示，表示虚部；也可以将横轴标示为 Re（实数的英文单词 real 的简写），表示实部，将纵轴标示为 Im（虚数的英文单词 imaginary 的简写），表示虚部。

为使读者充分熟悉这两种标示方法，本章均采用 U 和 $\mathrm{j}V$ 的标示方法，第 6 章均采用 Re 和 Im 的标示方法。

【例 5-4】 绘制系统 $G(s)=\dfrac{1}{s(0.1s+1)(0.2s+1)}$的奈氏图。

解 系统的幅频与相频特性表达式分别为

$$\begin{cases}A(\omega)=\dfrac{1}{\sqrt{1+0.01\omega^2}\sqrt{1+0.04\omega^2}}\\ \varphi(\omega)=-90^\circ-\arctan(0.1\omega)-\arctan(0.2\omega)\end{cases}$$

当 $\omega=0$ 时，$A(\omega)=\infty$，$\varphi(\omega)=-90^\circ$；当 $\omega=\infty$时，$A(\omega)=0,\varphi(\omega)=-270^\circ$。

穿过横轴点的位置计算：

穿过横轴时，$\varphi(\omega)=-180^\circ$，即

$$\varphi(\omega)=-90^\circ-\arctan(0.1\omega)-\arctan(0.2\omega)=-180^\circ$$

则有

$$-\arctan(0.1\omega)-\arctan(0.2\omega)=-90^\circ$$

说明 arctan（0.1ω）与 arctan（0.2ω）互余，则有

$$(0.1\omega)\times(0.2\omega)=1$$

解得过横轴时的 ω 为 $5\sqrt{2}\approx 7.07$，$A(\omega)=0.47$。

因此，可大致画出系统的奈氏图如图 5-28（a）所示。

【课堂练习 5-16】 参考以下 MATLAB 程序绘制［例 5-4］的奈氏图，将结果与定性绘制的结果图 5-28（a）进行对比。

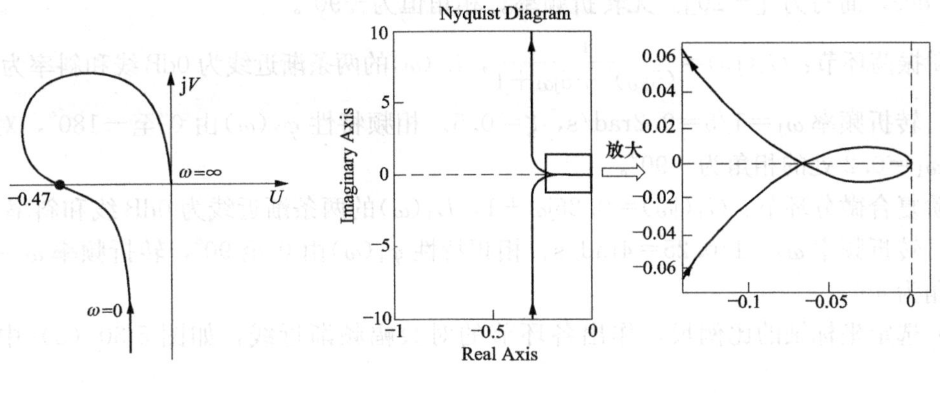

(a) 定性手绘结果　　(b) MATLAB程序绘制结果

图 5-28 ［例 5-4］奈氏图

```
clear; clc; %清除变量并清屏
num= 1; %定义分子系数
den= conv([1,0],conv([0.1,1],[0.2,1])); %通过多项式连乘方式获得分母系数，conv是获取多项式连乘系数
sys= tf(num,den); %求取传递函数
nyquist(sys) %绘制系统奈图
```

对应的求取结果如图 5-28（b）所示，图中曲线与横轴的交点不太明显，进行放大后发现其变化趋势与手绘结果一致。

5.4.3 伯德图绘制方法

伯德图的绘制与奈氏图略有差异，下面举例说明。

【例 5-5】 绘制图 5-29 所示系统的开环伯德图。

解 （1）为了利用典型环节的伯德图，首先应把传递函数中各环节化成典型环节的标准形式即尾 1 标准形，其开环传递函数为

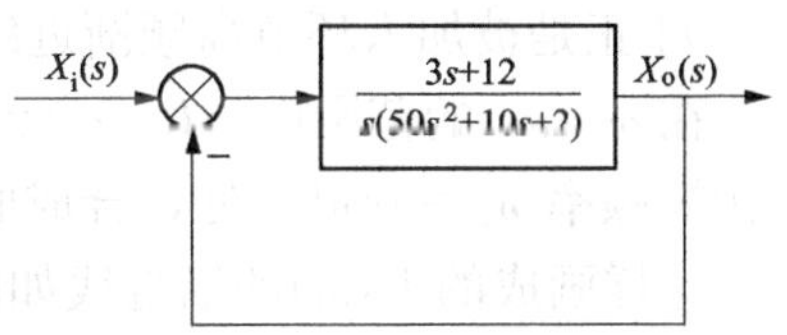

图 5-29 ［例 5-5］框图

$$G(s)=\frac{3s+12}{s(50s^2+10s+1)}=\frac{6\left(\frac{1}{4}s+1\right)}{s[(5s)^2+5s+1]}$$

可把系统开环传递函数看作是由比例环节、积分环节、二阶振荡环节和一阶复合微分环节四个环节组成。

（2）确定系统的开环频率特性，并保留各环节相乘的形式。

$$G(j\omega)=\frac{6(0.25j\omega+1)}{(j\omega)[(5j\omega)^2+5j\omega+1]}$$

（3）找出各环节的转折频率，以便确定它们的渐近线。

比例环节：$G_1(j\omega)=6$，$L_1(\omega)=20\lg 6\ \text{dB}=15.5\text{dB}$，是一条水平线，无转折频率。相角为 0°。

积分环节：$G_2(j\omega)=1/(j\omega)$，$L_2(\omega)=-20\lg\omega$，是一条过（1，0）点的直线，斜率为

-20dB/dec，简写为［-20］。无转折频率。相角恒为$-90°$。

二阶振荡环节：$G_3(\mathrm{j}\omega)=\dfrac{1}{(5\mathrm{j}\omega)^2+5\mathrm{j}\omega+1}$，$L_3(\omega)$的两条渐近线为0dB线和斜率为［$-40$］的直线，转折频率$\omega_1=1/5=0.2\text{rad/s}$，$\zeta=0.5$。相频特性$\varphi_3(\omega)$由$0°$至$-180°$，对应于转折频率$\omega_1=0.2$处的相角为$-90°$。

一阶复合微分环节：$G_4(\mathrm{j}\omega)=0.25\mathrm{j}\omega+1$，$L_4(\omega)$的两条渐近线为0dB线和斜率为［20］的直线，转折频率$\omega_2=1/0.25=4\text{rad/s}$。相频特性$\varphi_4(\omega)$由$0°$至$90°$，转折频率$\omega_2=4\text{rad/s}$处的相角为$45°$。

（4）选定坐标轴的比例尺，作出各环节的对数幅频渐近线，如图5-30（a）中的虚线所示。

（5）将各环节的对数幅频特性叠加。可分以下两步进行：

首先将无转折频率的环节（比例、积分或微分）叠加。$L_1(\omega)+L_2(\omega)$就是将$L_2(\omega)$向上平移15.5dB高度。以这条合成曲线（直线）作为基线，再依次叠加有转折频率的各个环节。

然后沿ω轴从左至右，逐段将各环节的同频渐近线的幅值叠加，就是逐段改变斜率。具体做法如下：

在$\omega<\omega_1$的频率范围内，$L_3(\omega)=L_4(\omega)=0\text{dB}$，只有$L_1(\omega)$和$L_2(\omega)$幅值相加，合成一条过（1，15.5）点、斜率为［20］的直线，即上面所说的基线。

在$\omega_1<\omega<\omega_2$范围内，$L_4(\omega)$仍为0dB，而$L_3(\omega)\neq 0\text{dB}$，斜率为［$-40$］，当把$L_3(\omega)$叠加到$L_1(\omega)+L_2(\omega)$的合成直线上以后，$L(\omega)$变成一条斜率为［$-60$］的直线。因为原来直线每增加10倍，频率幅值下降20dB，$L_3(\omega)$每增加10倍，频率下降40dB，两者幅值相加，则合成幅值按每增加10倍，频率下降60dB的速度变化。这样，幅值的叠加就变成了斜率的代数相加。L_3（ω）是从转折频率点ω_1开始加入的，所以合成曲线在转折频率处斜率发生变化，即在ω_1点以左斜率为［-20］，在ω_1点以右斜率变成［-60］，斜率改变［-40］正是被加入环节高频渐近线的斜率。

在$\omega>\omega_2$的范围内，$L_4(\omega)\neq 0$，它的斜率是［20］，加在前边三个环节的合成曲线上，在转折频率$\omega_2=4\text{rad/s}$处，合成曲线$L(\omega)$的斜率由［-60］变成［-40］。

这样画成的$L(\omega)$的渐近线如图5-30（a）中的实线所示。

（6）作各环节的相频特性曲线并合成。在作各环节的相频特性时，应注意每个环节相角的范围及转折频率对应的对称中心点。合成时仍然先将积分（或微分）与比例环节的相角叠加作为基线。因为比例环节相角为$0°$，可不考虑，所以就以积分（或微分）环节的相频曲线作为基线开始，从左向右逐个相角叠加。可用分规量出同一频率下各环节相角值的大小，按正负取代数和。对数相频特性曲线如图5-30（a）中的$\varphi(\omega)$所示。

在得到各环节的对数幅频渐近线后，根据［例5-5］中步骤（5）的方法可将其进行叠加得到$L(\omega)$的渐近线。其中，步骤（5）中的叠加方法在熟练掌握之后也可适当简化。$L(\omega)$曲线由低频向高频延伸时，每经过一个转折频率斜率改变一次，经过一阶复合微分环节的转折频率，斜率改变［20］，经过一个一阶惯性环节的转折频率则斜率改变［-20］，经过一个二阶振荡环节的转折频率斜率改变［-40］，只要确定了$L(\omega)$起始段的斜率和高度，并记清每个转折频率及转折频率对应的环节，按上述规律可一次画出合成$L(\omega)$的渐近曲线。

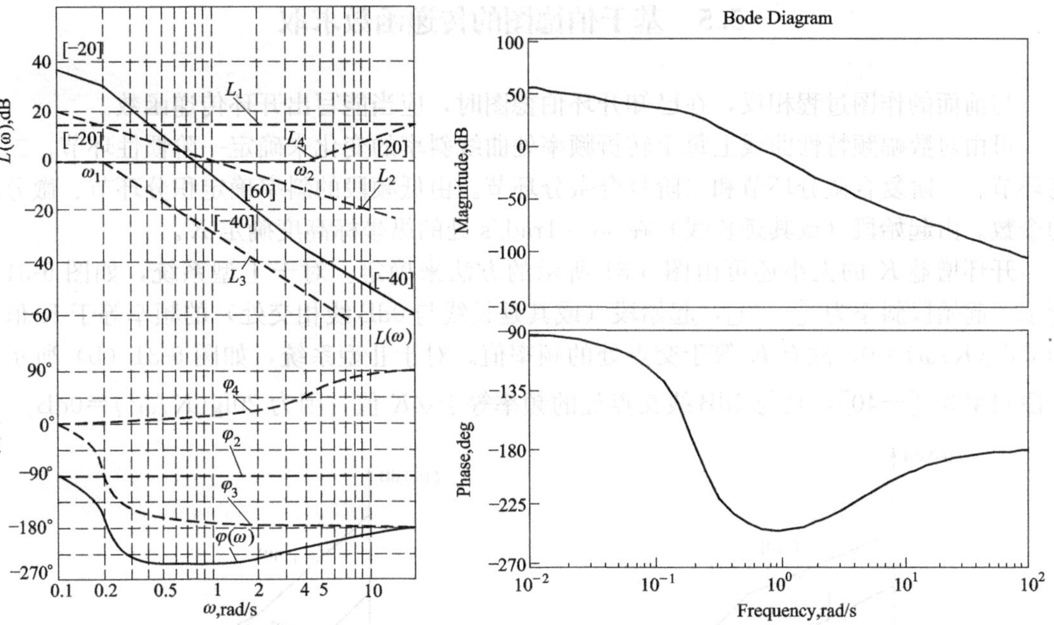

(a) 定性推导手绘结果　　(b) MATLAB程序绘制结果

图 5-30 ［例 5-5］伯德图

由［例 5-5］可得出伯德图绘制的步骤与方法如下：

(1) 将所有环节化为尾 1 型标准形式。

(2) 写出各环节对应的转折频率点 $1/T$，并将其按从小到大顺序排序和在横坐标中标出。

(3) 从比例环节和积分环节开始，从低频向高频逐渐绘制每个典型环节所对应的渐近线，每遇一个转折频率，则渐近线的斜率发生一次变化，完成对数幅频特性曲线的绘制。

(4) 写出 $\varphi(\omega)$的表达式，判断 ω 从 0 向∞变化时 $\varphi(\omega)$的变化情况，大致画出相频。

上面是作开环伯德图的一般步骤。如需作出精确曲线，可再对渐近线进行修正。如果系统中有延时环节，对数幅频特性曲线不变，对数相频特性曲线上应加上$-\omega\tau$。

【课堂练习 5-17】 手动绘制［例 5-5］所对应的伯德图（渐近线），同时参考以下 MATLAB 程序对其伯德图进行计算机绘制，将两者得到的结果进行对比。

```
clear; clc; %清除变量并清屏
num= [3,12]; %定义分子系数
den= conv([1,0],[50,10,2]);%通过多项式连乘获得分母系数,conv是获取多项式连乘系数
sys= tf(num,den);%求取传递函数
bode(sys) %绘制系统奈氏图
```

对应的求取结果如图 5-30（b）所示，图中曲线与横轴的交点不太明显，进行放大后发现其变化趋势与手绘结果一致。

5.5 基于伯德图的传递函数求取

与前面的作图过程相反，在已知开环伯德图时，应当能写出开环传递函数。

可由对数幅频特性曲线上每个转折频率处曲线斜率的变化来确定一阶惯性环节、二阶振荡环节、一阶复合微分环节和二阶复合微分环节。由低频段的斜率确定积分环节、微分环节的个数。由起始段（或其延长线）在 $\omega_1=1\mathrm{rad/s}$ 处的纵坐标高度确定 K。

开环增益 K 的大小还可由图 5-31 所示的方法来确定。对于Ⅰ型系统，如图 5-31（a）所示，起始段斜率为［－20］，起始段（或其延长线与 0dB 线相交处）的频率等于 K 值，因为 $20\lg(K/\omega)=0$，故有 K 等于交点处的频率值。对于Ⅱ型系统，如图 5-31（b）所示，起始段斜率为［－40］，其与 0dB 线交点处的频率等于 $\sqrt{K}$ 值，因为 $20\lg(K/\omega^2)=0\mathrm{dB}$。

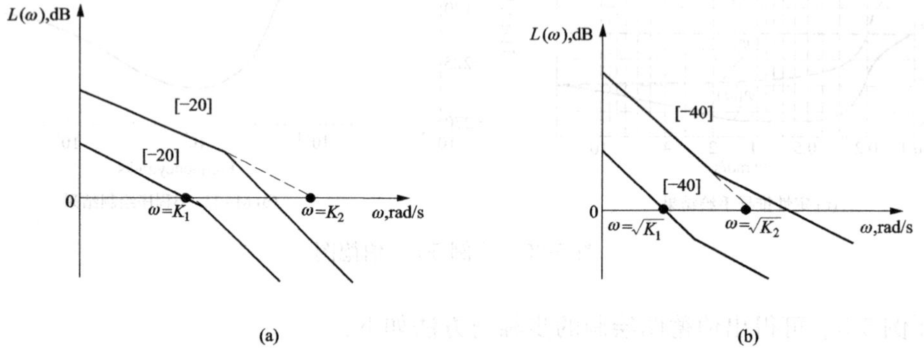

图 5-31 由开环伯德图确定开环增益 K

而在实际应用中，常常会面临一些结构、参数和支配运动的机理不熟悉或根本不了解的系统，有时甚至是数学模型并不复杂的系统，却难以用分析方法建立数学模型。对于上述无法建立准确数学模型的系统，可以采用实验的方法来测取系统的频率特性曲线，进而求出系统的传递函数。本节介绍由频率特性估计传递函数的方法，其实质仍然是基于测得的伯德图来反推传递函数。

为采集频率响应的数据，原则上只需要一个正弦激励源，合适的测量传感器和两通道记录仪。这些仪器和专用的传递函数分析仪或动态分析仪都可以买到，但有些物理量的激励源（如温度、流量、化学成分等）还需要自行设计。

这里仅介绍根据实测的频率响应数据拟合出传递函数。

如果系统的结构允许测量出反馈及偏差信号（如电液伺服系统），则可直接由测量数据画出系统的伯德图，例如某系统的实验所得的对数频率特性曲线如图 5-32 所示。

由伯德图写出传递函数是作伯德图的逆过程。但实验所得曲线转折频率不明显，首先要用斜率为［±20］整倍数的斜线逐段拟合，如图 5-32 中的虚线，得出每段曲线的斜率，根据斜率的变化及转折点，以及根据起始段的斜率分辨出传递函数中包含的环节。由对数幅频特性曲线得出一个初步的传递函数。图 5-32 所示曲线的传递函数为

$$G(s)=\frac{10(0.5s+1)}{s(s+1)[(0.125s)^2+0.125s+1]} \tag{5-36}$$

然后检验相频特性，由刚才确定的传递函数画出相频特性，与实验测出数据画出的相频特性比较，尤其注意高频段是否有延时环节的影响，因为延时环节的影响在幅频特性中反映不出来。如果两条曲线一致，则刚才确定的传递函数即为所求传递函数。

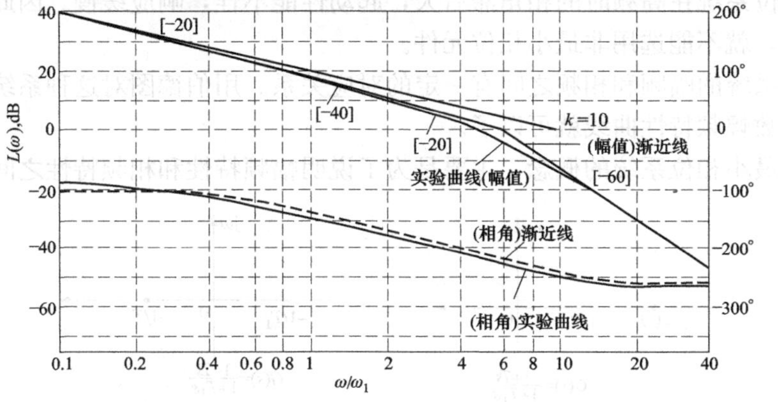

图 5-32　实验曲线的拟合

如果系统结构上难以分清开环、闭环（许多机械系统是这样的），那么输出与输入之比直接可得系统的频率特性，得出的对数频率特性可以用一阶、二阶系统的频率特性来逼近，进行近似，作法与上述步骤方法相同。一般情况下，系统高频段幅值是衰减的，低频段的幅值与 0dB 线重合的情况较多，同时二阶以上的系统多数出现谐振峰。而最常见的是二阶系统和一阶系统。

5.6　频域-时域性能指标的联系

5.6.1　最小相位系统

在复平面 [s] 右半面上没有零点（使传递函数的分子为零的值）和极点的传递函数，称为最小相位传递函数；反之即为非最小相位传递函数。具有最小相位传递函数的系统称为最小相位系统。系统中含有延时环节或存在不稳定的小回环时，就是非最小相位系统。

具有相同幅频特性的系统，最小相位系统的相角变化范围是最小的。例如两个系统的传递函数分别为

$$G_1(s)=\frac{1+Ts}{1+T_1s} \quad 0<T<T_1$$

$$G_2(s)=\frac{1-Ts}{1+T_1s} \quad 0<T<T_1$$

图 5-33（a）表示两个系统的零、极点分布图，显然，$G_1(s)$属于最小相位传递函数。这两个系统幅值相同，具有相同的幅频特性，但它们却有着不同的相频特性，如图 5-33（b）所示。

图 5-33（b）中的曲线表明，最小相位系统的对数幅值曲线斜率值增加时（由 [-20] 变为 [0] ），相角也随之增加（由某一负角度增加到 0°），两者变化趋势一致，在整个频率范围内的幅频特性和相频特性之间具有确定的单值对应关系，而非最小相位系统不成立。

为了确定是不是最小相位系统，既需要检查对数幅频特性曲线高频渐近线的斜率，也要检

查在 $\omega=\infty$ 时的相角。当 $\omega=\infty$ 时，对数幅频特性曲线的斜率为 $-20\ (n-m)$ dB/dec，这里 n 和 m 分别为传递函数中分母和分子多项式的阶次。对于最小相位系统，在 $\omega=\infty$ 时的相角等于 $-90°\ (n-m)$；而对于非最小相位系统，在 $\omega=\infty$ 时的相角就不等于 $-90°\ (n-m)$。

非最小相位系统在高频时的相角滞后大，起动性能不佳，响应缓慢。因此在要求响应比较快的系统中，就不能选用非最小相位元件。

最小相位系统的幅频和相频之间有一定的对应关系。用伯德图对这种系统进行分析和设计时，只画对数幅频特性曲线就可以了。

本节介绍最小相位系统的概念，主要是为了说明幅频特性和相频特性之间的关系。

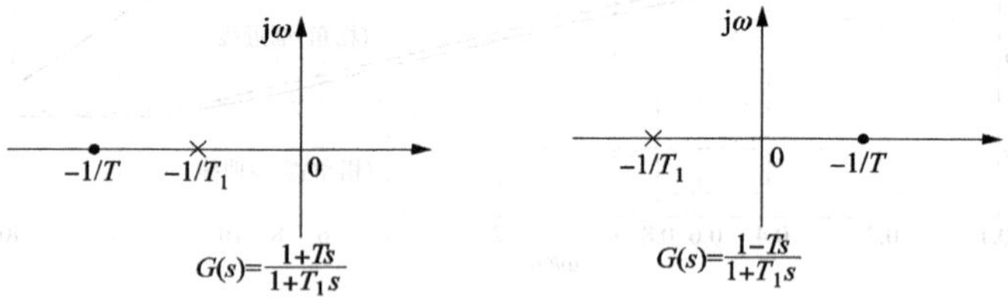

(a) 系统的零极点分布

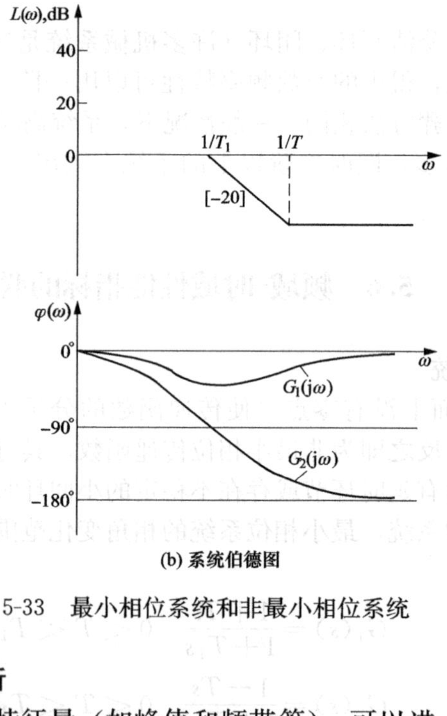

(b) 系统伯德图

图 5-33　最小相位系统和非最小相位系统

5.6.2　关键频域参量解析

利用闭环频率特性的一些特征量（如峰值和频带等），可以进一步对系统动态过程的平稳性和快速性进行分析和估算。所谓闭环，是指有反馈的系统包括机械系统的内在反馈。这种方法虽然不够精确和严格，但是避免了直接求解高阶微分方程的困难。

对于一阶、二阶系统，可以用前面的方法直接作出其对数频率特性曲线；而对于组成环节较多的高阶系统，难以直接作出闭环的对数频率特性曲线，就可以通过系统的开环伯德图以及一些标准图线来获得。同时，在计算机广泛普及的今天，应用计算机来获得闭环频率特性更有现实意义。

图 5-34 所示为反馈控制系统的典型闭环幅频特性 $A(\omega)$ 曲线。这种典型幅频特性曲线随

着 ω 的变化特性可用下述一些特征量加以概括，这些特征量构成了频率特性分析、设计系统的频域性能指标。这些指标同样适用于反馈环节不明显的机械系统。

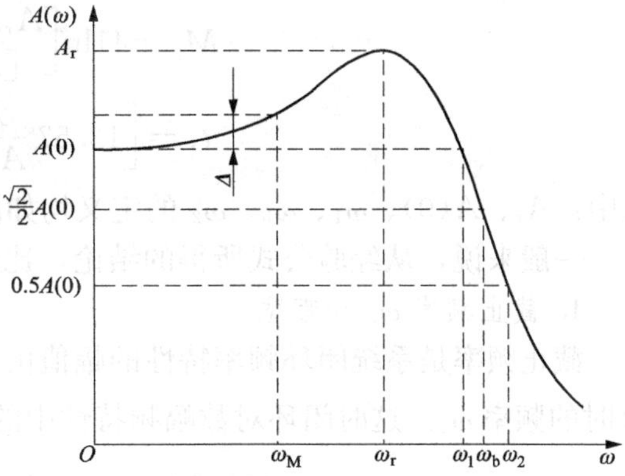

图 5-34 典型闭环幅频特性

1. 零频幅值 $A(0)$

它表示频率接近于零时，系统的输出幅值与输入幅值之比。在频率 $\omega \to 0$ 时，若 $A(0)=1$，则输出幅值能完全准确地反映输入幅值。零频幅值 $A(0)$ 越接近于 1，系统稳态误差 e_{ss} 将越小。

2. 复现带宽频率 ω_A

若事先规定一个 Δ 作为反映低频输入信号的允许误差，那么 ω_A 就是幅频特性与 $A(0)$ 之差第一次达到 Δ 时的频率值。当 $\omega > \omega_A$ 时，输出就不能准确复现输入，所以 $0 \sim \omega_A$ 频率范围称为复现带宽。根据 Δ 所确定的 ω_A 越大，则表明系统能以规定精度复现输入信号的频带越宽；反之，若 ω_A 确定的允许误差 Δ 越小，说明系统反映低频输入信号的精度越高。

由上述可知，特征量 $A(0)$、ω_A 及 Δ 作为频域性能指标的一部分，都和时域性能指标中稳态性能的优劣有关。系统的稳态性能主要取决于闭环幅频特性在低频段 $0 \leqslant \omega \leqslant \omega_A$ 的形状。

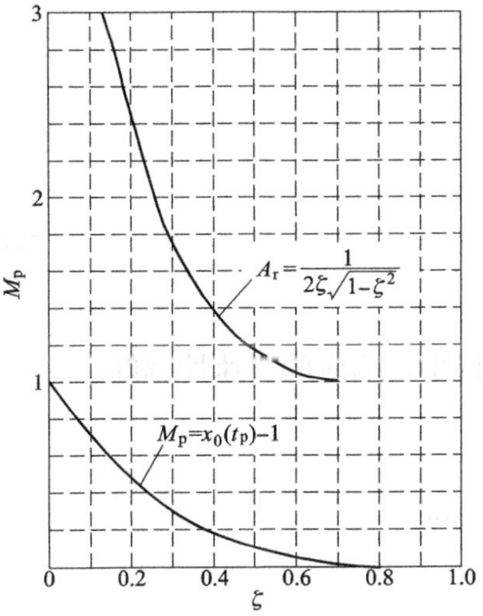

图 5-35 二阶系统 A_r 与 ζ 和 M_p 与 ζ 的曲线关系

3. 谐振频率 ω_r 及谐振峰值 A_r

由这两个频域指标可以反映瞬态响应的速度和相对稳定性。

对于二阶系统，最大超调量 $M_p = e^{-\zeta\pi/\sqrt{1-\zeta^2}}$，谐振峰值 $A_r = \dfrac{1}{2\zeta\sqrt{1-\zeta^2}}$，可以看出，它们都随着阻尼比 ζ 的增大而减小，关系曲线如图 5-35 所示。由图可见，A_r 大的系统，相应的 M_p 也大，瞬态响应的相对稳定性不好。频域指标 A_r 可以反映系统的动态平稳性。为了减弱系统的振荡性，又不失一定的快速性，应适当选取 A_r 值。

二阶系统的谐振频率 $\omega_r = \omega_n\sqrt{1-2\zeta^2}$，调整时间 $t_s \approx (3 \sim 4)/\zeta\omega_n$，由此可得到

$$t_s \approx (3 \sim 4)\sqrt{1-2\zeta^2}/(\omega_r\zeta)$$

可见，对于给定的阻尼比 ζ，t_s 与 ω_r 成反比，ω_r 高的系统，瞬态响应速度快；ω_r 低的系统，瞬态响应速度慢。频域指标 ω_r 可以反映瞬态响应的速度。

高阶系统的阶跃瞬态响应与频率响应之间的关系是很复杂的。如果高阶系统的控制性能主要由一对共轭复数闭环主导极点来支配，则上述二阶系统频域指标与时域指标的关系均可近似采用。对高阶系统，这里推荐两个经验公式供参考。

$$M_p = 41\ln\left[\frac{A_r A(\omega_1/4)}{[A(0)]^2}\frac{\omega_c}{\omega_2}\right] + 17 \tag{5-37}$$

$$t_s = \left[13.57\frac{A_r\omega_b}{A(0)\omega_2} - 2.51\right]\frac{1}{\omega_2} \tag{5-38}$$

式中：A_r、$A(0)$、ω_1、ω_b、ω_2 的定义均如图 5-34 所示。

一般来说，从经验公式所得的结论，比近似采用二阶系统有关公式所得结论要精确些。

4. 截止频率 ω_c 和带宽

截止频率是系统闭环频率特性的幅值由 $A(0)$ 下降到 $0.707A(0)$，也就是下降到 $A(0)/\sqrt{2}$ 时的频率 ω_c。这时闭环对数幅频特性中的幅值为

$$20\lg A(\omega_c) = 20\lg\frac{A(0)}{\sqrt{2}} = 20\lg A(0) - 3$$

所以截止频率也就是由 $20\lg A(\omega_c)$ 下降 3dB 所对应的频率。由 $0\sim\omega_c$ 这一段频率范围称为系统的带宽。若 $\omega > \omega_c$，输出幅值就急剧衰减，形成系统响应的截止状态。

对于一阶、二阶系统，截止频率可以分别求出。典型一阶系统的频率特性为

$$\frac{X_o(j\omega)}{X_i(j\omega)} = \frac{1}{1 + j\omega T}$$

由截止频率对应的幅值 $A(\omega_c)$ 与 $\omega=0$ 时幅值 $A(0)$ 的关系，有

$$\left|\frac{1}{1+j\omega T}\right|_{\omega=\omega_c} = \frac{1}{\sqrt{2}}\left|\frac{1}{1+j\omega T}\right|_{\omega=0}$$

即

$$\frac{1}{\sqrt{1+\omega_c^2 T^2}} = \frac{1}{\sqrt{2}}$$

所以一阶系统的截止频率

$$\omega_c = \frac{1}{T} \tag{5-39}$$

式中：T 为一阶系统的时间常数。

可见，一阶系统 ω_c 与 T 成反比，即频带越宽，惯性越小，响应的快速性越好。

典型二阶系统的频率特性为

$$\frac{X_o(j\omega)}{X_i(j\omega)} = \frac{\omega_n^2}{(j\omega)^2 + 2\zeta\omega_n(j\omega) + \omega_n^2}$$

其幅值

$$M(\omega) = \frac{\omega_n^2}{\sqrt{(\omega_n^2 - \omega^2)^2 + (2\zeta\omega\omega_n)^2}}$$

由于 $A(\omega_c) = \frac{1}{\sqrt{2}}A(0)$，并且 $A(0)=1$，可以得出二阶系统的截止频率为

$$\omega_c = \omega_n\sqrt{1 - 2\zeta^2 + \sqrt{2 - 4\zeta^2 + 4\zeta^4}} \tag{5-40}$$

二阶系统瞬态响应的调整时间 $t_s \approx 3/(\zeta\omega_n)$，由式可得 $\omega_n \approx 3/(\zeta t_s)$ 并代入式 (5-40) 中有

$$\omega_c t_s \approx \frac{3}{\zeta}\sqrt{1 - 2\zeta^2 + \sqrt{2 - 4\zeta^2 + 4\zeta^4}} \tag{5-41}$$

式（5-41）表明，当阻尼比 ζ 确定后，系统的截止频率与 t_s 成反比关系。或者说，控制系统的频带宽度越大，则该系统反应输入信号的快速性越好。这说明带宽表征控制系统的响应速度。

频带宽度还表征系统对高频噪声所具有的滤波特性。频带越宽，高频噪声信号的抑制能力越不好。为了使系统准确地跟踪任意输入信号，需要系统具有很大带宽，而从抑制高频噪声的角度来看，带宽又不宜过大。一个好的设计，应恰当地处理好这些矛盾。

常用的频域性能指标还有相位裕量和增益裕量等，将在第 6 章介绍。

本 章 小 结

频域分析法借助于系统的频率特性分析系统的性能。频域法不直接求解系统的微分方程，而是运用系统的开环频率特性间接分析闭环响应。频率特性反映了系统固有的动态性能，它也是系统的数学模型之一，与输入函数没有关系。

本章主要介绍了频率特性的概念、频率特性的求法、频率特性的物理意义和数学本质、典型环节的频率特性、奈氏图及伯德图的绘制、闭环频域性能指标等。

控制系统都由若干典型环节组成，因此频率特性也由典型环节的频率特性组成。频率特性曲线可以用幅相频率特性图和对数频率特性图表达。

幅相频率特性图也称为奈奎斯特（Nyquist）图，简称奈氏图。它是当频率 ω 变化时，幅相频率特性 $G(j\omega)$ 的矢量端点在复数平面上的轨迹。

对数频率特性图也称为伯德（Bode）图，当频率 ω 变化时，对数幅频、相频特性曲线是以频率 ω 为横坐标，以 $20\lg A(\omega)$ 和 $\varphi(\omega)$ 为纵坐标画出的曲线轨迹；通过典型环节的伯德图绘制系统的开环伯德图；并且根据开环伯德图写出系统的传递函数。

最小相位系统的幅频和相频之间存在唯一的对应关系，通过对数幅频特性，可以唯一地确定相应的相频特性和传递函数。

闭环频域性能指标与时域性能指标之间有特定的关系。零频幅值反映了系统的稳态精度，频带宽度表征控制系统的响应速度，同时还表征系统对高频噪声所具有的滤波特性。

习　　题

5-1　对本章研究性课题进行求解，并整理写成求解报告，报告形式见附录 A。

5-2　设单位负反馈系统的开环传递函数为 $G(s)=\dfrac{10}{s+1}$，试确定输入信号为 $x_i(t)=5\cos 2t$ 时系统的稳态输出 $x_o(t)$。

5-3　假定系统的单位阶跃响应为 $x_o(t)=1-1.8e^{-4t}+0.8e^{-9t}(t\geqslant 0)$，试求系统的频率特性。

5-4　设传递函数为 $G(s)=\dfrac{K}{Ts-1}$，试画出幅相特性曲线。

5-5　设单位负反馈系统的开环传递函数为 $G(s)=\dfrac{10(s+1)}{s^2}$，试绘制其开环和闭环所对应的幅相特性曲线。

5-6　绘制下列传递函数的幅相特性曲线及伯德图。

(1) $G(s)=\dfrac{K(1+T_2s)}{(1+T_1s)}(T_1<T_2)$；

(2) $G(s)=\dfrac{K(1+T_2s)}{(1+T_1s)}(T_1>T_2)$。

5-7　绘制下列传递函数的奈氏图。

(1) $G(s)=\dfrac{10}{0.01s+1}$；

(2) $G(s)=\dfrac{2}{s(s+2)}$；

(3) $G(s)=\dfrac{10(s+1)}{s^2(2s+1)}$；

(4) $G(s)=\dfrac{25}{s^2(s+0.2)(s+1)}$。

5-8　绘制下列传递函数的伯德图。

(1) $G(s)=\dfrac{2}{(2s+1)(8s+1)}$；

(2) $G(s)=\dfrac{40(s+0.5)}{s(s+0.2)(s^2+s+1)}$；

(3) $G(s)=\dfrac{10(s+0.2)}{s^2(s+0.1)}$；

(4) $G(s)=\dfrac{200}{s^2(s+1)(10s+1)}$。

5-9　图 5-36 所示为最小相位传递函数的近似对数幅频特性曲线，试写出对应的传递函数。

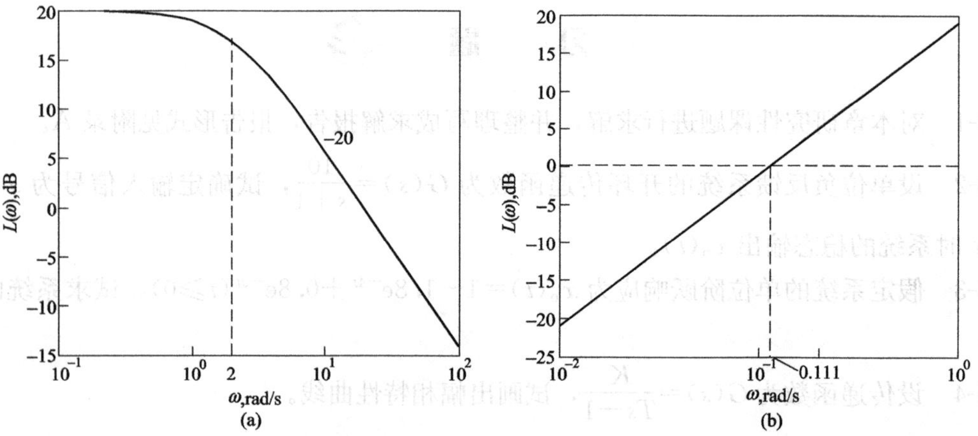

图 5-36　题 5-9 图（一）

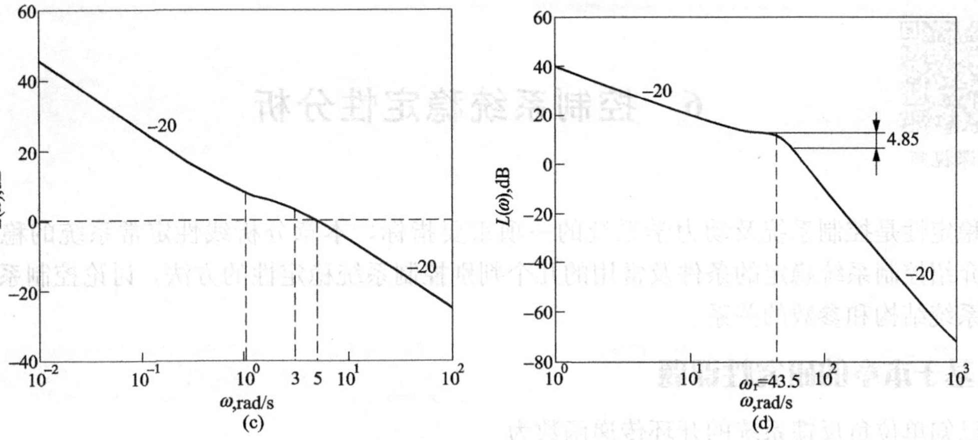
60
40
20
0
−20
−40
$L(\omega)$,dB
−20
−20
10^{-2}
10^{-1}
10^{0}
3
5
10^{1}
10^{2}
ω,rad/s
(c)
60
40
20
0
−20
−40
−60
−80
$L(\omega)$,dB
−20
4.85
−20
10^{0}
10^{1}
ω_r=43.5
10^{2}
10^{3}
ω,rad/s
(d)

图 5-36 题 5-9 图（二）

授课视频

6 控制系统稳定性分析

稳定性是控制系统及动力学系统的一项重要指标，本章分析线性定常系统的稳定性问题，介绍控制系统稳定的条件及常用的几个判别控制系统稳定性的方法，讨论控制系统稳定性与系统结构和参数的关系。

基于本章的研究性课题

已知单位负反馈系统的开环传递函数为

$$G(s)=\frac{40(0.5s+1)}{(s^2+2s)(0.02s+1)}$$

请分别采用劳斯判据和奈氏判据对系统的稳定性进行检验，并比较两者之间的区别和联系；奈氏判据要求同时采用幅相频特性曲线形式和伯德图形式两种形式进行判定，并比较两者间的异同。

6.1 控制系统稳定性的条件

6.1.1 稳定性的概念

一个控制系统能在实际中应用，其首要条件是保证控制系统的稳定。对于不稳定的系统，当其受到外界或内部一些因素的扰动时，如负载或能源的波动、系统参数的变化等，即使这些扰动很微弱，持续时间也很短，照样会使控制系统中的各物理量偏离其原平衡工作点，并随时间的推移而发散，致使控制系统在扰动消失后，也无法恢复到原先的平衡工作状态。实际工作过程中，上述类型的扰动是不可避免的，因此，不稳定的控制系统显然无法正常工作。动力学系统稳定性的问题要更复杂，但其机理与控制系统大体相同。

当控制系统不稳定时，系统就产生切削自激振荡，这时会不断地向控制系统输入能量，以维持振荡。下面以自动控制系统作为对象来研究控制系统稳定性问题。

所谓控制系统的稳定性，是指控制系统在使它偏离稳定平衡状态的扰动消除之后，系统能够以足够的精度逐渐恢复到原来的状态，则称该控制系统是稳定的，或是具有稳定性的；否则，控制系统是不稳定的，或不具有稳定性。

稳定性是控制系统去掉扰动之后，自身的一种恢复能力，是控制系统的一种固有特性。这种固有的稳定性只取决于控制系统的结构参数，而与初始条件及外作用无关。

关于运动稳定性的严密数学定义是由俄国学者李雅普诺夫首先建立的，本书限于篇幅不做详细介绍，读者如有兴趣可参考查阅有关论著。

6.1.2 控制系统稳定的条件

一般反馈系统如图 6-1 所示，系统的传递函数为

$$\Phi(s)=\frac{X_o}{X_i}=\frac{G(s)}{1+G(s)H(s)} \tag{6-1}$$

设控制系统传递函数的分母等于零，即可得出控制系统的闭环特征方程为

$$1+G(s)H(s)=0 \tag{6-2}$$

控制系统的稳定性取决于控制系统的闭环特征方程。本章分析稳定性的方法均在某种意义上研究此方程。只要能指出式（6-2）的根落在［s］复平面的左半部分，控制系统即是稳定的。下面将导出线性系统稳定的条件。

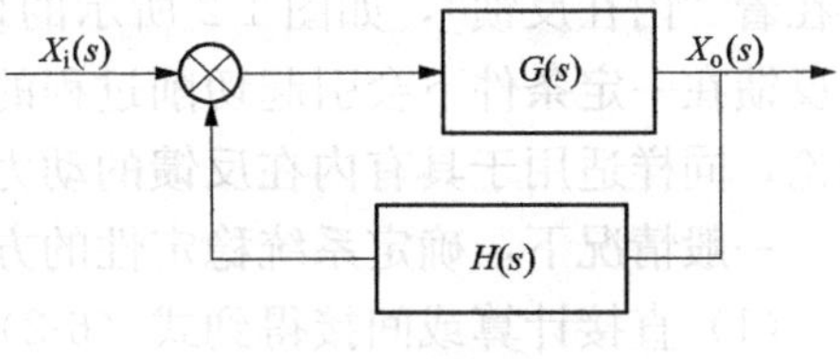

图 6-1　反馈控制系统

设线性系统在初始条件为零时，输入一个理想单位脉冲信号 $\delta(t)$，这时系统的输出是单位脉冲响应，相当于系统在扰动信号作用下，输入信号偏离原工作点的情形。若线性系统的单位脉冲响应函数 $x_o(t)$ 随时间的推移趋于零，即 $\lim\limits_{t\to\infty}x_o(t)=0$，则系统稳定；若 $\lim\limits_{t\to\infty}x_o(t)=\infty$，则系统不稳定。

如果线性系统的单位脉冲响应，随时间的推移趋于常数或趋于等幅振荡，这时线性系统趋于临界稳定状态。临界稳定状态按李雅普诺夫的定义属于稳定状态，但由于系统参数变化等原因，实际上等幅振荡不能维持，系统总会由于某些因素导致不稳定。因此从工程实践角度来看，临界稳定系统属于不稳定系统，或称工程意义上的不稳定。

系统输入理想单位脉冲信号 $\delta(t)$，它的拉氏变换函数等于 1，所以系统输出的拉氏变换为

$$X_o(s)=\frac{G(s)}{1+G(s)H(s)}=\frac{G(s)}{(s-s_1)(s-s_2)\cdots(s-s_i)\cdots(s-s_n)}$$

式中：s_i 为系统特征方程的根，也就是系统的闭环极点，$i=1,\ 2,\ \cdots,\ n$。

设 n 个特征根彼此不等，并将上式分解成部分分式之和的形式，即

$$X_o(s)=\frac{c_1}{s-s_1}+\frac{c_2}{s-s_2}+\cdots+\frac{c_n}{s-s_n}=\sum_{i=1}^{n}\frac{c_i}{s-s_i}$$

式中：c_i 为待定系数，$i=1,\ 2,\ \cdots,\ n$，其值可由拉式反变换方法确定。

对上式进行拉式反变换，得到系统的脉冲响应函数为

$$x_o(t)=\sum_{i=1}^{n}c_i e^{s_i t} \tag{6-3}$$

从式（6-3）可以看出，要满足条件 $\lim\limits_{t\to\infty}x_o(t)=0$，只有当系统的特征根 $s_i(i=1,\ 2,\ \cdots,\ n)$ 全部具有负实部方能实现。

因此，得到控制系统稳定的必要和充分条件如下：稳定的特征方程根必须全部具有负实部；反之，若特征根中有一个及以上具有正实部时，则系统必为不稳定。或者说系统稳定的必要兼充分条件是：系统传递函数 $\dfrac{X_o(s)}{X_i(s)}$ 的极点全部位于［s］复平面的左半部。

若有部分闭环极点位于虚轴上，而其余极点全部在［s］平面左半部时，便会出现前面所述的临界稳定状态。

由上述稳定条件可知，稳定系统在幅值为有界输入信号作用下，其输出也必定为幅值有界；而对于不稳定系统来说，不能断言其输出幅值为有界。

应当指出，动力学系统中常常不能明显地找出外部反馈回路，但在其运行过程中却始终

存在着“内在反馈”，如图 1-2 所示的切削过程实际上是一个具有内在反馈的动力过程。这种反馈在一定条件下会引起切削过程的自激振动，是一种不稳定现象。有关反馈的一些基本理论，同样适用于具有内在反馈的动力系统与过程。

一般情况下，确定系统稳定性的方法有两种类型：

（1）直接计算或间接得到式（6-2），计算得到系统特征方程的根。

（2）确定式（6-2）的根具有负实部的系统参数的区域。

应用第一种类型时有两种方法：一是直接对系统特征方程求解；二是采用根轨迹法。随着计算机的普及，特征方程的求解变得极为方便，根轨迹法在近年用得越来越少。

应用第二种类型判断系统稳定性时，可应用劳斯-赫尔维茨稳定判据、奈奎斯特判据等方法，即本章所重点介绍的方法。

上述两种方法各有优势，第一种方法胜在直观，借用计算机便可进行求解；第二种方法更具有系统性和逻辑性，具有很重要的工程实际意义。

6.2 劳斯-赫尔维茨稳定性判据

劳斯（Routh）-赫尔维茨（Hurwitz）稳定性判据的根据：使系统稳定时，必须满足系统特征方程式的根全部具有负实部。但该判据并不直接对特征方程式求解，而是利用特征方程式（即高次代数方程）的根与系数的代数关系，由特征方程中已知的系数，间接判别出方程的根是否具有负实部，从而判定控制系统是否稳定。劳斯-赫尔维茨稳定性判据又称作代数稳定性判据。

事实上，劳斯判据和赫尔维茨判据是劳斯和赫尔维茨两人先后提出的，两者前后差了11 年。劳斯判据是 E. J. Routh 于 1884 年提出的，该判据可根据特征方程各项系数构成的劳斯表第一列系数的符号来判定系统稳定性；赫尔维茨判据是 A. Hurwitz 于 1895 年提出的，该判据可根据特征方程各项系数组成的 n 阶行列式中各阶子行列式是否大于零来判定系统稳定性。虽然两者在形式上有所差异，但两者本质的核心思想基本相同，因此我们统一把他们提出的稳定性判据称为劳斯-赫尔维茨稳定性判据。

本书要求重点掌握劳斯稳定性判据。

6.2.1 赫尔维茨稳定性判据

系统的特征方程式（6-2）可写成如下形式：

$$1+G(s)H(s)=a_n s^n+a_{n-1}s^{n-1}+\cdots+a_1 s^1+a_0=0 \tag{6-4}$$

其中，首项系数 $a_n>0$。

控制系统稳定的充要条件如下：

（1）式（6-4）的各项系数全部为正值，即 $a_i>0$（$i=0$，1，2，…，n）。

（2）由各项系数组成的赫尔维茨 n 阶行列式中各阶子行列式 Δ_1、Δ_2、…、Δ_n 都大于零。

同时满足这两个条件的控制系统是稳定的，否则控制系统是不稳定的。这就是赫尔维茨稳定性判据。其中赫尔维茨行列式如下：

Δ_n 是按下列规则建立的：首先在主对角线上从 a_{n-1} 开始依次写进特征方程的系数，直

$$\Delta_n=\begin{vmatrix} \Delta_1 & \Delta_2 & \Delta_3 & \cdots & & \\ a_{n-1} & a_{n-3} & a_{n-5} & a_{n-7} & \cdots & 0 \\ a_n & a_{n-2} & a_{n-4} & a_{n-6} & \cdots & 0 \\ 0 & a_{n-1} & a_{n-3} & a_{n-5} & \cdots & 0 \\ 0 & a_n & a_{n-2} & a_{n-4} & \cdots & 0 \\ \vdots & 0 & a_{n-1} & a_{n-3} & \cdots & 0 \\ 0 & \vdots & \vdots & \vdots & & 0 \\ 0 & & \cdots & & a_1 & 0 \\ 0 & & \cdots & & a_2 & 0 \end{vmatrix}$$

写到 a_0 为止；然后由主对角线上的系数出发，写出 Δ_n 中每一列的各元素，每列由上到下系数 a 的脚标递增，由下到上 a 的脚标递减；当写到特征方程中不存在的系数时以零代替。

下面通过实例，应用赫尔维茨稳定性判据来判断控制系统的稳定性。

【例 6-1】 已知控制系统的特征方程为 $2s^4+s^3+3s^2+5s+10=0$，试用赫尔维茨稳定性判据判别控制系统的稳定性。

解 由控制系统的特征方程知各项系数为

$$a_4=2, a_3=1, a_2=3, a_1=5, a_0=10$$

各系数均为正值。

根据赫尔维茨稳定性判据的条件：

(1) 符合 $a_i>0$。

(2) 再检查第二个条件 Δ_i，写出赫尔维茨行列式：

$$\Delta_4=\begin{vmatrix} \Delta_1 & \Delta_2 & \Delta_3 & \Delta_4 \\ 1 & 5 & 0 & 0 \\ 2 & 3 & 10 & 0 \\ 0 & 1 & 5 & 0 \\ 0 & 2 & 3 & 10 \end{vmatrix}$$

$$\Delta_1=a_3=1>0$$

$$\Delta_2=\begin{vmatrix} a_3 & a_1 \\ a_4 & a_2 \end{vmatrix}=\begin{vmatrix} 1 & 5 \\ 2 & 3 \end{vmatrix}=a_3a_2-a_4a_1=1\times3-2\times5=-7<0$$

由于 $\Delta_2<0$，因此不满足赫尔维茨行列式全部为正的条件，所以控制系统不稳定，Δ_3、Δ_4 可不必再进行计算。

为了减少行列式计算的工作量，经证明，如果满足 $a_i>0$ 的条件，再计算半数的行列式，即 $\Delta_{n-1}>0$，$\Delta_{n-3}>0$，…，进行检验就可以了。

【课堂练习 6-1】 参考以下 MATLAB 程序求取系统特征根并判定系统稳定性，看看与赫尔维茨判据结果是否一致。

```
p=[2,1,3,5,10];%定义特征方程系数
roots(p) %求特征方程的根
```

求解结果为

```
ans=
   0.7555+1.4444i
   0.7555-1.4444i
  -1.0055+0.9331i
  -1.0055-0.9331i
```

由MATLAB程序求解得到的特征根有两个为正，即在［s］右半平面，故而系统不稳定，结果与赫尔维茨判据得到的结果相一致。

【例6-2】 单位反馈系统的开环传递函数为

$$G(s)=\frac{K}{s(0.1s+1)(0.25s+1)}$$

试求使控制系统稳定的 K 值范围。

解 控制系统的闭环特征方程为

$$s(0.1s+1)(0.25s+1)+K=0$$

$$0.025s^3+0.35s^2+s+K=0$$

系统特征方程各项系数为

$$a_3=0.025, a_2=0.35, a_1=1, a_0=K$$

根据赫尔维茨稳定性判据的条件：

(1) $a_i>0$，则要求 $K>0$。

(2) 列写赫尔维茨行列式，只需检查 Δ_2，即

$$\Delta_2=\begin{vmatrix} a_2 & a_0 \\ a_3 & a_1 \end{vmatrix}=a_2a_1-a_3a_0=0.35\times1-0.025K>0$$

故有 $K<14$，即保证控制系统稳定的 K 值范围是 $0<K<14$。

由［例6-2］可以看出，K 值越大，系统的稳定性越差，K 值超出一定范围，系统会变得不稳定。赫尔维茨稳定性判据不仅可以判断系统是否稳定，而且还可以根据稳定性的要求确定系统参数的允许范围。

对于特征方程阶次较低（如 $n<4$）的系统来说，稳定条件可以写成下列简单的形式：

$n=2$：$a_2>0, a_1>0, a_0>0$

$n=3$：$a_3>0, a_2>0, a_1>0, a_0>0; a_2a_1-a_3a_0>0$

$n=4$：$a_4>0, a_3>0, a_2>0, a_1>0, a_0>0; a_3a_2a_1-a_4a_1^2-a_3^2a_0>0$

6.2.2 劳斯稳定性判据

控制系统特征方程阶次越高，利用赫尔维茨稳定性判据时，计算行列式的工作量越大。对于高阶控制系统，可采用劳斯稳定性判据判断控制系统的稳定性。步骤如下：

1. 列出系统特征方程

$$a_ns^n+a_{n-1}s^{n-1}+\cdots+a_1s^1+a_0=0$$

其中，$a_n>0$，各项系数均为实数。检查各项系数是否都大于零，若都大于零，则进行第二步。

2. 列写劳斯表

$$
\begin{array}{c|ccccc}
s^n & a_n & a_{n-2} & a_{n-4} & a_{n-6} & \cdots \\
s^{n-1} & a_{n-1} & a_{n-3} & a_{n-5} & a_{n-7} & \cdots \\
s^{n-2} & b_1 & b_2 & b_3 & b_4 & \cdots \\
s^{n-3} & c_1 & c_2 & c_3 & c_4 & \cdots \\
s^{n-4} & d_1 & d_2 & d_3 & d_4 & \cdots \\
\vdots & \vdots & \vdots & \vdots & \vdots & \\
s^0 & \cdots & & & &
\end{array}
$$

其中

$$b_1=-\frac{1}{a_{n-1}}\begin{vmatrix} a_n & a_{n-2} \\ a_{n-1} & a_{n-3}\end{vmatrix},b_2=-\frac{1}{a_{n-1}}\begin{vmatrix} a_n & a_{n-4} \\ a_{n-1} & a_{n-5}\end{vmatrix},b_3=-\frac{1}{a_{n-1}}\begin{vmatrix} a_n & a_{n-6} \\ a_{n-1} & a_{n-7}\end{vmatrix},\cdots$$

直至其余 b 均为零。

$$c_1=-\frac{1}{b_1}\begin{vmatrix} a_{n-1} & a_{n-3} \\ b_1 & b_2\end{vmatrix},c_2=-\frac{1}{b_1}\begin{vmatrix} a_{n-1} & a_{n-5} \\ b_1 & b_3\end{vmatrix},c_3=-\frac{1}{b_1}\begin{vmatrix} a_{n-1} & a_{n-7} \\ b_1 & b_4\end{vmatrix},\cdots$$

$$d_1=-\frac{1}{c_1}\begin{vmatrix} b_1 & b_2 \\ c_1 & c_2\end{vmatrix},d_2=-\frac{1}{c_1}\begin{vmatrix} b_1 & b_3 \\ c_1 & c_3\end{vmatrix},\cdots$$

计算上述各数的公式是有规律的，自 s^{n-2}行以下，每行的数都是由该行上边两行的数算得。等号右边的二阶行列式中，第一列都是上两行中第一列的两个数，第二列是被算数右上肩的两个数，等号右边的分母是上一行中左起第一个数。

由劳斯表可以看出，劳斯稳定性判据和赫尔维茨稳定性判据实质上是相同的。劳斯表中第一列各数的值和赫尔维茨行列式之间有如下关系：

$$a_n=a_n,a_{n-1}=\Delta_1,b_1=\Delta_2/\Delta_1,c_1=\Delta_3/\Delta_2,d_1=\Delta_4/\Delta_3,\cdots$$

3. 考察表中第一列各数的符号

若第一列各数均为正数，则闭环系统特征方程所有根具有负实部，控制系统稳定。如果第一列中有负数，则控制系统是不稳定的，第一列中数值符号的改变次数即等于系统特征方程含有正实部根的数目。

在具体计算中为了方便，常常把表中某一行的数都乘（或除）以一个正数，而不会影响第一列数值的符号，即不影响稳定性的判别。表中空缺的项，运算时以零代入。

【例 6-3】 系统的特征方程为 $s^5+6s^4+14s^3+17s^2+10s+2=0$，试用劳斯稳定性判据判断系统是否稳定。

解 (1) 由特征方程知，$a_5=1$，$a_4=6$，$a_3=14$，$a_2=17$，$a_1=10$，$a_0=2$，各项系数均大于 0。

(2) 列出劳斯表（下边列出两个表，左边的表是为了和原劳斯表的形式对照，右边的表是为了便于数值计算，两者对判断系统稳定性的作用是一样的)。

$$\begin{array}{c|ccc} s^5 & 1 & 14 & 10 \\ s^4 & 6 & 17 & 2 \\ s^3 & \frac{67}{6} & \frac{58}{6} & \\ s^2 & \frac{791}{67} & 2 & \\ s^1 & \frac{6150}{791} & & \\ s^0 & 2 & & \end{array}$$

或

$$\begin{array}{c|ccc} s^5 & 1 & 14 & 10 \\ s^4 & 6 & 17 & 2 \\ s^3 & 67 & 58 & \\ s^2 & 791 & 134 & \\ s^1 & 36900 & & \\ s^0 & 134 & & \end{array}$$

(同乘以 6)（s^3 行）
(同乘以 67)（s^2 行）
(同乘以 791)（s^1 行）

(3) 因为上边计算出劳斯表中第一列数值全部为正实数，所以控制系统是稳定的。

【例 6-4】 已知控制系统的特征方程为 $s^5+3s^4+2s^3+s^2+5s+6=0$，试判断控制系统的稳定性。

解 (1) 由特征方程知，$a_5=1$，$a_4=3$，$a_3=2$，$a_2=1$，$a_1=5$，$a_0=6$，各项系数均大于 0。

(2) 列出劳斯表

$$\begin{array}{c|cccl} s^5 & 1 & 2 & 5 & \\ s^4 & 3 & 1 & 6 & \\ s^3 & 5 & 9 & & \text{(同乘以 3)} \\ s^2 & -11 & 15 & & \text{(同乘以 5/2)} \\ s^1 & \frac{174}{11} & & & \\ s^0 & 15 & & & \end{array}$$

观察第一列数值符号的变化，数值在 $5\to-11\to\frac{174}{11}$ 处符号发生了两次改变，所以控制系统不稳定，特征方程有两个正根。

如果劳斯表中某一行第一个数为 0，其余不全为 0，这时可用一个很小的正数 ε 来代替这个 0，从而可以使劳斯表继续算下去，否则下一行将出现∞。

【例 6-5】 控制系统的特征方程为 $s^4+3s^3+s^2+3s+1=0$，试判断控制系统的稳定性。

解 (1) 由特征方程知，$a_4=1$，$a_3=3$，$a_2=1$，$a_1=3$，$a_0=1$，各项系数均大于 0。

(2) 列出劳斯表：

$$\begin{array}{c|ccc} s^4 & 1 & 1 & 1 \\ s^3 & 3 & 3 & \\ s^2 & \varepsilon & 1 & \\ s^1 & 3-\frac{3}{\varepsilon} & & \\ s^0 & 1 & & \end{array}$$

因为 ε 很小而 ($0<\varepsilon<1$)，则 $3-(3/\varepsilon)<0$，所以表中第一列变号两次，故控制系统有两个正根，该系统是不稳定的。

在应用劳斯稳定性判据时，可能会出现劳斯表中某一行全部为 0 的情况。这种情况意味着在［s］平面上存在一些对称的根，这些根可能是一对（或几对）大小相等符号相反的实根，或一对（或几对）共轭虚根，或呈对称位置的共轭复根。这些情况下，劳斯表中的某行全为零。为了继续向下计算，可以将不为 0 的最后一行各元素组成一个方程式，此方程称为辅助方程，然后将该辅助方程对 s 求导，用求导得到的各项系数代替原为 0 的各项；然后继续按劳斯表的列写方法，写出下面的各行，再判断劳斯中第一列各数值的符号，以判断该系统的稳定性。可以借助于辅助方程求出这些对称的根。

【例 6-6】 控制系统的特征方程为 $s^6+2s^5+8s^4+20s^3+20s^2+16s+16=0$，试判断控制系统的稳定性。

解 (1) 由特征方程知，$a_i>0$，即特征方程的各项系数均大于 0。

(2) 列出劳斯表：

$$\begin{array}{c|cccc} s^6 & 1 & 8 & 20 & 16 \\ s^5 & 2 & 12 & 16 & \\ s^4 & 2 & 12 & 16 & \\ s^3 & 0 & 0 & & \end{array}$$

由上面的劳斯表中可以看出，s^3 行中各元素全为 0，因此将全为 0 的 s^3 行上面一行的各元素构成一个辅助方程式，即 s^4 行的各元素写成方程式：

$$2s^4+12s^2+16=0$$

对 s 求导得到

$$8s^3+24s=0$$

将求导后方程的系数 8 和 24 代替劳斯表中全为 0 的行，得到劳斯表

$$\begin{array}{c|cccc} s^6 & 1 & 8 & 20 & 16 \\ s^5 & 2 & 12 & 16 & \\ s^4 & 2 & 12 & 16 & \\ s^3 & 8 & 24 & & \\ s^2 & 6 & 16 & & \\ s^1 & \dfrac{8}{3} & & & \\ s^0 & 16 & & & \end{array}$$

从劳斯表中可以看出，第一列中各元素并没有符号的改变，因此在［s］平面上的右半平面没有特征根存在，该控制系统是稳定的。

【课堂练习 6-2】 参考［课堂练习 6-1］自行编写［例 6-6］对应的 MATLAB 程序求取系统特征根判定系统稳定性，看看与劳斯判据结果是否一致。

思考

若要用 MATLAB 程序列写劳斯表，则程序该如何编写？

6.3 奈奎斯特稳定判据及其应用

前面学习的代数稳定性判据，包括赫尔维茨判据和劳斯判据，具有一定的不足，这种不

足主要体现在两个方面：

(1) 稳定性判据使用的多项式是系统闭环特征多项式，即必须知道系统的闭环传递函数。

(2) 只能从定性上判断系统的稳定性，较难从量上判断系统的稳定程度。

于是，人们便开始思考：有没有不需求出闭环传递函数就能判断稳定性的方法？奈奎斯特稳定判据就是这样一种方法。**奈奎斯特稳定判据也称为奈氏判据，是用频率特性来判断控制系统稳定性的方法，是一种图解方法。**

在系统初步设计和校正中经常采用频率特性的图解方法，这时如果采用奈氏图或伯德图判断控制系统的稳定性就会比较方便。这是因为此时控制系统的参数尚未最后确定，一些元件的数学表达式常常是未知的，仅有在实验中得到的频率特性曲线可供采用。应用奈奎斯特稳定判据，无论是由解析法还是由实验方法获得的开环频率特性曲线，都可用来分析控制系统的稳定性。

奈奎斯特稳定判据仍是根据系统稳定的充分必要条件进行推导的一种方法。对于如图 6-1 所示的控制系统，闭环传递函数 $\Phi(s)$ 与开环传递函数 $G(s)H(s)$ 之间有着确定的关系，即式（6-1)。欲使控制系统稳定，必须满足控制系统特征方程的根（即闭环极点）全部位于 [s] 复平面的左半部，奈奎斯特稳定判据正是将开环频率特性 $G(j\omega)H(j\omega)$ 与控制系统的闭环极点联系起来的判据。

应用奈奎斯特稳定判据则不必求解闭环特征方程的根，只要根据开环频率特性就可以确定控制系统的稳定性，同时还可以得知控制系统的相对稳定性以及改善控制系统稳定性的途径等。因此，奈奎斯特稳定判据在控制工程中得到了广泛的应用。

6.3.1 奈奎斯特稳定判据

从控制系统稳定的充分条件出发，寻找控制系统闭环特征方程的极点与开环特征方程的极点之间的规律。正是闭环传递函数的分母 $1+G(s)H(s)$ 联系着开环、闭环之间的零点和极点。开环传递函数 $G(s)H(s)$ 一般为分式，分子为 m 阶多项式，分母为 n 阶多项式，并且 $1+G(s)H(s)$ 与 $G(s)H(s)$ 是分母相同的分式，用下式表示：

$$1+G(s)H(s)=1+\frac{b_m s^m+b_{m-1}s^{m-1}+\cdots+b_0}{(s-p_1)(s-p_2)\cdots(s-p_n)}$$

$$=\frac{(s-\lambda_1)(s-\lambda_2)\cdots(s-\lambda_n)}{(s-p_1)(s-p_2)\cdots(s-p_n)} \tag{6-5}$$

可以看出，$1+G(s)H(s)$ 的极点 $p_i(i=1,2,\cdots,n)$ 即开环传递函数 $G(s)H(s)$ 的极点；而 $1+G(s)H(s)$ 的零点 $\lambda_i(i=1,2,\cdots,n)$ 正是闭环传递函数极点，因为 $s=\lambda_i$ 时，$1+G(s)H(s)=0$。建立这个关系是证明奈奎斯特稳定判据的第一步。

根据复变函数中的保角映射关系，对于复平面[s]上的一条连续封闭曲线，在[$1+G(s)H(s)$]复平面上必有一条封闭曲线与之对应。在证明奈奎斯特稳定判据时，取[s]平面上的封闭曲线 Γ_s 包围整个[s]平面的右半部，即沿着虚轴由 $-j\infty\to j\infty$ 再沿着半径为 ∞ 的半圆构成封闭曲线，如图 6-2 所示。若将 $1+G(s)H(s)$ 的零点 λ_i（$i=1,2,\cdots,n$）和极点 p_i（$i=1,2,\cdots,n$）画在[s]平面上，那么，封闭曲线 Γ_s 将实部为正的极点和零点都包围进去，即包围了所有实部为正的开环极点和闭环极点（下面简称开环右极点和闭环右极点）。

[s]平面上 Γ_s 曲线沿虚轴的部分，即当变量沿[s]平面的虚轴从 $-\infty$ 到 ∞ 变化时，映射

到$[1+G(s)H(s)]$平面上是$1+G(j\omega)H(j\omega)$曲线，而$G(j\omega)H(j\omega)$曲线正是系统的开环奈氏图。

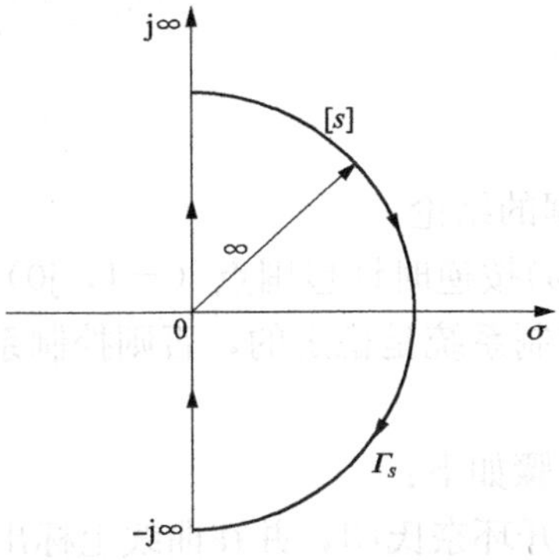

图 6-2 [s] 平面上的封闭曲线

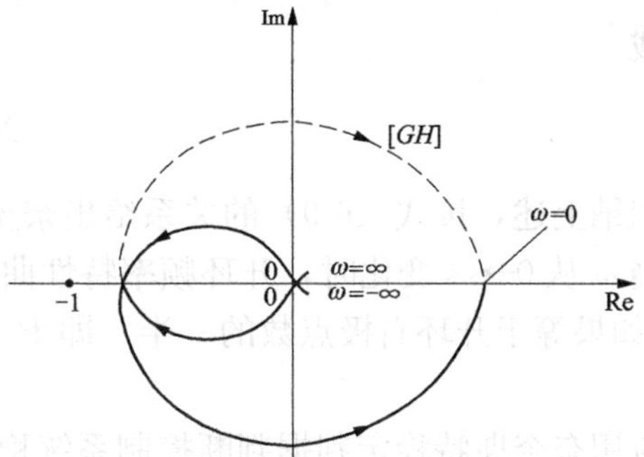

图 6-3 ω 从−∞→0→∞的奈式曲线

在复平面$[1+G(s)H(s)]$和$G(s)H(s)$之间的实轴坐标相差 1，$[1+G(s)H(s)]$复平面（简写为$[1+GH]$平面）的坐标原点正是$[G(s)H(s)]$复平面（简写为$[GH]$平面）上的（−1，j0）点。如果由Γ_s映射的曲线在$[1+GH]$平面上包围其坐标原点，在$[GH]$平面上则包围（−1，j0）点，即当$1+G(j\omega)H(j\omega)=0$时，有$G(j\omega)H(j\omega)=-1$。

Γ_s曲线的另一部分即无穷大半圆部分，映射到$[GH]$平面上的原点（当$n>m$时），或映射到$[GH]$平面的实轴上某定点（当$n=m$时）。

由相角定理可以证明（证明从略）有如下关系：

$$Z=P-N \tag{6-6}$$

式中：Z为闭环右极点个数，正整数或零；P为开环右极点个数，正整数或零；N为ω从$-\infty \to 0 \to \infty$变化时，$G(j\omega)H(j\omega)$封闭曲线在$[GH]$平面内包围（−1，j0）点的次数。

当$N>0$时，表示曲线按逆时针方向包围；当$N<0$时，表示曲线按顺时针方向包围；当$N=0$时，表示曲线不包围（−1，j0）点。

由式（6-6）可根据开环右极点数目P和开环奈氏曲线对（−1，j0）点的包围次数N，来判断闭环右极点Z是否等于零。若要控制系统稳定，则闭环特征方程不能有右极点，即必须使$Z=0$，也就是要求$N=P$。开环传递函数$G(s)H(s)$通常是一些简单环节串联相乘的形式，因此开环右极点数P容易求出。N的确定需画出开环奈氏图，ω从$-\infty \to 0 \to \infty$的开环奈氏图是一条与实轴对称的封闭曲线，只要画出ω从$0 \to \infty$那一半曲线，按镜像对称原则便可得到ω从$-\infty \to 0 \to \infty$的另一半曲线，如图 6-3 所示。奈氏曲线对（−1，j0）点的包围情况由N可得出，然后便可确定Z。

为简单起见，通常只画出ω从$0 \to \infty$的$G(j\omega)H(j\omega)$曲线，当仅用正半部分奈氏曲线判别控制系统的稳定性时，包围次数应当增加一倍才符合式（6-6）的关系，即把式（6-6）改写为

$$Z=P-2N \tag{6-7}$$

式中：N为ω从$0 \to \infty$的$G(j\omega)H(j\omega)$曲线对（−1，j0）点包围的次数；N的正负及P、Z

的意义同式（6-6）。

按式（6-7），控制系统稳定时，即当 $Z=0$ 时应满足

$$P=2N \tag{6-8}$$

或

$$N=\frac{P}{2} \tag{6-9}$$

归纳上述，按式（6-9）的关系给出奈奎斯特稳定判据的结论：

当 ω 从 $0\to\infty$ 变化时，开环频率特性曲线 $G(\mathrm{j}\omega)H(\mathrm{j}\omega)$ 按逆时针包围点（-1，j0）的次数 N 如果等于开环右极点数的一半（即 $P/2$），则闭环控制系统是稳定的，否则控制系统不稳定。

应用奈奎斯特稳定判据判断控制系统稳定性的一般步骤如下：

（1）绘制 ω 从 $0\to\infty$ 变化时的开环频率特性曲线，即开环奈氏图，并在曲线上标出 ω 从 $0\to\infty$ 增加的方向。根据曲线包围（-1，j0）点的次数和方向，求出 N 的大小及正负。从（-1，j0）点向 $G(\mathrm{j}\omega)H(\mathrm{j}\omega)$ 曲线上作一矢量，并计算这个矢量。当 ω 从 $0\to\infty$ 变化时相应转过的“净”角度，规定逆时针旋转方向为正角度方向，并按转过 360° 折算 $N=1$，转过 $-360°$ 折算 $N=-1$。要注意 N 的正负及 $N=0$ 的情况，如图 6-4 所示。

（2）由给定的开环传递函数确定开环右极点数 P，并按奈奎斯特稳定判据判断系统的稳定性。若 $N=P/2$，则闭环控制系统稳定，否则闭环控制系统是不稳定的。如果 $G(\mathrm{j}\omega)H(\mathrm{j}\omega)$ 曲线刚好通过（-1，j0）点，表明闭环控制系统有极点位于虚轴上，控制系统处于临界稳定状态，工程上属于不稳定情况。

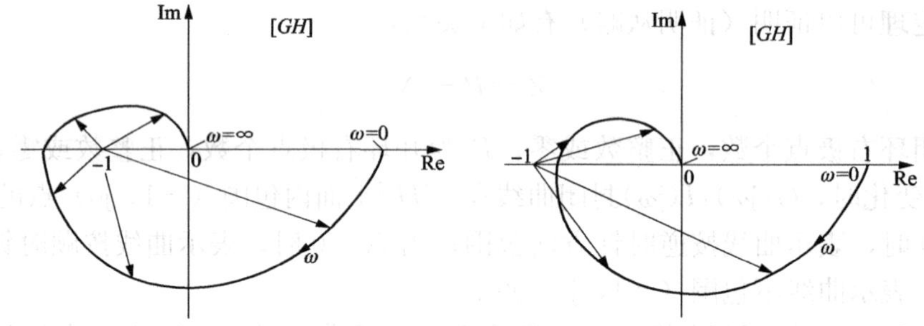

(a) $N=-1$　　(b) $N=0$

图 6-4　N 的计算

6.3.2　奈奎斯特稳定判据的应用

1. 开环传递函数没有 $s=0$ 的极点

【例 6-7】 单位负反馈系统的开环传递函数为

$$G(S)=\frac{K}{Ts+1}$$

其中，$T=0.1\mathrm{s}$。试用奈奎斯特稳定判据判断 $K=4$ 和 $K=-4$ 情况下控制系统的稳定性。

解　作出当 $K=4$ 和 $K=-4$ 时的开环奈氏图，如图 6-5 所示。

当 $K=4$ 时，开环奈氏图如图 6-5（a）所示，可以明显看出曲线不包围（-1，j0）点，

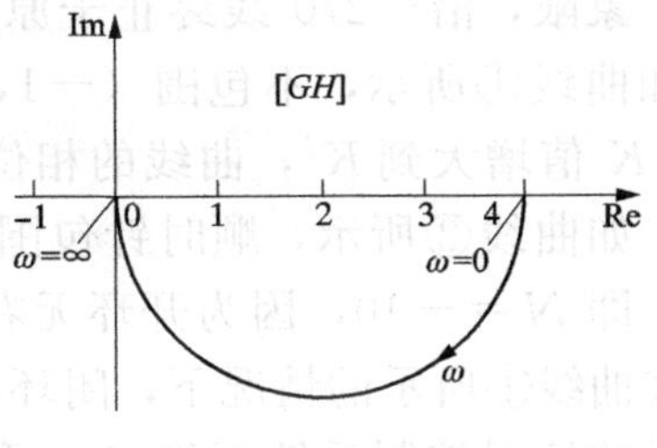

(a) $K=4$

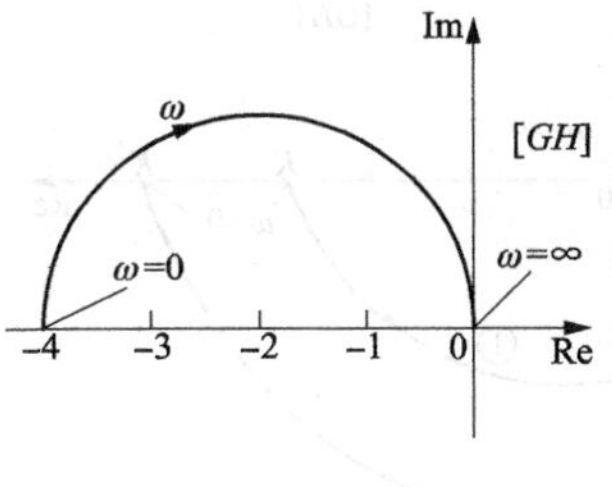

(b) $K=-4$

图 6-5 ［例 6-7］奈式图

所以 $N=0$。

由开环传递函数可知，开环极点为 $s=-\frac{1}{T}=-10$，是个负实数极点，因此开环无右极点，$P=0$。

由奈奎斯特稳定判据知控制系统在 $K=4$ 时是稳定的。

当 $K=-4$ 时，开环奈氏图如图 6-5（b）所示，这时开环极点没有变化，但曲线顺时针包围（-1，j0）点半周，即 $N=-\frac{1}{2}$ 而不等于 $P/2$，可见在 $K=-4$ 时控制系统不稳定。

［例 6-7］说明，控制系统在开环无右极点的情况下，闭环系统是否稳定需用稳定判据判断以后才能知道，并不存在开环稳定（$P=0$），闭环一定稳定的必然关系。

【例 6-8】 判断由一个振荡环节

$$G(s)=\frac{K}{T^2s^2+2\zeta Ts+1}$$

构成的单位负反馈系统的稳定性。

解 开环奈氏图如图 6-6 所示。曲线不包围（-1，j0）点，当 K、ζ、T 为任何正值时，开环都无右极点，闭环系统都是稳定的。因为无论这些参数如何改变，$G(\mathrm{j}\omega)$ 曲线的相角总是由 $0°\to180°$ 变化，只经过第四象限、第三象限，到不了第二象限，因此不可能包围（-1，j0）点。

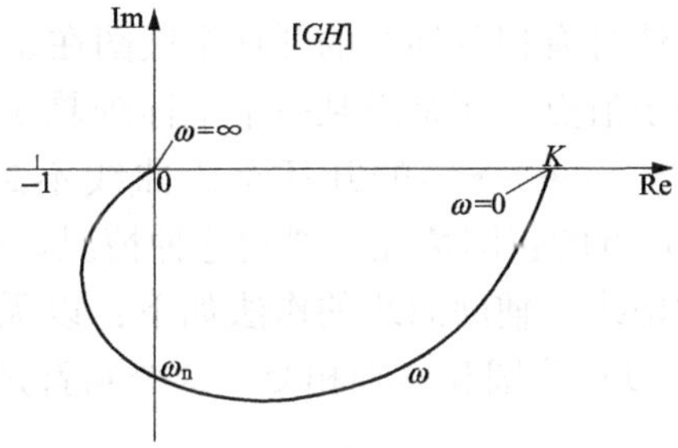

图 6-6 ［例 6-8］开环奈式图

【例 6-9】 绘制有三个极点的 0 型系统的奈氏图并判断闭环系统的稳定性，它的开环频率特性为

$$G(\mathrm{j}\omega)H(\mathrm{j}\omega)=\frac{K}{(1+\mathrm{j}\omega T_1)(1+\mathrm{j}\omega T_2)(1+\mathrm{j}\omega T_3)}$$

解 当 $\omega=0$ 时

$$|G(\mathrm{j}\omega)H(\mathrm{j}\omega)|=K$$
$$\angle G(\mathrm{j}\omega)H(\mathrm{j}\omega)=0°$$

当 $\omega=\infty$ 时

$$|G(\mathrm{j}\omega)H(\mathrm{j}\omega)|=0$$
$$\angle G(\mathrm{j}\omega)H(\mathrm{j}\omega)=-270°$$

其开环奈氏图的大致形状如图 6-7 所示。曲线从正实轴上的 K 点开始，顺时针旋转穿

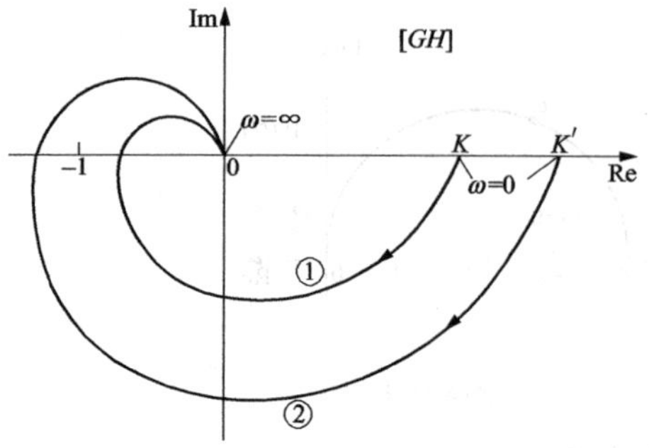

图 6-7　三阶系统的开环奈式图

过三个象限，沿－270°线终止于原点。当 K 值较小时如曲线①所示，不包围（－1，j0）点，$N=0$；当 K 值增大到 K'，曲线的相位不变，仅幅值增大，如曲线②所示，顺时针包围（－1，j0）点一周，即 $N=-10$，因为开环无右极点，$P=0$。所以在曲线①所示的情况下，闭环控制系统稳定。曲线②的情况控制系统不稳定。可见开环增益 K 的增大，不利于控制系统的稳定性。从控制系统稳态误差的角度来说，K 的增大有利于稳态误差的减小。为了兼顾精度和稳定性，需要在系统中加补偿环节。

由［例 6-8］和［例 6-9］可见，对于最小相位的开环传递函数，并且在开环增益 $K>0$ 时，只有三阶或三阶以上的闭环控制系统才可能不稳定。

2. 开环传递函数中有 $s=0$ 的极点

开环传递函数中含有积分环节时就属于这种情况，含有积分环节的系统是普遍存在的，因此奈奎斯特稳定判据必须有相应的处理方法。

在［s］平面上的封闭曲线 Γ_s，向[1+GH]平面上映射时，Γ_s 是沿虚轴前进的，在原点处有极点，Γ_s 曲线向原点右方沿无穷小半径的半圆 $\widehat{abc}$ 绕行，如图 6-8 所示，把原点处的极点绕过去。但绕行半径为无限小，所有不在原点上的右极点和右零点仍能被包括在 Γ_s 封闭曲线之内。这样处理之后，奈奎斯特稳定判据中的开环右极点 P 就不包括 $s=0$ 的极点。

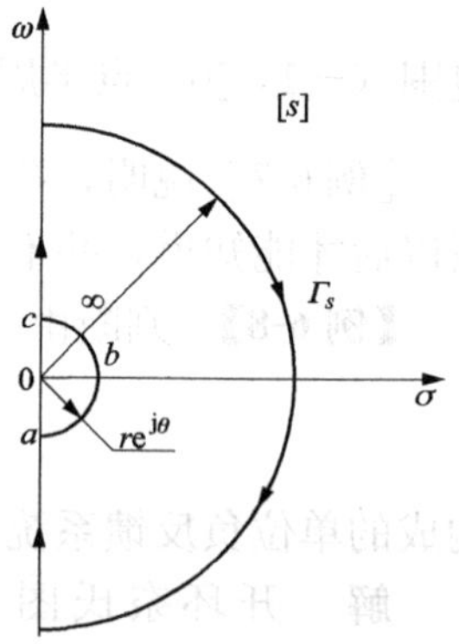

图 6-8　［s］平面上避开原点上极点的封闭曲线

由于积分环节在 $\omega=0$ 时的相角为－90°，幅值为∞，其影响将使含有积分环节的开环奈氏图在 $\omega=0$ 时的起点不是实轴上的一个定值点，而是沿某一个坐标轴趋于∞，如图 6-9 所示。因此，ω 从－∞→0→∞的开环奈氏曲线不封闭，无法识别曲线对（－1，j0）点的包围情况。遇到这种情况，可以作辅助曲线，如图 6-9 中的虚线。辅助曲线的作法如下：以无穷大为半径，从奈氏曲线的起始端沿逆时针方向绕过 $v\times 90°$ 作圆和实轴相交，这个圆就是辅助曲线。v 是开环传递函数中含有积分环节的个数。

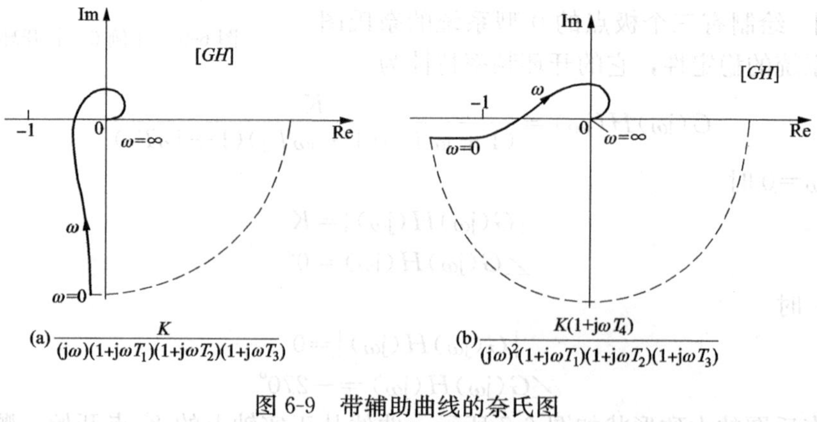

(a) $\dfrac{K}{(j\omega)(1+j\omega T_1)(1+j\omega T_2)(1+j\omega T_3)}$　　(b) $\dfrac{K(1+j\omega T_4)}{(j\omega)^2(1+j\omega T_1)(1+j\omega T_2)(1+j\omega T_3)}$

图 6-9　带辅助曲线的奈氏图

这个辅助曲线是由[s]平面上Γ_s封闭路径中找$\widehat{bc}$段映射在[GH]平面上的图形。当变量s沿Γ_s路径前进经过$\widehat{bc}$时，可以表示为

$$s=re^{j\theta} \tag{6-10}$$

而小半径r趋近于零，角θ从0°到90°变化，系统的开环传递函数可以表示为

$$G(s)H(s)=\frac{K_1\prod_{i=1}^{m}(s-z_i)}{s^v\prod_{i=1}^{n-v}(s-p_i)}=\frac{K_1(s-z_1)(s-z_2)\cdots(s-z_m)}{s^v(s-p_1)(s-p_2)\cdots(s-p_{n-v})} \tag{6-11}$$

式中：z_i为开环零点，$i=1$，2，…，m；p_i为开环极点，$i=1$，2，…，$n-v$；K_1为比例系数，与开环增益K成比例。

将式（6-10）代入式（6-11）中，并令$r\to 0$，得

$$\begin{cases} G(s)H(s)\Big|_{s=re^{j\theta}}=\dfrac{|K'|e^{j\varphi_0}}{re^{j\theta v}}=\dfrac{|K'|e^{j\varphi_0}}{r}e^{-j\theta v} \\ K'=K_1\dfrac{(-z_1)(-z_2)\cdots(-z_m)}{(-p_1)(-p_2)\cdots(-p_{n-v})} \end{cases} \tag{6-12}$$

由于复数根的共轭性，故K'是实数；φ_0为其他环节（除去积分环节）在$\omega=0$时的相角和，对于最小相位系统，$\varphi_0=0°$；对于非最小相位系统，$\varphi_0=\pm k\pi$，$k=0$，1，2，3…。

根据式（6-12）可以确定[s]平面上半径为无穷小的$\widehat{bc}$变换到[GH]平面上的轨迹曲线。$\widehat{bc}$的$r\to 0$，θ由0°→90°变化，映射在[GH]平面上为$G(j\omega)H(j\omega)$的幅值为无穷大，相角由φ_0变化$v\times$（$-90°$），复数$G(j\omega)H(j\omega)$矢量端点轨迹，这就是图6-9中的虚线辅助线，即开环奈氏图的增补段。

经过以上的处理，奈奎斯特稳定判据仍可使用。

如图6-9所示的两个系统，开环均无右极点，即$P=0$，增补（加辅助线）后的开环奈氏曲线又都不包围（-1，j0）点，$N=0$，所以由奈奎斯特稳定判据可以判断两个系统都是稳定的。

【例6-10】 设某非最小相位系统的开环传递函数为

$$G(s)H(s)=\frac{K}{s(Ts-1)}$$

试判断该控制系统的稳定性。

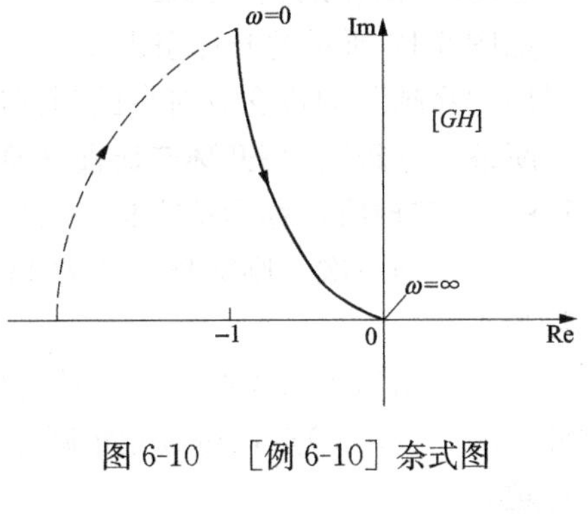

图6-10　[例6-10] 奈式图

解 作开环奈氏图，如图6-10所示，图中虚线为增补段，是根据作辅助线的方法，由实线部分的起始端（$\omega=0$），以无穷大为半径，沿逆时针方向旋转90°，交于负实轴，形成图6-10中的虚线部分。需要注意的是，此处没有交于正实轴，是因为开环传递函数中只有一个积分环节，$v=1$，辅助线只有90°范围的相角，而除去积分环节的其他环节$k/(Ts-1)$在$\omega=0$时的相角和$\varphi_0=-180°$在确定奈氏曲线包围（-1，j0）点的次数和方向时，应将虚线和实线连续起来看，整个曲线的旋转方向仍按ω增大的方

向。这样，由图 6-10 可以看出，曲线顺时针包围（−1，j0）点半圈，即 $N=-1/2$。

检查开环极点：$s_1=0$，$s_2=1/T$，其中 s_2 为正实数，是一个右极点，而 $s_1=0$，不算右极点。所以开环右极点数 $P=1$。由奈奎斯特稳定判据得知控制系统不稳定。

【例 6-11】 Ⅱ型系统开环传递函数如下，试判断闭环系统的稳定性。

$$G(s)H(s)=\frac{10}{s^2(0.15s+1)}$$

解 作开环奈氏图，如图 6-11（a）所示，由图可知 $N=-1$，即顺时针包围（−1，j0）点一周。开环传递函数无右极点，$P=0$。控制系统不稳定。

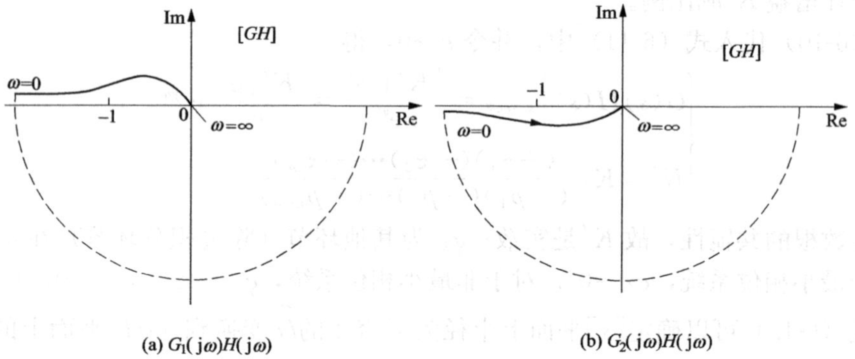

图 6-11 ［例 6-11］奈氏图

如果在原系统中串入一个一阶微分环节$(2.5s+1)$，使开环传递函数变为

$$G(s)H(s)=\frac{10(2.5s+1)}{s^2(0.15s+1)}$$

添加这一微分环节的目的是利用一阶微分环节的正相位角度，使原开环频率特性的相位滞后量减小。在开环奈氏图上直观地看，是希望曲线不要到达第二象限，只在第四象限、第三象限就不会包围(−1，j0)点。其开环奈氏图见图 6-11（b）。

［例 6-11］说明，通过串联一阶复合微分环节的校正作用，有可能使Ⅱ型系统变得稳定。

6.3.3 简化的奈氏判据

如图 6-12 所示的开环奈氏图，若用对(−1，j0)点的包围圈数来确定 N 会很不方便，为此引出"穿越"的概念以对奈氏判据进行适当简化。

所谓"穿越"，指开环奈氏曲线穿过(−1，j0)点左边的实轴部分。若曲线由上而下穿过 −1→−∞实轴段，称为正穿越；若曲线由下而上穿过，称为负穿越。若曲线穿过(−1，j0)点以左的实轴一次，则穿越次数为 1；若曲线始于或止于(−1，j0)点以左的实轴上，则穿越次数为 1/2。

正穿越相当于奈氏曲线逆时针包围(−1，j0)点，对应相角增大，负穿越相当于曲线顺时针包围(−1，j0)点，对应相角减小。**需要注意的是，曲线穿过(−1，j0)点以右的实轴不为穿越。**

这样，奈奎斯特稳定判据可以写成：**当 ω 从 0 变到∞时，若开环频率特性曲线在(−1，**

j0)点以左实轴上的正穿越次数减去负穿越次数等于 $P/2$，则控制系统是稳定的，否则控制系统不稳定。其中，P 为开环右极点数。

应用这个判据可判断图 6-12 系统的稳定性。由图 6-12 看出，正穿越次数为 2，负穿越次数为 1，开环右极点数 $P=2$。正穿越次数减去负穿越次数等于 $P/2$，所以控制系统稳定。

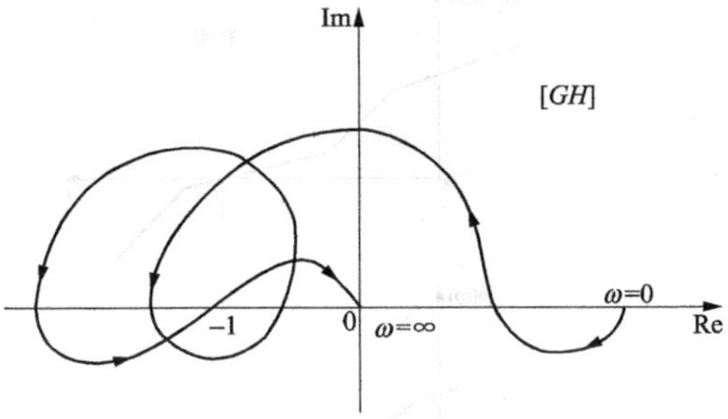

图 6-12　复杂的开环奈式图

6.3.4　伯德图上的奈氏判据

开环频率特性函数 $G(j\omega)H(j\omega)$ 可以用奈氏图表示，也可以用伯德图表示，这两种图形有如下对应关系：

（1）**奈氏图上的单位圆**（圆心为坐标原点，半径为 1），**在伯德图的对数幅频率特性曲线上是 0dB 线**，因为单位圆上 $|G(j\omega)H(j\omega)|=1$。

故

$$20\lg|G(j\omega)H(j\omega)|=20\lg 1=0\text{dB}$$

对应地，**奈氏图上单位圆以内区域对应伯德图 0dB 以下区域，奈氏图上单位圆以外区域对应伯德图 0dB 以上区域。**

（2）奈氏图上的负实轴在伯德图的相频特性上是 $-180°$ 水平线，因为负实轴上的点，相角是 $-180°$。

根据前面“穿越”的概念，开环奈氏曲线对（-1，j0）以左的实轴穿越时，$G(j\omega)H(j\omega)$ 向量应具备两个条件：幅值大于 1，相角等于 $-180°$。穿越一次，相角等于 $-180°$ 一次。幅值小于 1 时没有穿越。把这两个条件转换在开环伯德图上，就是 **$L(\omega)>0$dB 时，相频特性曲线穿过 $-180°$ 线一次，称为一次穿越，**$L(\omega)<0$dB 时没有穿越。

正穿越为角度增大。在奈氏图上，自上而下穿过时相角增大，为正穿越。在伯德图上，$L(\omega)>0$dB 下的相频特性曲线自下而上穿过 $-180°$ 线时，相角增大，为正穿越；反之，相频特性曲线由上而下穿过 $-180°$ 线时，相角减小，为负穿越。

根据上述对应关系，对数频率特性的奈奎斯特稳定判据表述如下：

系统稳定的充要条件是：**在开环伯德图上 $L(\omega)<0$dB 的所有频段内，相频特性曲线 $\varphi(\omega)$ 在 $-180°$ 正、负穿越次数代数和等于 $P/2$（P 为开环右极点数）。如果 $P=0$，则上述正、负穿越次数应相等。**

如果恰在 $L(\omega)=0$dB 处相频特性曲线穿过 $-180°$ 线，控制系统是临界稳定状态。

用上述判据可知，如图 6-13 所示的两个开环伯德图对应的系统，闭环状态下都是稳定的。

注意

遇到开环传递函数中含有积分环节时，应当按开环有 $s=0$ 的极点的情况处理，将伯德图中对数相频特性曲线的起始端（$\omega\to 0$）与其他环节（除去积分环节）在 $\omega\to 0$ 时的相角和 φ_0 连接起来，再检查是否穿越 $-180°$ 线。此时如果 φ_0 起始于 $-180°$，算半次穿越，其正、负仍按相角增加为正，相角减小为负。下面举例说明。

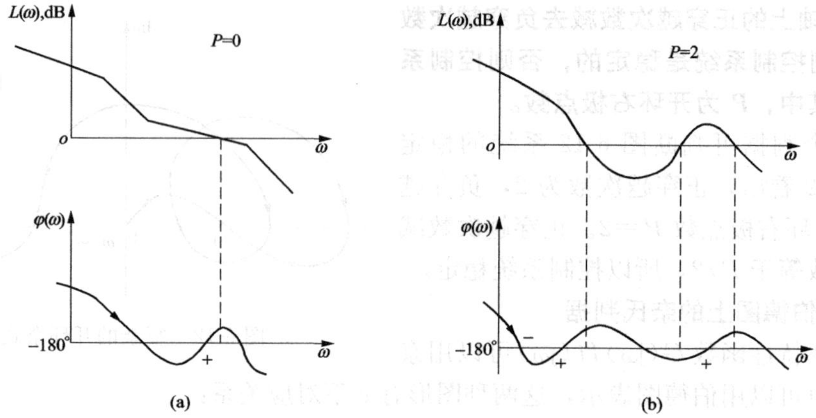

图 6-13 开环伯德图

【例 6-12】 试用伯德图判断具有下列开环传递函数的非最小相位系统的稳定性。

$$G(s)H(s)=\frac{10(s+3)}{s(s-1)}$$

解 (1) 传递函数化成标准形式：

$$G(s)H(s)=\frac{30(\frac{s}{3}+1)}{s(s-1)}$$

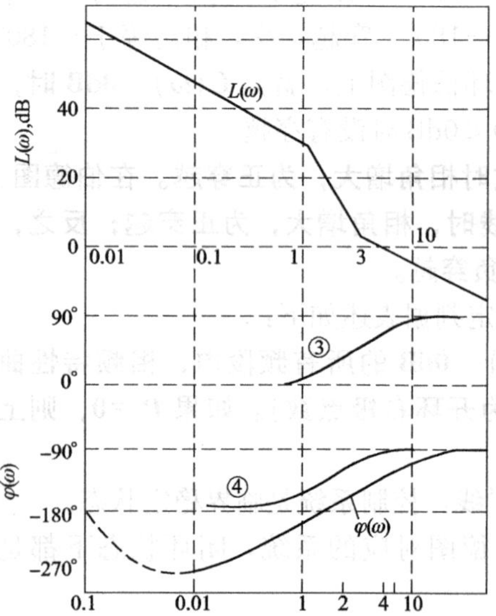

图 6-14 ［例 6-12］伯德图

(2) 作开环伯德图。把开环传递函数分解成四个基本环节：①比例环节 $K=30$，20lg30dB=29.5 dB；②积分环节 $1/s$；③一阶复合微分环节 $(s/3+1)$，转折频率为 3；④一阶不稳定环节 $1/(s-1)$，转折频率为 1，它的幅值与惯性环节 $1/(s+1)$ 的幅值相同，但 ω 从 $0\to\infty$ 变化 $-90°$，其相频特性曲线如图 6-14 中曲线④所示。在图 6-14 中画出 $G(j\omega)H(j\omega)$ 的对数幅频渐近线［图中标以 $L(\omega)$］和对数相频特性曲线［图中标以 $\varphi(\omega)$］。

(3) 判断闭环系统的稳定性。开环传递函数中有一个右极点，$P=1$。

根据上述奈奎斯特稳定判据检查 $L(\omega)>0$dB 的频率范围内相频特性曲线在 $-180°$ 线上的穿越情况。相频特性曲线起于 $-270°$ 线，终于 $-90°$ 线，有一次正穿越。但此时应考虑开环传递函数中有 $s=0$ 的极点的情况，需做相应的处理。该系统开环传递函数中含有一个积分环节，而其他三个环节在 $\omega\to 0$ 时的相角和为 $\varphi_0=-180°$。所以应当由 $-180°$ 与相频特性起始端连起来再进行判断。连接部分如图 6-14 中虚线所示，它相当于开环奈氏图中的辅助线（增补段）。经过增补以后的相频特性曲线起于 $-180°$ 线向下行，所以计入半次负穿越。最后按稳定判据：正穿越次数减去负穿越次数为 $1-\frac{1}{2}=\frac{1}{2}$，即 $\frac{P}{2}$，所以这个非最小相位系统是稳定的。但是，若不按开环有 $s=0$ 极点的情况处理，必然得到错误的结果。

6.3.5 延时系统稳定性的判别

设带有延时环节的反馈控制系统的开环传递函数为

$$G(s)H(s)=G_1(s)H_1(s)e^{-\tau s} \tag{6-13}$$

式中：$G_1(s)H_1(s)$为除去延时环节的开环传递函数；τ 为延迟时间，s。

式（6-13）表明延时环节在前向通道或在反馈通道中串接，对系统的稳定性影响是一样的。

延时环节 $e^{-\tau s}$的频率特性 $e^{-j\omega\tau}$的幅值为 1，相角为$-\omega\tau$。有延时环节的开环频率特性及幅频、相频特性分别为

$$G(j\omega)H(j\omega)=G_1(j\omega)H_1(j\omega)e^{-j\omega\tau} \tag{6-14}$$

$$|G(j\omega)H(j\omega)|=|G_1(j\omega)H_1(j\omega)| \tag{6-15}$$

$$\angle G(j\omega)H(j\omega)=\angle G_1(j\omega)H_1(j\omega)-\omega\tau \tag{6-16}$$

由上可见，有延时环节对 $G_1(j\omega)H_1(j\omega)$ 的幅值无影响，只是相位比没有延时环节的系统滞后，也就是使 $G_1(j\omega)H_1(j\omega)$ 向量在每一个 ω 上都按顺时针方向多移动 $\omega\tau$ 弧度。

应用有延时环节的开环奈氏图判断闭环系统稳定性的方法，和奈奎斯特稳定判据的用法是一样的。

例如有延时环节的系统，其开环传递函数为

$$G(s)H(s)=G_1(s)H_1(s)e^{-\tau s}=\frac{e^{-\tau s}}{s(1+s)(2+s)}$$

在图 6-15 中画出 τ 取不同值时的三条曲线进行对比。可以看出当 $\tau=0$ 时，也就是没有延时环节存在时，闭环系统是稳定的。随着 τ 的增大，系统的稳定性变差。当 $\tau=2$s 时，$G(j\omega)H(j\omega)$曲线通过$(-1,\ j0)$点，系统处于临界稳定状态；当 $\tau=4$s 时，系统变得不稳定。延时环节常常使系统的稳定性变坏，而实际系统中又经常不可避免地存在延时环节，延迟时间 τ 短则几毫秒，长则数分钟，为了提高系统的稳定性，应当尽量减小延迟时间。

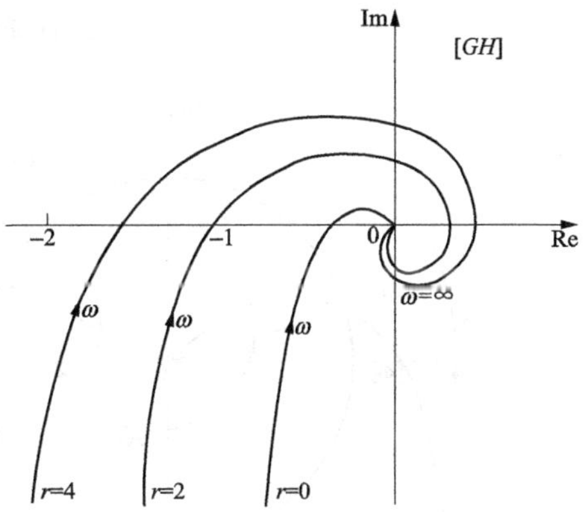

图 6-15 $\dfrac{e^{-j\omega\tau}}{(j\omega)(1+j\omega)(2+j\omega)}$的奈式图

6.4 稳定性裕量

用奈奎斯特稳定判据可以判断控制系统是否稳定，但不能确定稳定程度如何。定性分析往往不能满足工程上的要求，为了赋予稳定性一定量的意义，本节要介绍稳定裕量的概念。

6.4.1 相位裕量和幅值裕量

由奈奎斯特稳定判据知，对于最小相位系统的开环奈氏曲线若通过$(-1,\ j0)$点，则系

统处于稳定的临界状态。在这种情况下，如果系统的某些参数稍有波动，就可能使系统的开环奈氏曲线包围(−1，j0)点，造成系统的不稳定。因此，系统的开环奈氏曲线对(−1，j0)点靠近程度，就直接表征了系统的稳定程度。也就是说，$G(\mathrm{j}\omega)H(\mathrm{j}\omega)$曲线离(−1，j0)点越远，系统稳定程度越高；反之，曲线越靠近(−1，j0)点，系统稳定程度越低。这便是通常所说的相对稳定性。这种稳定程度用幅值裕量和相位裕量的概念来进行定量计算。

在图 6-16 中，$G(\mathrm{j}\omega)H(\mathrm{j}\omega)$曲线与单位圆相交时的频率 ω_c 称为幅值交界频率，当 $\omega=\omega_c$ 时，$|G(\mathrm{j}\omega)H(\mathrm{j}\omega)|=1$。在伯德图上 ω_c 是对数幅频特性曲线与 0dB 线相交时的频率。ω_c 也称幅值穿越频率（下角标 c 代表穿越的英文单词 cross）、开环截止频率及开环剪切频率。

ω_g 称为相位交界频率。当 $\omega=\omega_g$ 时，$\angle G(\mathrm{j}\omega)H(\mathrm{j}\omega)=-180°$。此时开环奈氏曲线与实轴相交。对数相频特性曲线在 ω_g 处穿过−180°线，ω_g 也称相位穿越频率。

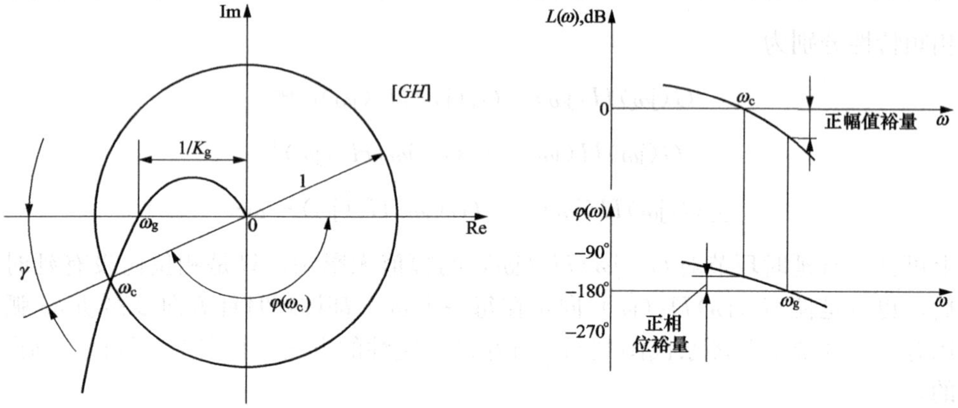

(a) 正的相位裕量和幅值裕量

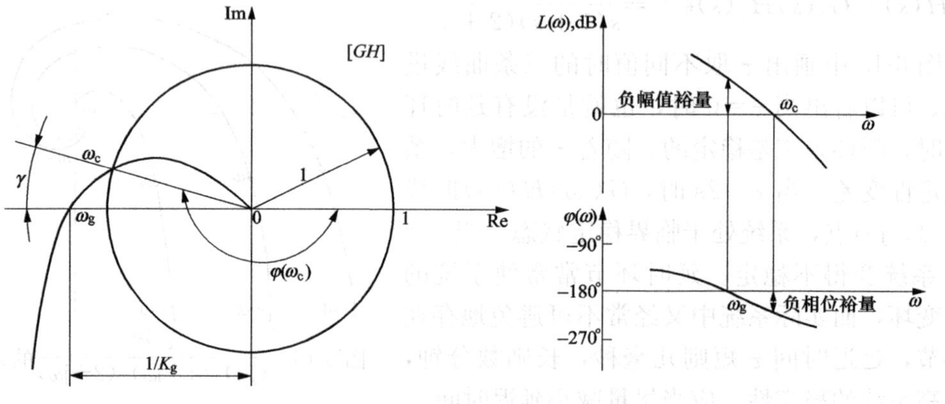

(b) 负的相位裕量和幅值裕量

图 6-16　相位裕量和幅值裕量

1. 相位裕量 γ

在幅值交界频率上，使系统达到不稳定边缘所需要附加的相角滞后量（或超前量），称为相位裕量，记为 γ，有

$$\gamma=\varphi(\omega_c)-(-180°)=180°+\varphi(\omega_c) \tag{6-17}$$

式中：$\varphi(\omega_c)$为开环频率特性在幅值交界频率ω_c上的相角。

最小相位系统稳定时，开环奈氏曲线不包围(－1，j0)点，即$\varphi(\omega_c)$不应小于－180°。根据式（6-17），最小相位系统稳定时应当有正的相位裕量，即$\gamma>0$，如图 6-16（a）所示。

2. 幅值裕量K_g

在相位交界频率处开环频率特性幅值的倒数，称为幅值裕量，记为K_g，有

$$K_g=\frac{1}{|G(j\omega_g)H(j\omega_g)|} \tag{6-18}$$

在伯德图上，幅值裕量以分贝值表示，可记为K_g（dB）。

$$\begin{aligned}K_g(\mathrm{dB})&=20\lg K_g=20\lg\frac{1}{|G(j\omega_g)H(j\omega_g)|}\\&=-20\lg|G(j\omega_g)H(j\omega_g)|\end{aligned}$$

最小相位系统闭环状态下稳定时，其开环奈氏曲线不能包围(－1，j0)点，因此$|G(j\omega)H(j\omega)|<1$，即$K_g>1$，$K_g(\mathrm{dB})>0\mathrm{dB}$，这种情况称系统具有正幅值裕量；反之，则为负幅值裕量。

需要注意的是，在伯德图上$K_g>0$是用$-20\lg|G(j\omega_g)H(j\omega_g)|$来表示的，也就是正幅值裕量必须在 0dB 线的下边，如图 6-16（a）所示。图 6-16（b）所示为负相位裕量和负幅值裕量的情况。

一阶、二阶系统的幅值裕量为无穷大，因为它们的开环奈氏曲线与负实轴不相交，理论上不能不稳定。但是如果有延时环节的作用时，一阶、二阶系统也会变得不稳定。若把建立数学模型中被略去的一些小的延时环节考虑进去，则所谓的一阶、二阶系统也可能变成不稳定的。

还应当指出，对于开环传递函数中存在右极点的系统，只有开环奈氏曲线包围(－1，j0)点时系统才能稳定，否则不能满足稳定条件。因此，非最小相位系统（$P\neq0$的系统）稳定的时候，将具有负的相位裕量和幅值裕量。

6.4.2 关于相位裕量和幅值裕量的说明

（1）控制系统的相位裕量和幅值裕量，是开环奈氏曲线对(－1，j0)点靠近的度量，因此，这两个裕量可以用作设计准则。

（2）为了得到满意的性能，相位裕量应为 30°～60°，幅值裕量应当大于 6dB。

（3）对于最小相位系统，只有当相位裕量和幅值裕量都为正时，系统才是稳定的，要注意，为了确定系统的稳定性储备，必须同时考虑相位裕量和幅值裕量两项指标，只用其中一项指标不足以说明系统的相对稳定性。

（4）对于最小相位系统，开环幅频和相频特性之间有确定的对应关系，30°～60°的相位裕量，意味着在开环伯德图上，对数幅频特性曲线在幅值交界频率ω_c处的斜率必须大于［－40］。在大多数实际系统中，为保证系统稳定，要求ω_c上的斜率为［－20］。若ω_c处的斜率为［－40］，系统即使稳定，相位裕量也较小，相对稳定性也是很差的；若ω_c处的斜率为［－60］或更陡，则系统肯定不会稳定。

【例 6-13】 设控制系统如图 6-17（a）所示。当$K=10$和$K=100$时，试求系统的相位裕量、幅值裕量。

解 根据传递函数分别求出$K=10$和$K=100$时的开环伯德图，如图 6-17（b）所示。

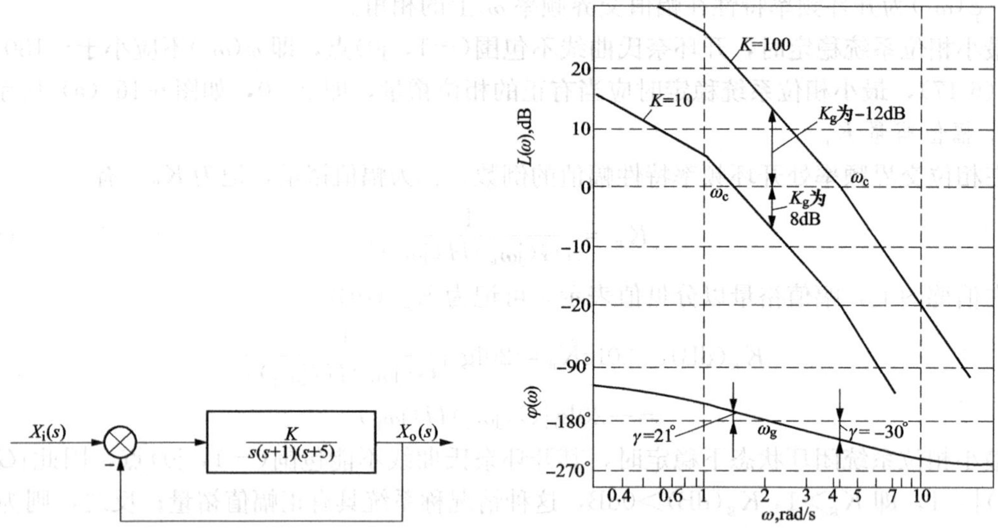

(a) 系统框图　　(b) $K=10$和$K=100$的开环伯德图

图 6-17 ［例 6-13］图

$K=10$ 与 $K=100$ 的对数相频特性曲线相同，且对数幅频特性曲线的形状相同。但是 $K=100$ 的幅频特性曲线比 $K=10$ 的曲线向上平移 20dB，并使幅频特性曲线与 0dB 线的交点频率 ω_c 向右移动了。

由图 6-17 可查出，当 $K=10$ 时，相位裕量为 21°，幅值裕量为 8dB，都是正值；而当 $K=100$ 时，相位裕量为−30°，幅值裕量为−12dB。

由结果看出，当 $K=100$ 时，系统已经不稳定；当 $K=10$ 时，系统虽然稳定，但稳定裕量偏小。为了获得足够的稳定裕量，必须将 γ 增大到 30°～60°，这可以通过减小 K 值来达到；然而从稳定误差的角度考虑，不希望减小 K。因此，必须通过增加校正环节来满足要求。

6.4.3 相位裕量与时间响应的关系

相位裕量 γ 是频域性能指标，但对于二阶系统，γ 与系统的阻尼比 ζ 之间存在着确定的关系，因此可以用 γ 来分析系统的瞬态响应性能。

由二阶系统的开环传递函数 $G(s)=\dfrac{\omega_n^2}{s(s+2\zeta\omega_n)}$，得到其开环频率特性的幅值为

$$|G(j\omega)|=\frac{\omega_n^2}{\sqrt{(-\omega^2)^2+(2\zeta\omega\omega_n)^2}}$$

令 $|G(j\omega)|=1$，求得幅值为 1 时的频率即为幅值交界频率为

$$\omega_c=\omega_n\sqrt{\sqrt{1+4\zeta^4}-2\zeta^2} \tag{6-19}$$

在这个频率下 $G(j\omega)$ 的相角为

$$\varphi(\omega_c)=\angle\frac{1}{j\omega}+\angle\frac{1}{j\omega+2\zeta\omega_n}=-90°-\arctan\frac{\sqrt{\sqrt{1+4\zeta^4}-2\zeta^2}}{2\zeta}$$

因此，相位裕量为

$$\gamma = 180° + \varphi(\omega_c) = 90° - \arctan \frac{\sqrt{\sqrt{1+4\zeta^4} - 2\zeta^2}}{2\zeta}$$

$$= \arctan \frac{2\zeta}{\sqrt{\sqrt{1+4\zeta^4} - 2\zeta^2}} \tag{6-20}$$

式（6-20）表示二阶系统的相位裕量 γ 与阻尼比 ζ 之间的关系，或用图 6-18 表示。由图 6-18 可看出，相位裕量要求在 30°～60°范围内，相当于 ζ 为 0.28～0.6。

由图 6-18 和式（6-20）所示的相位裕量 γ 与阻尼比 ζ 的关系可知，γ 和 ζ 均可用于分析二阶系统的振荡特性。

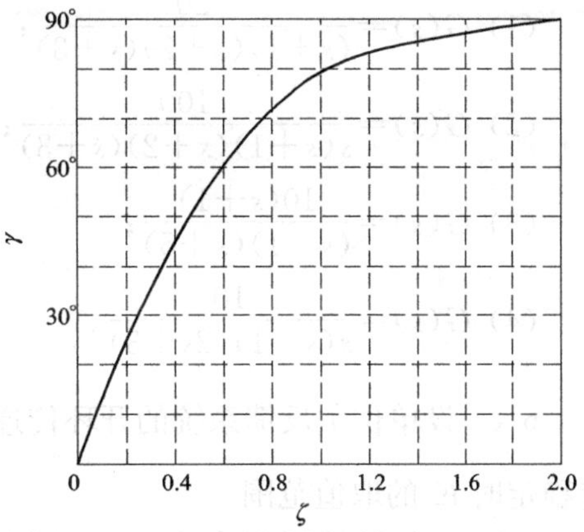

图 6-18　二阶系统 γ 与 ζ 的关系曲线

本 章 小 结

稳定性是控制系统正常工作的首要条件，因此在研究控制系统的性能之前，必须判断控制系统是否稳定。

本章主要介绍控制系统稳定的充要条件及其劳斯-赫尔维茨稳定性判据、奈奎斯特稳定判据及稳定裕量。

控制系统稳定的充分必要条件是控制系统的特征方程的根全部具有负实部，或者是闭环传递函数的极点全部位于复数平面的左半部。

代数判据——劳斯稳定性判据和赫尔维茨稳定性判据都是根据控制系统特征方程的系数判断闭环极点所在的区域，以便判断控制系统的稳定性。

几何判据——奈奎斯特稳定判据则是根据开环奈氏曲线及开环右极点的数目判断闭环系统是否稳定。在应用奈氏稳定性判据时，引用了穿越的概念。注意：穿越是开环奈氏图在（−1，j0）点以左穿过负实轴，如果在(−1，j0)点右侧穿过负实轴并不算穿越。

稳定裕量则是开环频域性能指标，表征了控制系统的稳定程度。

习　题

6-1　对本章研究性课题进行求解，并整理写成求解报告，报告形式见附录 A。

6-2　试用劳斯判据确定具有下列特征方程式的系统稳定性。

（1）$s^3+20s^2+9s+200=0$；

（2）$s^4+8s^3+18s^2+16s+5=0$；

（3）$s^5+6s^4+3s^3+2s^2+s+1=0$；

（4）$s^6+2s^5+8s^4+12s^3+20s^2+16s+16=0$。

6-3　设系统是具有如下开环传递函数的单位反馈系统，试判别闭环系统的稳定性，并回答两个问题：①开环系统稳定时，闭环系统一定稳定吗；②开环系统不稳定时，闭环系统也一定不稳定吗。

(1) $G(s)=\frac{20}{(s+1)(s+2)(s+3)}$；

(2) $G(s)=\frac{100}{s(s+1)(s+2)(s+3)}$；

(3) $G(s)=\frac{10(s+1)}{(s-1)(s+5)}$；

(4) $G(s)=\frac{10}{s(s-1)(2s+3)}$。

6-4 设单位负反馈系统的开环传递函数为 $G(s)=\frac{K}{s(0.1s+1)(0.2s+1)}$，试确定系统稳定时 K 的取值范围。

6-5 已知系统开环传递函数，试由奈氏判据判断其闭环系统稳定性。

(1) $G(s)=\frac{100}{(s+1)(2s+1)}$；

(2) $G(s)=\frac{250}{s(s+5)(s+15)}$；

(3) $G(s)=\frac{250(s+1)}{s(s+5)(s+15)}$；

(4) $G(s)=\frac{0.5}{s(2s-1)}$；

(5) $G(s)=\frac{s-1}{s(s+1)}$。

6-6 已知最小相位开环系统的渐近对数幅频特性曲线如图 6-19 所示，试求：

(1) 求取系统的开环传递函数；

(2) 利用稳定裕度判断系统稳定性；

(3) 如果要求系统具有 $\gamma=30°$的稳定裕度，试确定开环放大倍数应改变的倍数。

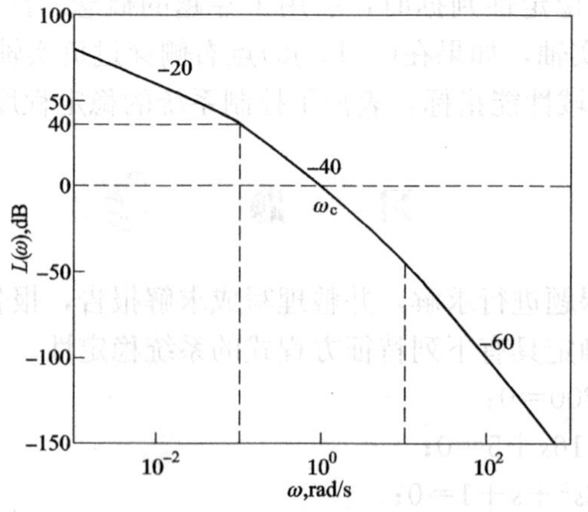

图 6-19 题 6-6 图

6-7 设反馈系统开环幅相曲线如图 6-20 所示，开环增益 $K=500$，[s] 右半平面的开环极点数 $P=0$，试确定使闭环系统稳定的 K 值范围。

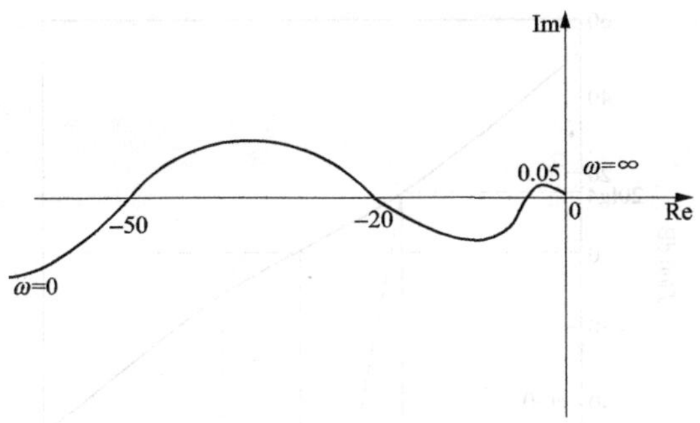

图 6-20 题 6-7 图

6-8 某高速列车停车位置控制系统如图 6-21 所示。其中，$K_1=1$，$K_2=1000$，$K_3=0.001$，$a=0.1$，$b=0.1$。试求当放大器增益为 K_A 为何值时，系统还能稳定。

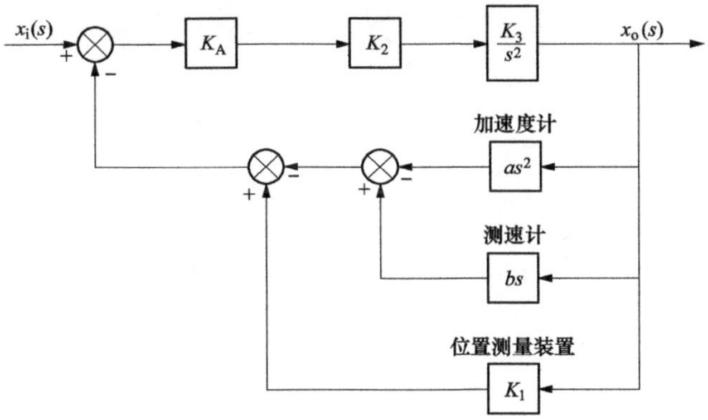

图 6-21 题 6-8 图

6-9 已知系统的开环传递函数如下，求闭环系统稳定的临界增益 K 值。

(1) $G(s)H(s)=\dfrac{K}{s(s+1)(3s+1)}$；

(2) $G(s)H(s)=\dfrac{K\mathrm{e}^{-2\tau}}{s(6s+1)}$。

6-10 设单位反馈系统开环传递函数为 $G(s)=\dfrac{10}{s(0.5s+1)(0.02s+1)}$，试计算系统的相角裕量和幅值裕量。

6-11 已知最小相位系统的开环对数幅频特性曲线如图 6-22 所示。其中，$\omega_0=20$，$\omega_{T2}=100$，试求：

(1) 计算开环传递函数；

(2) 求剪切频率 ω_c；

(3) 求相位裕度 γ；

(4) 粗略绘制相频特性曲线。

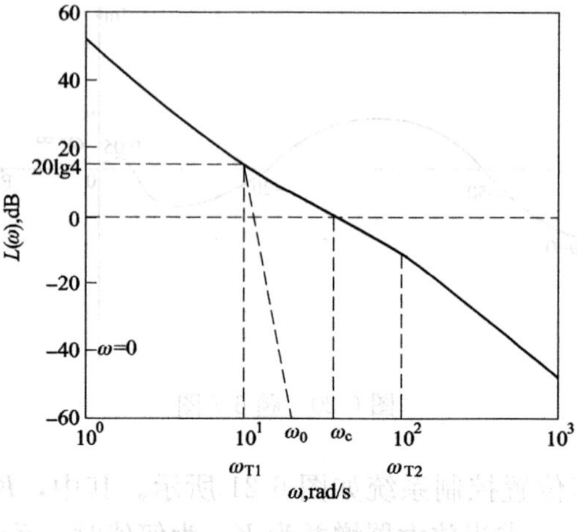
60
40
20
20lg4
0
−20
−40
−60
L(ω),dB
ω=0
10^0
10^1
ω0
ωc
10^2
10^3
ωT1
ωT2
ω,rad/s

图 6-22 题 6-11 图

附录 A 研究性课题报告参考格式

××××大学 ××××学院
研究性课题调试报告

课程名称：<u>控制工程基础</u>

指导教师：________

专业班级：________

姓　　名：________

学　　号：________

成　　绩：________

××××年××月

1. 问题描述

如图 3-1 所示，左边圆盘代表汽轮机转子，右边圆盘代表发电机转子，阻尼力矩 T_D 只在发电机处存在。若 T_k 为主力矩，T_D 为阻力矩：

(1) 建立求取 θ_i 为输入，θ_o 为输出的系统传递函数。

(2) 若有 $\theta_i(t)=a*T_i(t)$，$P(t)=b*\theta_o(t)$，$a=0.1c$，$b=0.2d$，$T_i(t)=(a+b)*\sin(at/b)$，c 为学号后两位，d 为出生日期后两位；$J=100$，$k=400$，$D=50$。试建立转矩 T_i 为输入（万 N·m），发电量 P 为输出（kW）的系统传递函数，并用 MATLAB 求解画出输入和输出曲线。

(3) 分析求取系统的固有频率及阻尼比为多少。

(4) 若在对应输入下系统共振，且 $k=a$，那么 J 为多少？

2. 问题求解

(1) 参量值申明。

本人学号后两位为 20，出生日期后两位为 04，相对应的，本题中各参数值及输入变量如式 (1) 所示。

$$\begin{cases} c=20 \\ d=4 \\ a=0.1c=2 \\ b=0.2d=0.8 \\ T_i(t)=(a+b)\sin(at/b)=2.8\sin(2.5t) \end{cases} \tag{1}$$

(2) 求解程序。

```
clear; clc; %清除变量并清屏
c= 20; %学号
d= 4; %出生日期后两位
a= 0.1*c;
b= 0.2*d;
J= 100; %转动惯量
k= 400; %弹性系数
D= 50; %阻尼系数
num1= [k]; %定义 theta-i 为输入 theta-o 为输出的系统传递函数分子
num2= [a*b*k]; %定义传递函数分子系数
den= [J,D,k]; %定义传递函数分母系数
disp('theta-i 为输入 theta-o 为输出的系统传递函数为')
sys1= tf(num1,den)  %求 theta-i 为输入 theta-o 为输出的传递函数
disp('转矩 Ti 为输入功率 P 为输出的系统传递函数为')
sys2= tf(num2,den)  %求转矩 Ti 为输入功率 P 为输出的传递函数
t= 0:0.1:30; %定义时间向量
w= a/b;
T= (a+b)*sin(w*t); %输入转矩
y= lsim(sys2,T,t); %求输入转矩信号下的输出功率
```

```
plot(t,T,'—r',t,y,'—b','linewidth',2) %绘制输入信号和输出信号曲线,输入为红色,输出为蓝色
legend('输入转矩信号','输出功率信号') %添加图例
xlabel('时间 [s]') %定义横坐标变量及单位
ylabel('幅值 [kW/万 N·m]') %定义纵坐标变量及单位
set(gca, 'fontname', 'times new roman', 'fontsize',18) %定义图形字体字号
set(get(gca, 'xlabel'), 'fontname', 'times new roman', 'fontsize',18)
%定义横坐标标注变量与单位的字体字号
set(get(gca, 'ylabel'), 'fontname', 'times new roman', 'fontsize',18)
%定义纵坐标标注变量与单位的字体字号
disp('系统的无阻尼固有角频率为')
wn= (k/J)^0.5  %求解并显示固有频率
disp('系统的阻尼比为')
ks= D/2/(J*k)^0.5  %求解并显示阻尼比
J= solve('(a/J)^0.5= a/b', 'J');%共振说明系统固有频率等于输入信号频率,反向求解转动惯量符号解
J= subs(J, 'b',0.8); %用具体数值替换符号变量
disp('共振情况且 k= a 时系统的无阻尼固有角频率为')
J= subs(J, 'a',2) %用具体数值替换符号变量,计算并显示转动惯量值
```

(3) 求解结果。

程序运行结果如图 1 所示。

```
theta-i为输入theta-o为输出的系统传递函数为:

sys1 =

         400
  ---------------------
  100 s^2 + 50 s + 400

Continuous-time transfer function.

转矩Ti为输入功率P为输出的系统传递函数为:

sys2 =

         640
  ---------------------
  100 s^2 + 50 s + 400

Continuous-time transfer function.
```

```
系统的无阻尼固有角频率为:

wn =

     2

系统的阻尼比为:

ks =

    0.1250

共振情况且k=a时系统的无阻尼固有角频率为:

J =

    0.3200
```

(a)

图 1　求解结果（一）

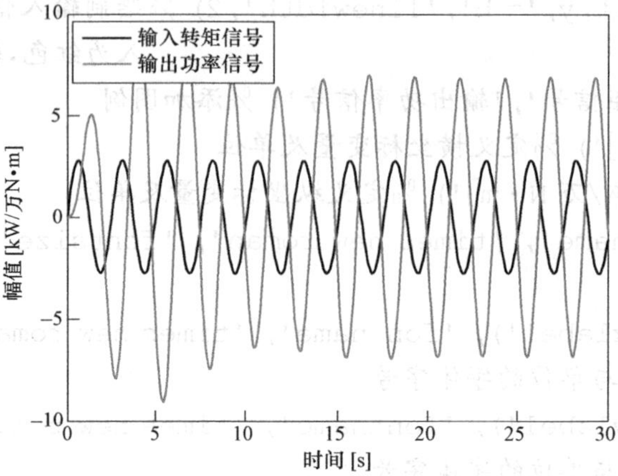

(b) 输入输出曲线

图 1　求解结果（二）

3. 结果分析与讨论

由系统的传递函数可看出该系统为二阶系统。

所分析的系统运动方向为旋转方向，与典型的做直线运动的质量块-弹簧-阻尼机械系统相比，虽然运动方向不同，但具有类似的传递函数表达式。可以将两者进行类比：本系统中的转动惯量相当于典型机械系统中的质量块，它们所储存的惯性势能一个在直线方向，一个在旋转方向；本系统中的周向扭转弹性力相当于典型机械中直线方向的弹性力，其弹性系数相当于典型机械系统中直线方向的弹性系数，从物理上而言，相当于一个是扭簧，一个是拉压弹簧；本系统中扭转弹性力正比于 θ_i 与 θ_o 的角度差，而典型机械系统中的弹性力则正比于直线方向的位移差值；本系统旋转方向的阻尼力相当于典型机械系统中直线方向的阻尼力，本系统中的阻尼力正比于圆周方向的角速度，而典型机械系统中的阻尼力正比于直线方向的线速度；本系统中的阻尼系数相当于典型机械系统中的直线方向的阻尼系数。两者形式不同，在传递函数表达上内涵一致。

对比系统的输入输出曲线，发现输入幅值在图中显示小于输出幅值，这事实上与单位有关系，输入信号单位为万 N·m，而输出信号单位为 kW，输入实际上大于输出。

附录B 各章研究性课题求解参考

1. 第3章研究性课题求解参考

第3章研究性课题求解参考详见附录A。

2. 第4章研究性课题求解参考

问题（1）核心参考程序：

```
clear; clc; %清除变量并清屏
num= [36]; %分子系数
den= [1  1.2  0]; %分母系数
sys1= tf(num,den); %传递函数
sys= feedback(sys1,1); %反馈
t= 0:0.1:100; %时间向量
y= step(sys,t); %阶跃响应
plot(t,y) %绘制阶跃响应曲线
disp('该系统的稳态误差是:')
err= y(1000)-1  %以100s处时间近似作为时间无穷大对应数值进行误差求解
err1= dcgain(sys)-1 %严格按定义求解误差,dcgain是求解稳态输出
```

问题（2）核心参考程序：

```
clear; clc; %清除变量并清屏
syms t ks1 %定义符号变量
k= 1000;
m= 10;
wn= sqrt(k/m); %无阻尼固有角频率
i= 0;
ts1= solve(exp(-ks1*wn*t)/sqrt(1-ks1.^2)-0.05,t); %百分之五误差
ts2= solve(exp(-ks1*wn*t)/sqrt(1-ks1.^2)-0.02,t); %百分之二误差
for d= 20:20:180;
i= i+1;
    ks(i)= d/2/(k*m)^0.5;
    ts11(i)= subs(ts1,ks1,ks(i));
    ts21(i)= subs(ts2,ks1,ks(i));
end
disp('5%误差下对应于不同阻尼系数的调节时间为')
ts11
disp('2%误差下对应于不同阻尼系数的调节时间为')
ts21
```

3. 第5章研究性课题求解参考

问题(1)核心参考程序：

```
clear; clc; %清除变量并清屏
k= 1000;%弹簧弹性系数
m= 10;%质量块质量
i= 0;%矩阵行顺序标注变量
for D= 20:20:200;%阻尼系数从 20 开始间隔 20 递增至 200
i= i+1;%i 初值为 0,循环一次加一次,与后面求取的阶跃响应数据矩阵行数相对应
num= [k];%传递函数分子系数
den= [m,D,k];%传递函数分母系数
sys= tf(num,den);%求传递函数
y(i)= D/2/sqrt(m*k);%求阻尼比
figure(1)
bode(sys);%画伯德图
hold on
figure(2)
nyquist(sys)%画奈氏图
hold on
end
```

问题（2）核心参考程序：

```
clear; clc; %清除变量并清屏
r= 2;%半径
k= 1000;%弹性系数
D= 50;%阻尼系数
i= 0;%矩阵行顺序标注变量
for m= 100:100:1000;%阻尼系数从 20 开始间隔 20 递增至 200
i= i+1;%i 初值为 0,循环一次加一次,与后面求取的阶跃响应数据矩阵行数相对应
J(i)= 0.5*m*r^2;%求转动惯量
num= [k];%传递函数分子系数
den= [J(i),D,k];%传递函数分母系数
sys= tf(num,den);%求传递函数
y(i,:)= sqrt(k/J(i));%求固有频率
figure(3)
bode(sys);%画伯德图
hold on
end
%%%%%%%%%%%%%%以上程序用于求取第一问%%%%%%%%%%%%%%
%%%%%%%%%%%%%%以下程序用于求取第二问%%%%%%%%%%%%%%
r= 2;%半径
D= 50;%阻尼系数
m= 400;%质量
i= 0;%矩阵行顺序标注变量
```

```
J= 0.5*m*r^2;%求转动惯量
for k= 100:100:1000;%阻尼系数从 20 开始间隔 20 递增至 200
i= i+1;%i 初值为 0,循环一次加一次,与后面求取的阶跃响应数据矩阵行数相对应
num= [k];%传递函数分子系数
den= [J,D,k];%传递函数分母系数
sys= tf(num,den);%求传递函数
y(i,:)= sqrt(k/J);%求固有频率
figure(4)
nyquist(sys);%画奈氏图
hold on
end
```

4. 第 6 章研究性课题求解参考

核心参考程序：

```
clear; clc; %清除变量并清屏
num= 40*[0.5,1];%分子系数
den= conv([1,2,0],[0.02,1]);%连乘得到分母系数
sys1= tf(num,den);%求取开环传递函数
sys= feedback(sys1,1);%求取单位负反馈系统的闭环传递函数
%%%%%%%%%%以下求取劳期列表%%%%%%%%%%%%%%%%
a= sys.den{1};%提取闭环传递函数分母系数
a1= a(1);%劳斯阵列第一行第一个数
a2= a(3);%劳斯阵列第一行第二个数
b1= a(2);%劳斯阵列第二行第一个数
b2= a(4);%劳斯阵列第二行第二个数
c1= (b1*a2-a1*b2)/b1;%劳斯阵列第三行第一个数
c2= 0;%劳斯阵列第三行第二个数
d1= (c1*b2-c2*b1)/c1;%劳斯阵列第四行第一个数
k= [a1,b1,c1,d1]';%劳斯列表第一列系数
disp(k);%在命令窗口输出劳斯列表第一列系数
if c1>0 && d1>0
    disp('conclusion: the system is steady')%输出系统稳定的结论
end
%%%%%%%%%%以上采用劳斯列表(劳斯判据)求解%%%%%%%%%%
%%%%%%%%%%%以下用奈氏判据求解%%%%%%%%%%%
figure(1)
nyquist(sys);
grid on
figure(2)
bode(sys);
grid on
```

参 考 文 献

[1] 朱骥北，徐小力，陈秀梅．机械控制工程基础［M］.2版．北京：机械工业出版社，2017.
[2] 向玲．机械控制工程基础［M］．北京：中国电力出版社，2011.
[3] 黄忠霖，黄京．控制系统MATLAB计算及仿真［M］.2版．北京：国防工业出版社，2016.
[4] 杨将新，杨世锡．机械工程测试技术［M］．北京：高等教育出版社，2008.